Mischwälder

Prärien, Steppen, Savannen

Wüsten

Tropische Regenwälder

Mangrove

DAS LEXIKON

DER TIERE

DAS LEXIKON DER TIERE

von Hans D. Dossenbach

Kinderbuchverlag Luzern

Zu den Abbildungen der vorhergehenden Seiten:
Seite 1: Der schlaue Rotfuchs ist fast auf der ganzen Welt verbreitet.

Titelseiten 2 und 3: Die Kattas gehören zu den bekanntesten und hübschesten Lemuren der Insel Madagaskar.

Die Deutsche Bibliothek – CIP-Einheitsaufnahme
Das *Lexikon der Tiere*/Hans D. Dossenbach.
– 2. Aufl. – Luzern: Kinderbuchverlag 1995
ISBN 3-276-00117-9
NE: Dossenbach, Hans D.

2. Auflage 1995

Assistenz des Autors: Monika Dossenbach
Gesamtlektorat: Bettina Münch
Fachlektorat: Diplombiologe Dr. Michael Lüttgen, Zoologisches Institut der Johann Wolfgang Goethe-Universität, Frankfurt/M.
Karte Vorsatz: Mladen Djurović
Gestaltung: Jürgen Braunschweiger

Filmherstellung: Reproline, Zürich
Satz: F. X. Stückle, Ettenheim
Druck und Bindung: Grafedit, Bergamo
Printed in Italy

Bestellnummer: 19 00117

Inhalt

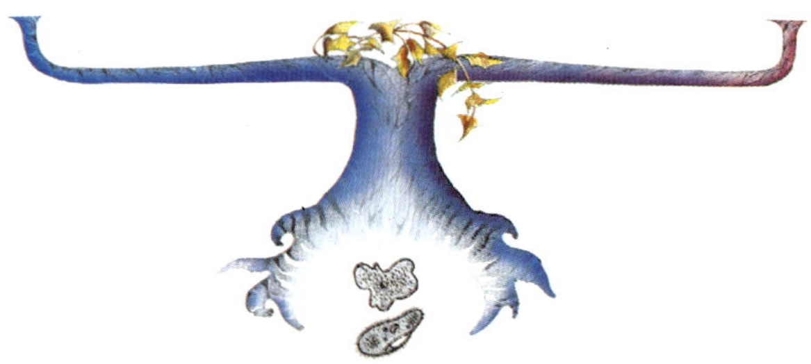

Was ist das für ein Buch?

Kinder sind neugierig! Du sicher ebenso wie meine eigenen. Seit Jahren bombardieren sie mich mit Fragen wie *Warum gibt es Raubtiere? Welches ist das schnellste Tier der Welt? Warum können manche Vögel nicht fliegen? Warum leben Ameisen in Staaten?* Alle diese Fragen haben mich schließlich auf die Idee gebracht, ein Lexikon über die Tierwelt zu machen, das zeigen soll, wie spannend und aufregend es in der Welt der Tiere zugeht.
Herausgekommen ist dabei aber kein gewöhnliches Lexikon! Normalerweise sind in einem solchen Buch die Begriffe nach dem Alphabet geordnet, in dem zum Beispiel der Adler, der Bär, der Clownfisch dicht hintereinander stehen würden. Nun haben aber Adler, Bär und Clownfisch so gut wie nichts miteinander zu tun (es sei denn, der eine frißt den anderen auf)! Genau das soll aber in diesem Lexikon ebenfalls gezeigt werden: Welche Tiere sich ähnlich sind, miteinander verwandt oder eben nicht, welches ihre Vorfahren waren und warum sie sich gerade so entwickelt haben.
Vielleicht weißt du schon, daß die Blindschleichen, die eigentlich wie Schlangen aussehen, gar keine Schlangen sind, sondern beinlose Verwandte der Eidechsen. Daß es aber umgekehrt gewisse Riesenschlangen gibt, die noch Überreste kleiner Füßchen haben, ist vielleicht auch dir neu. Wie läßt sich das erklären? Und wie war das mit den Dinosauriern und den ausgestorbenen Urtieren? Einige lebende Verwandte der Urzeitriesen stellen wir im Lexikon vor.
Um Unterschiede oder auch Ähnlichkeiten und Verwandtschaften unter den Tieren aufzuzeigen, hat man die gesamte Tierwelt in ein sogenanntes zoologisches System eingeordnet, das auf der ganzen Welt gültig ist. Und danach haben wir unser Buch aufgebaut, das dadurch ebenfalls auf der ganzen Welt gültig ist – unabhängig davon, wie die Tiere in anderen Ländern heißen.
Je nachdem, wie ähnlich sich die Tiere sind, werden sie in Gruppen unterteilt: in Stämme, Klassen, Ordnungen, Familien, Gattungen und Arten. Unsere drei Freunde Adler, Bär und Clownfisch haben alle drei eine Wirbelsäule und gehören deshalb zusammen zum Unterstamm der Wirbeltiere. Aber schon bei den Klassen geht es auseinander: Der Adler gehört zur Klasse der Vögel, der Bär zu den Säugetieren und der Clownfisch zu den Fischen. Innerhalb dieser Gruppen kann man wiederum nach Ordnungen, Familien und Arten unterscheiden. Natürlich

tauchen in diesem Lexikon nicht alle Tiergruppen aus der zoologischen Systematik auf – nur weil das System damit wissenschaftlich vollständig wäre. Wir haben uns bemüht, die bekanntesten und interessantesten Tiere auszuwählen und vorzustellen, manche davon vertreten Ordnungen, andere dagegen Familien oder Arten. Das zoologische System hat den großen Vorteil, daß du nicht nur die einzelnen Tierarten kennenlernst, sondern gleichzeitig einen Gesamtüberblick über das Tierreich erhältst und Zusammenhänge zwischen Tierarten und -gruppen erkennst. Auf den Seiten 30/31 ist ein Stammbaum des Tierreiches abgebildet, der diese Zusammenhänge auf einfache Weise darstellt.

Damit du ein Tier, das dich gerade besonders interessiert, schnell auffinden kannst, sind alle im Buch vorkommenden Tiere hinten in einem alphabetischen Register aufgeführt. Dort sind auch die schwierigsten Begriffe aufgelistet, mit der Angabe der Seiten, auf denen sie erklärt werden. Mehrteilige und großgeschriebene Namen wie etwa der *Gemeine Ohrwurm* stehen unter dem Anfangsbuchstaben des Tiernamens. Den *Gemeinen Ohrwurm* findest du also unter «O».

Tiere sind bestimmten Lebensräumen angepaßt. Ein Eisbär könnte im tropischen Regenwald sowenig überleben wie ein Eichhörnchen in der Wüste. Die Entwicklung der Tiere hängt nämlich direkt mit der Anpassung an bestimmte Lebensräume zusammen. Das ist der Grund, warum wir dir auf den folgenden Seiten als erstes die wichtigsten Lebensräume vorstellen. Sollten dir beim Lesen im Lexikonteil Fragen zu den Lebensräumen einfallen, kannst du vorne im Buch nachlesen und auf der Weltkarte nachsehen.

Viele Tiere sind heute durch den Einfluß des Menschen gefährdet. Sie alle stehen auf einer «Internationalen Roten Liste der Gefährdeten Tiere», die inzwischen leider so dick ist wie ein Buch. Sie umfaßt über 5000 Arten! Die gefährdeten Tierarten, die in diesem Buch aufgeführt sind, haben wir mit einem Panda gekennzeichnet. Bestimmt weißt du, daß der Große Panda das Symbol des World Wide Fund For Nature (WWF) ist, eine Organisation, die weltweit für die Erhaltung von Natur und Tierwelt kämpft.

Der Schutz unserer Umwelt ist auch mir ein wichtiges Anliegen, und das ist ein weiterer Grund für dieses Buch. Bilder und Texte zeigen dir Seite für Seite, daß die Natur eine Welt voller Abenteuer und Wunder ist. Wenn du nun beim Schmökern zu der Ansicht kommst, daß wir diese Wunderwelt erhalten müssen und auch du dich für den Umweltschutz einsetzen willst, dann hat dieses Buch einen ganz wichtigen Zweck erfüllt.

Und damit wünsche ich dir viel Staunen.

Schlatt, im April 1992 HANS D. DOSSENBACH

Ozeane

Die Ozeane bilden den weitaus größten Lebensraum der Erde. Sie bedecken fast drei Viertel der gesamten Erdoberfläche.
Auch der Meeresboden besteht in vielen Gegenden aus Gebirgsketten und tiefen Tälern. Die tiefste Stelle hat man bisher im Pazifik gemessen, im 11022 Meter tiefen Marianengraben.
Kein anderer Lebensraum beherbergt mehr verschiedene Lebewesen als das Meer: Eine riesige Vielfalt mikroskopisch kleiner Tiere, Schwämme, Nesseltiere, Weichtiere, Krebstiere, Fische, Reptilien, Vögel und Säugetiere. Noch heute werden täglich neue Arten entdeckt.
Die Nahrungsgrundlage dieser Lebewesen besteht, wie auf dem Land, aus Pflanzen. Sie benötigen zum Wachsen zwei Dinge: Mineralsalze und Sonnenlicht. Deshalb können sich Pflanzen auch nur bis in einer Meerestiefe von 200 Metern entwickeln, und sie sind dort besonders zahlreich, wo aufsteigende Meeresströmungen Salze vom Boden zur Oberfläche bringen. Die meisten Pflanzen sind winzig kleine Algen und schweben frei im Wasser. Man nennt sie Phytoplankton. Von diesen Pflanzen können sich unvorstellbare Massen ebenfalls sehr kleiner, freischwebender Tierchen ernähren: das Zooplankton. Dieses Plankton wiederum ist die Nahrung für riesige Schwärme kleiner Fische, die ihrerseits von größeren Fischen, aber auch von Meeresvögeln, Seeschlangen und anderen Tieren gefressen werden.

Links: Das Meer, der mächtigste Lebensraum. Hier einer der einsamen Strände Südaustraliens. – Rechts: Dem Leben am Meer angepaßt: Magellanpinguine aus Südamerika.

Inseln

Inseln im Ozean sind die einsamsten Lebensräume auf der Erde. Das Meer, das sie umgibt, ist für die meisten Landtiere ein unüberwindbares Hindernis. Deshalb sind auf vielen Inseln Meeresvögel und manchmal auch Fledermäuse die einzigen Land-Wirbeltiere. Auf manchen Inseln wurden Reptilien wie Schlangen, Echsen und Schildkröten angeschwemmt; Frösche hingegen, die Salzwasser kaum ertragen, gibt es selten.

Mitunter begegnet man auf manchen Inseln zwar sehr vielen Tieren, aber im Vergleich zum Festland sind es immer nur sehr wenige Arten. Auf den Seychelleninseln zum Beispiel, die für ihr Vogelleben berühmt sind, leben weniger als 70 verschiedene Vogelarten, während es auf dem 1800 Kilometer entfernten Festland von Ostafrika etwa 1100 sind.

In der Abgeschiedenheit der Inseln haben sich dafür aber neue Arten entwickelt. Oder es konnten Tierarten überleben, die auf dem Festland längst ausgestorben sind. Daher sind viele Inseltiere Seltenheiten. Man nennt sie auch endemische Arten, was bedeutet, daß sie nur auf einer Inselgruppe oder sogar nur auf einer einzigen Insel und sonst nirgends auf der Welt leben.

Viele der einzigartigen Lebensgemeinschaften solcher Inseln sind durch den Menschen besonders gefährdet. So fressen vom Menschen eingeführte Tiere die seltenen Pflanzen und töten kleinere Tiere.

Links: Seychelleninseln im Indischen Ozean. Viele Meeresinseln haben eine einzigartige Tierwelt. – Rechts: Riesenschildkröten gibt es heute nur noch auf den Seychelleninseln und auf den Galapagosinseln im Pazifik, also an zwei weit voneinander entfernten Orten.

Binnengewässer

Das Kaspische Meer ist kein Meer, sondern ein Binnengewässer – obwohl es eine Fläche von 362 000 Quadratkilometern bedeckt und damit neunmal so groß ist wie die Schweiz. Der Nil, mit 6 770 Kilometern der längste Fluß der Welt, ist ebenfalls ein Binnengewässer. Selbst die kleinste Regenwasserpfütze ist eins! Denn auch hier können für kurze Zeit viele winzige Lebewesen vorkommen.

Binnengewässer sind also sehr verschieden. Im Grunde genommen sind alle Gewässer innerhalb eines Landes Binnengewässer. Das können riesige, bis 250 Meter tiefe Seen oder kleine, seichte Tümpel sein, gewaltige Ströme, reißende Bäche oder kümmerliche Rinnsale. Manche Seen und Flüsse trocknen in regenarmen Jahreszeiten aus und überschwemmen in Regenzeiten das Land. Einige Gewässer sind eiskalt, andere haben durch Sonnenwärme eine angenehme Badetemperatur, und wieder andere werden durch kochendheiße Quellen aufgeheizt. In tiefen Seen mit steilen Ufern können Pflanzen nur schlecht gedeihen, und deshalb leben dort auch nicht viele Tiere.

Flache Teiche dagegen werden bis auf den Grund von der Sonne durchflutet und können viele Nährstoffe und Wasserpflanzen enthalten. In solchen «Feuchtbiotopen» finden wir oft unglaublich viele verschiedene Insekten, aber auch Schnecken, Würmer, Frösche und Molche, Schlangen und Süßwasserschildkröten, Vögel und Säugetiere.

Links: Binnengewässer sind sehr verschiedenartige, oft reiche Lebensräume. Hier ein See in Nordaustralien.

Unten: Ein gefürchteter Binnenwasserbewohner ist das bis zu 7 Meter lange Nilkrokodil.

Gebirge

Die Lebensbedingungen in Gebirgen sind je nach Höhenlage sehr unterschiedlich. In tieferen Lagen sind sie meist günstig, denn oft sind die unteren Hänge eines Gebirges mit Wald bewachsen, der vielen Tieren Nahrung und Schutz bietet. Mit steigender Höhe werden auch die Lebensbedingungen schlechter. Starke Temperaturunterschiede, Wind und heftige Niederschläge schränken das Pflanzenwachstum ein. Die Bäume werden immer kleiner und verkrüppelter, und schließlich gibt es eine Grenze, wo sie gar nicht mehr wachsen können. Diese Baumgrenze verläuft nicht überall auf gleicher Höhe. In Schweden zum Beispiel liegt sie unter 600 Metern, in den Tropen, wo es ja viel wärmer ist, auf etwa 3000 bis 4000 Metern. Oberhalb der Baumgrenze wird es zunehmend ungemütlich. Die Temperatur sinkt im Durchschnitt pro 150 Meter um ein Grad. Zunächst bedecken noch Sträucher den Boden, dann verschiedene Kräuter und Gräser. Noch weiter oben können nur noch Moose und Flechten auf den nackten Felsen gedeihen. Schließlich folgt die Zone des ewigen Eises und Schnees, wo es praktisch keine Nahrung mehr und kaum noch Sauerstoff zum Atmen gibt. Dort können nur noch wenige hochspezialisierte Tiere wie Gletscherflöhe oder Schneeleoparden vorübergehend überleben.

Links: Schnee am Äquator. Der Mount Kenya, mit 5000 Metern der zweithöchste Berg Afrikas. – Unten: Der Alpensteinbock ist einer der wenigen Spezialisten, die den harten Lebensbedingungen oberhalb der Baumgrenze gewachsen sind.

Wüsten

Unter Wüsten stellen wir uns gewöhnlich kahle Sandflächen und Hügellandschaften mit meterhohen Dünen vor. Aber Wüsten sehen oft ganz anders aus. Es gibt felsige Hochflächen und steinige Ebenen oder sogenannte Halbwüsten mit dornigem Gebüsch und Kakteen.
Das Hauptmerkmal jeder Wüste ist die Trokkenheit. Fällt in einem Gebiet jährlich weniger als 25 Zentimeter Regen, dann gilt es als Wüste. Knapp ein Fünftel der Landoberfläche unserer Erde besteht aus solchen Wüsten. Die größte von ihnen ist die Sahara im Norden Afrikas. Weitere große Wüstengebiete liegen in Australien, im südwestlichen Afrika, in Innerasien, im Südwesten von Nordamerika und entlang der Westküste Südamerikas.
Auch die Temperaturen machen die Wüste zum unwirtlichen Lebensraum. Tagsüber kann die Lufttemperatur auf über 40 Grad, die Bodentemperatur sogar auf weit über 60 Grad ansteigen. Nachts dagegen wird es oft bitterkalt. Die meisten Wüsten wirken am Tag völlig ausgestorben – aber die Spuren im Sand beweisen, daß dies nicht so ist. Kaum wird es dunkel, erwachen diese Einöden zum Leben. Käfer und andere Insekten können von trockenen, zu Staub zerfallenen Pflanzen leben. Spinnen, Skorpione und Echsen wiederum ernähren sich von diesen Insekten. Mäuse, Vögel, Füchse, Schlangen und sogar Kröten kommen hervor. Sie sind Jäger und Gejagte, die sich im Laufe ihrer Entwicklung an einen Lebensraum angepaßt haben, in dem viele andere Tiere sterben müßten.

Links: Sanddünen-Wüste in Utah, Nordamerika.
Unten: Die Womapython, eine bis zu 3 Meter lange Riesenschlange.

Prärien, Steppen, Savannen

Zwischen den großen Waldgebieten der Erde und den Wüsten liegen die weiten, oft riesigen Flächen der Grasländer. Dazu gehören die Prärien Nordamerikas, die Pampas im südlichen Südamerika und die eurasische Steppe, die sich von Ungarn bis nach China erstreckt. Auch die Savannen in Ostafrika, das Veld in Südafrika und die Trockensteppen des australischen Tieflands gehören dazu.

Typisch für alle Grasländer, ob sie nun in unseren gemäßigten Zonen oder in den Tropen liegen, sind die extremen Wetterverhältnisse: Regenzeiten mit heftigen Niederschlägen wechseln sich mit langen Trockenzeiten ab. Eine weitere Gemeinsamkeit sind die großen Herden pflanzenfressender Tiere, die sie bevölkern, und die Raubtiere, die sich aus diesen Herden ihre Nahrung holen. Der größte Teil der Grasländer wird heute allerdings vom Menschen bewirtschaftet, während für die dort lebenden Wildtiere der Raum immer kleiner wird. In Amerika wurden die riesigen Bisonherden bis auf einen kläglichen, in Schutzgebieten lebenden Rest abgeschossen. Die Wildpferdeherden der eurasischen Steppen sind für alle Zeiten verschwunden, und auch in Südafrika wurden die größeren Pflanzenfresser wie Antilopen und Zebras fast völlig ausgerottet. Nur in den ostafrikanischen Savannen gibt es auch heute noch eine große Anzahl von Antilopen und Zebras, Büffeln, Elefanten und Raubtieren wie Löwen, Leoparden und Hyänen.

Links: Zu den letzten tierreichen Grasländern der Erde gehören die Savannen Ostafrikas, wie hier am Mara River in Südkenia.

Rechts: Bisons, die legendären Indianerbüffel, kann man heute nur noch in Nationalparks und Reservaten beobachten.

Mangrove

In den Tropen und Subtropen findet man an Flußmündungen und in stillen, von Korallenbänken geschützten Buchten besonders merkwürdige Lebensräume: die Mangrovenwälder. Sie bestehen aus etwa 200 Baum- und Straucharten, die sich darauf spezialisiert haben, auf schlammigen Böden in der Zone zwischen Ebbe und Flut zu gedeihen.

Kennzeichnend für die meisten Mangrovenbäume sind seltsam geformte Bogen- und Luftwurzeln, die bei Ebbe freiliegen und bei Flut vom Wasser bedeckt sind.

Dem Menschen ist es kaum möglich, hier einzudringen. Das dichte Gewirr der Wurzeln macht jeden Schritt zu harter Arbeit, die feuchte Hitze ist lähmend, und Schwärme von Moskitos fallen über jeden Eindringling her. Für viele Tiere aber ist die Mangrove ein paradiesischer Lebensraum! Mit jeder Flut werden große Massen organischer Stoffe abgelagert, das sind winzige Tiere und Pflanzen, die anderen Tieren als Nahrung dienen. Zu den wichtigsten Bewohnern der Mangrove gehören verschiedene Krabben, vor allem die oft sehr bunten Winkerkrabben, die sich bei Flut in ihre Bodenhöhlen zurückziehen und bei Ebbe die Schlammoberfläche nach Nahrung absuchen. Sie sind sehr scheu, denn sie haben viele Feinde: Reiher und andere Vögel, Schlammspringer – das sind Fische, die wie Frösche auf dem Land herumhüpfen –, ja sogar gewisse Affen und Frösche haben sich auf den Krabbenfang spezialisiert.

Links: Mangróven-Wurzeln auf Hinchinbrook Island in Ostaustralien: Ein Lebensraum für Spezialisten!

Die bunten Winkerkrabben gehören zu den wichtigsten Mangrovenbewohnern.

Tropische Regenwälder

Die vielfältigsten und üppigsten Lebensräume dieser Erde sind die tropischen Regenwälder. Obwohl sie heute nur noch etwa sieben Prozent der Erdoberfläche bedecken, leben in ihnen wahrscheinlich über 75 Prozent aller Pflanzen- und Landtierarten. Durch die Nähe zum Äquator herrscht in diesen Wäldern das ganze Jahr eine gleichmäßig hohe Temperatur von 20 bis 30 Grad, und es regnet sehr häufig. Dieses feuchte und warme «Treibhausklima» schafft ideale Lebensbedingungen für Pflanzen und Tiere.

Am lebhaftesten geht es in den Kronen der riesigen Urwaldbäume zu: Auf einem einzigen Baum können mehrere hundert weitere Pflanzenarten, ebenso viele Insektenarten, zahlreiche Frösche, Salamander, Echsen, Schlangen, Vögel und Säugetiere vorkommen.

Wie ein 1000 Kilometer breiter Gürtel zog sich der Regenwald früher rund um die Erde. Heute gibt es ihn nur noch in Süd- und Zentralamerika, West- und Zentralafrika, Südostasien, auf manchen tropischen Inseln und im Nordosten Australiens. Mehr als die Hälfte wurde bereits durch den Menschen vernichtet, und die Zerstörung geht weiter.

Links: Der tropische Regenwald in Costa Rica, Zentralamerika, ist Lebensraum für Abertausende von Tier- und Pflanzenarten.

Rechts: Die Gorillamutter mit Kind gehört zu den drei Menschenaffenarten der afrikanischen Regenwälder.

Mischwälder

Zwischen den kalten Polargebieten und den sehr warmen Tropen befinden sich auf beiden Erdhalbkugeln Zonen mit einem gemäßigten Klima: mit warmen Sommern und milden Wintern.
Überall dort, wo während des ganzen Jahres genügend Feuchtigkeit vorhanden ist, wachsen in diesen Zonen Mischwälder, die aus vielen verschiedenen Baum- und Straucharten zusammengesetzt sind. Typisch für die Laubbäume im gemäßigten Klima ist, daß sie im Herbst ihre Blätter abwerfen und eine winterliche Ruhepause machen. In Mischwäldern stehen die Bäume weniger eng als in Nadelwäldern, so daß die Sonne immer wieder zwischen den Kronen durchdringen kann. Deshalb findet man hier auch am Boden ein reiches Pflanzenwachstum: Moose, Farne, eine Vielfalt von Kräutern und nicht selten ein dichtes Unterholz aus Sträuchern und Büschen. Solche Wälder bieten natürlich auch vielen verschiedenen Tieren Nahrung und Schutz.
Früher waren riesige Gebiete der gemäßigten Zonen mit Laubwald bedeckt, zum Beispiel ganz Mittel- und Südeuropa, China und andere Gebiete Asiens oder die östlichen USA. Das ist heute nicht mehr so, denn der größte Teil dieser Wälder wurde von den Menschen längst abgeholzt.

Der Rothirsch fühlt sich in Mischwäldern mit einem vielfältigen Pflanzenwuchs und hellen Lichtungen besonders wohl.

Taigawälder

Direkt an das baumlose Moor- und Tundrengebiet am nördlichen Polarmeer grenzt ein breiter Waldgürtel, den man Taiga nennt. Er besteht vor allem aus Tannen, Fichten und Kiefern, also aus Nadelbäumen. Gewöhnlich stehen die langen, schlanken Stämme sehr eng, und die Kronen bilden ein dichtes Dach. Weil nur wenig Sonnenlicht bis auf den Boden dringt, wachsen dort auch nur wenige Pflanzen.
Dieser mächtige Waldstreifen verläuft rund um die Erde, und er sieht im Norden Skandinaviens praktisch genauso aus wie in Sibirien, Kanada und Alaska. An den zahlreichen Flüssen und Seen und in den weiten Sumpfgebieten gedeiht eine vielfältige Pflanzenwelt, die wiederum viele Tiere ernährt. Während der langen nordischen Sommertage entfaltet sich hier fast explosionsartig eine reiche Insektenwelt. Sie lockt viele Vögel aus dem Süden an, die hier üppige Nahrung zur Aufzucht ihrer Jungen finden. Eine Vielzahl von Nagetieren ernährt sich von den Koniferenzapfen. Und eine ganze Reihe weiterer Säugetiere wie Hasen, Marder und Elche, Füchse, Bären und Wölfe leben in den riesigen Taigawäldern.

Das Eichhörnchen ist ein typischer Bewohner von Nadelwäldern wie diesem, lebt aber auch in Laubwäldern. Es ernährt sich von den Samen der Koniferenzapfen, Eicheln und anderen Früchten.

Polargebiete

Die Land- und Meeresgebiete rund um den Nordpol nennt man Arktis (Nordpolargebiet), die Gebiete rund um den Südpol dagegen Antarktis (Südpolargebiet). Diese beiden kältesten Regionen der Erde unterscheiden sich sehr deutlich: Die Arktis ist ein vereistes Meer, das von Land umgeben ist. Die Antarktis dagegen ist eine von einer dicken Eisschicht überzogene Landmasse mitten im Meer.

In den Polargebieten herrschen die härtesten Lebensbedingungen der Erde. Während auf dem Land um den Nordpol, der sogenannten Tundra, noch Pflanzen gedeihen und Tiere leben können, ist die Landmasse der Antarktis eine ewige Eiswüste. Landsäugetiere wie Eisbären, Moschusochsen, Polarfüchse und Schneehasen findet man deshalb zwar in der Arktis, nicht aber in der Antarktis. Dennoch gibt es selbst in diesem Klima ein erstaunlich vielfältiges Tierleben, nämlich in und auf dem Meer. Die polaren Gewässer sind reich an Plankton, winzige, im Wasser schwebende Pflanzen und Tiere, von denen sich riesige Fisch- und Garnelenschwärme ernähren. Diese wiederum bilden die Nahrung für zahlreiche Vögel und Meeressäugetiere wie Wale und Robben. Auch die Pinguine sind in der stürmischen Antarktis – nicht aber in der Arktis – zu Hause.

Rund um den Nordpol lebt der Eisbär, ein mächtiges Raubtier, das dem Leben in der Kälte perfekt angepaßt ist.

Der Stammbaum der Tiere

Jahrtausende lang glaubten die Menschen, die Tiere und Pflanzen seien einst so erschaffen worden, wie wir sie heute kennen. Vor rund 150 Jahren wurde dann, vor allem durch die Arbeiten des Naturforschers Charles Darwin, allmählich klar, daß sich alle Tiere und Pflanzen – und letztlich auch der Mensch – erst im Laufe von vielen Jahrmillionen aus ursprünglicheren Formen zu ihrer heutigen Gestalt entwickelt haben.
Nach den heutigen Kenntnissen der Wissenschaft gab es vor vier Milliarden Jahren noch keine Lebewesen auf der Erde. Aber in den Ozeanen waren Stoffe, die sich zu Verbindungen zusammenschlossen, aus denen schließlich einfache, einzellige Lebewesen entstanden. Vor ungefähr einer Milliarde Jahren begannen sich dann die aus vielen Zellen aufgebauten Tiere zu entwikkeln. Durch ständige Veränderungen und Weiterentwicklungen sind aus diesen Urformen bis heute über eine Million verschiedene Tierarten hervorgegangen.
Alle diese Tiere lassen sich anhand ihrer Körpermerkmale im zoologischen System einordnen. Auf dem nebenstehenden Stammbaum kannst du die Verwandtschaft und die Entwicklung der wichtigsten Tiergruppen mitverfolgen. Wenn du über das zoologische System mehr wissen willst, dann blättere zurück zur Einleitung auf Seite 6.

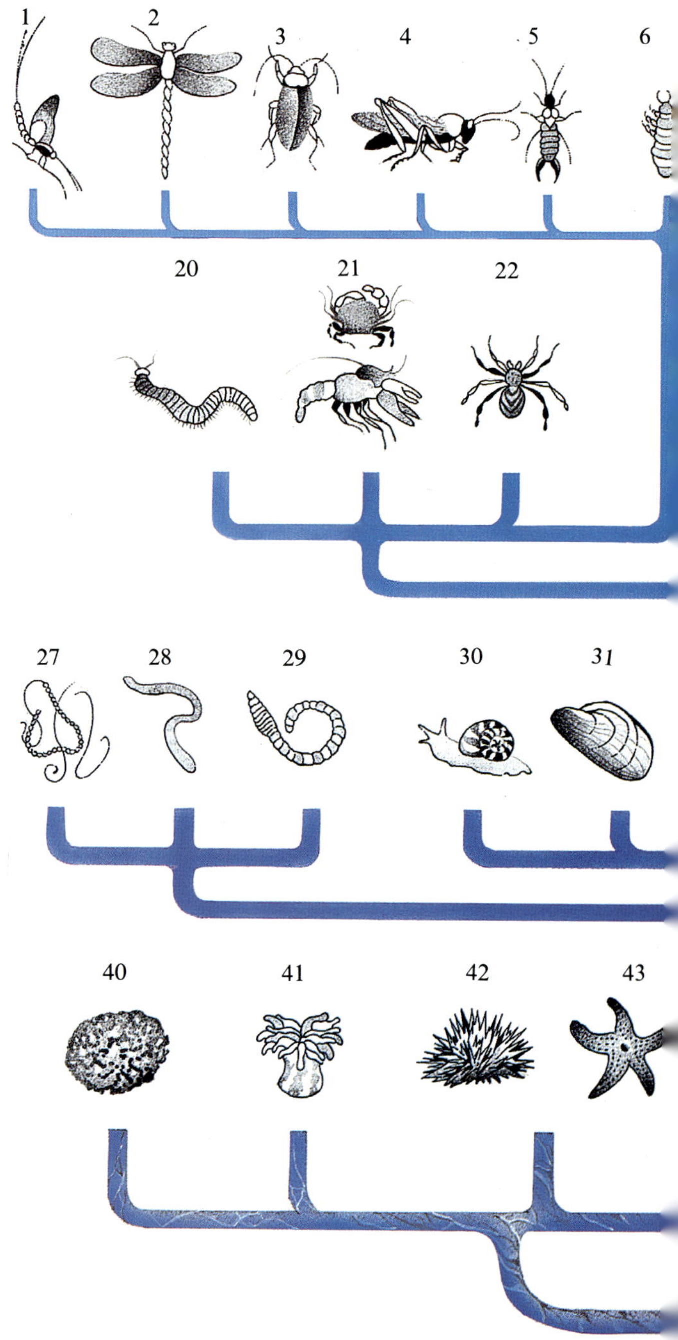

1 *Eintagsfliegen*
2 *Libellen*
3 *Schaben*
4 *Heuschrecken*
5 *Ohrwürmer*
6 *Läuse*
7 *Schnabelkerfe*
8 *Käfer*
9 *Schmetterlinge*

10 *Fliegen*
11 *Flöhe*
12 *Hautflügler*

13 *Nagetiere*
14 *Raubtiere*
15 *Insektenfresser*
16 *Paarhufer*
17 *Unpaarhufer*

18 *Elefanten*
19 *Herrentiere*

20 *Stummelfüßer*
21 *Krebstiere*
22 *Spinnentiere*

23 *Eierleger*
24 *Beuteltiere*
25 *Fledertiere*

26 *Wale*

27 *Bandwürmer*
28 *Strudelwürmer*
29 *Gliederwürmer*

30 *Schnecken*
31 *Muscheln*
32 *Kopffüßer*

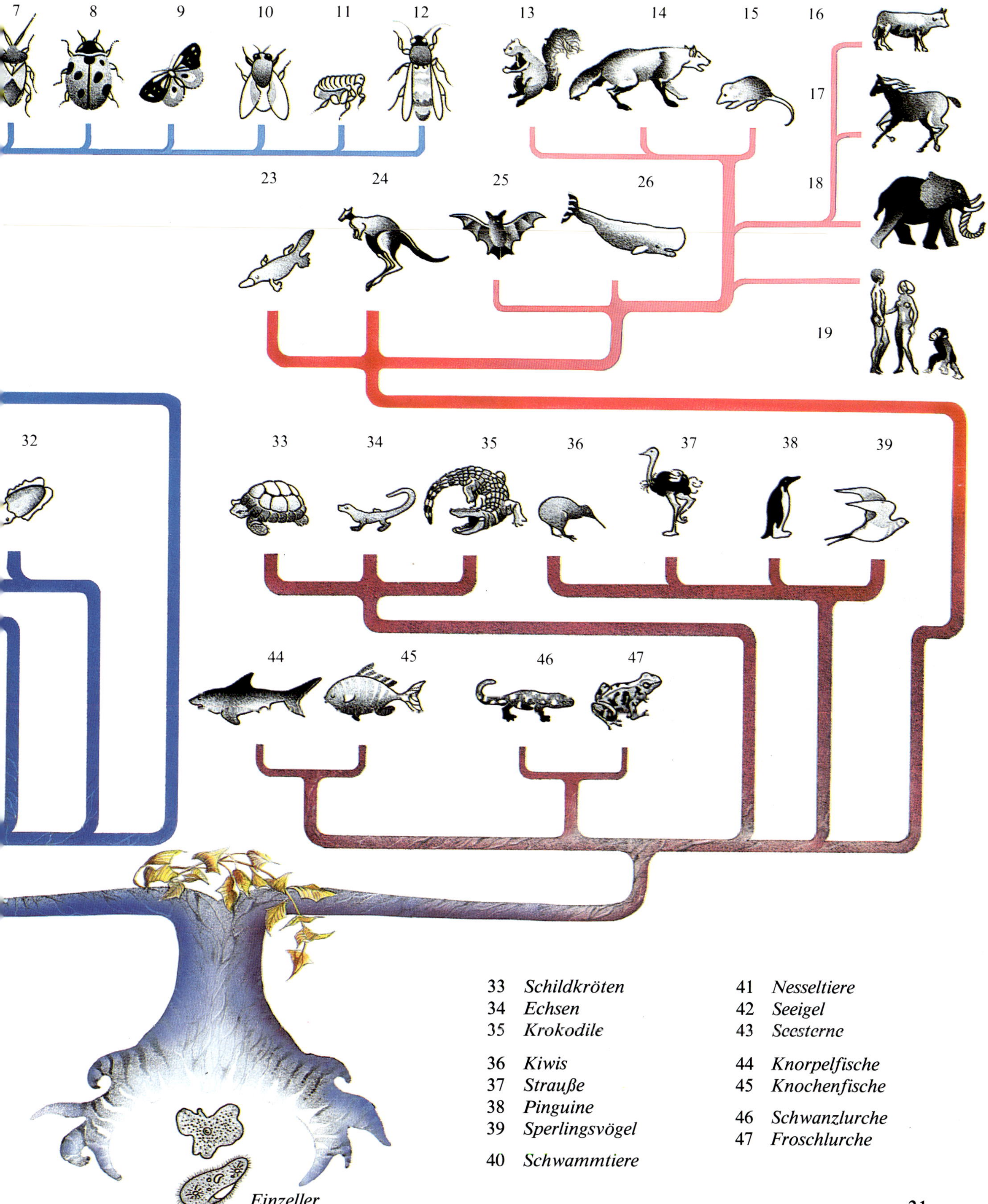

33 *Schildkröten*
34 *Echsen*
35 *Krokodile*

36 *Kiwis*
37 *Strauße*
38 *Pinguine*
39 *Sperlingsvögel*

40 *Schwammtiere*

41 *Nesseltiere*
42 *Seeigel*
43 *Seesterne*

44 *Knorpelfische*
45 *Knochenfische*

46 *Schwanzlurche*
47 *Froschlurche*

Wirbellose Tiere

(Invertebrata)

Von weit über einer Million Tierarten, die heute der Wissenschaft bekannt sind, gehören nur etwa drei Prozent zu den Wirbeltieren: also zu den Fischen, Lurchen, Kriechtieren, Vögeln und Säugetieren. Alle übrigen haben keine Wirbelsäule, das heißt, kein aus Knochen- oder Knorpelteilen zusammengesetztes Rückgrat. Deshalb nennt man sie Wirbellose. Etwa drei Viertel dieser Wirbellosen – und damit weitaus die meisten aller heutigen Tierarten – sind Insekten. Mit ihnen beschäftigen wir uns im nächsten Kapitel. In diesem Kapitel geht es um die kleineren Gruppen von Wirbellosen: um Quallen, Würmer, Seesterne und Korallen, aber auch Krebse, Skorpione und Spinnen.

EINZELLER *(Protozoa)*

Während unser Körper aus Millionen von Zellen aufgebaut ist, bestehen die Einzeller, wie der Name schon sagt, nur aus einer einzigen Zelle. Die Wissenschaftler nennen diese Lebewesen Protozoen, das bedeutet «erstes, einfachstes Tier» oder Urtierchen. Einzeller sind winzig klein und konnten erst nach der Erfindung des Mikroskops sichtbar gemacht werden. Heute kennt man über 40000 Arten, und sie leben überall: in jedem Wassertropfen, in oder auf fast allem, was wir berühren, essen oder trinken. Tausende von ihnen gibt es auch an und in unserem Körper. Weitaus die meisten bemerken wir gar nicht, denn sie sind für uns völlig harmlos. Andere aber, vor allem tropische Einzeller, können gefährliche Krankheiten verursachen, zum Beispiel die afrikanische Schlafkrankheit, die Malaria oder die Amöbenruhr.
Wie wir Menschen gehören alle anderen Tiere zu den **VIELZELLERN**, den Metazoen.

SCHWAMMTIERE *(Spongia)*

Die meisten Badeschwämme werden heute aus Kunststoff hergestellt. Aber der alte, rundliche, braune Badeschwamm ist tatsächlich ein tierisches Erzeugnis.

Schwammtiere sind die einfachsten vielzellig gebauten Tiere. Sie haben große Ähnlichkeit mit Pflanzen und sitzen unbeweglich auf dem Meeresgrund. Manche leben im Flachwasser, andere in über 5000 Meter Tiefe. Es gibt sie im Salzwasser, einige aber auch im Süßwasser. Schwammtiere besitzen keine Nerven und keine Sinnesorgane. Und nur ganz am Anfang ihres Lebens,

Rechts: Amöben sind einzellige Lebewesen, die in vielen Arten im Wasser oder in feuchtem Boden leben. Die größten werden etwa 2 Millimeter groß, die meisten sind aber sehr viel kleiner.
Linke Seite: Das Große Barriere-Riff vor der Ostküste Australiens ist mit fast 2000 Kilometern Länge das größte Korallenriff der Welt. Korallenstöcke (unten) gibt es in einer riesigen Vielfalt von Formen.

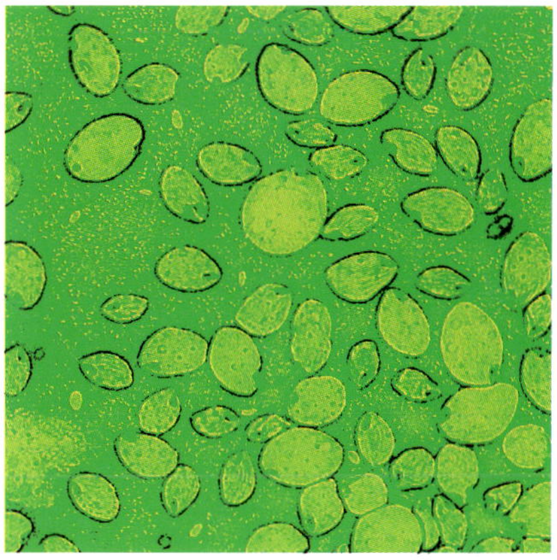

als Larven, sind sie beweglich. Schon bald setzen sie sich irgendwo fest und wachsen zu einer löchrigen, eben «schwammigen» Gestalt heran. Durch die vielen Poren strömt ständig Wasser, aus dem das Schwammtier winzige Tierchen und

tote pflanzliche Stoffe als Nahrung herausfiltert. Bei manchen Schwämmen besteht der «Körper» aus einer kalkigen, harten Masse, bei anderen – zum Beispiel bei der Art, aus der man die Badeschwämme macht – ist das «Baumaterial» ein weicher, hornartiger Stoff, ähnlich unseren Haaren und Fingernägeln.

NESSELTIERE *(Cnidaria)*

Sicher hast du schon einmal die unangenehme Bekanntschaft mit einer Brennessel gemacht: Beim Berühren ihrer Blätter und Stengel entsteht auf unserer Haut ein juckender Schmerz. Ähnlich wie diese Pflanze besitzen auch die Nesseltiere Giftstoffe, die bei Berührung ihre Wirkung entfalten und für kleine Lebewesen, manchmal sogar für Menschen, tödlich sein können. In der obersten Hautschicht der Nesseltiere sitzen zahlreiche Nesselzellen, die einen dünnen, aufgerollten Schlauch enthalten, der mit einer Giftdrüse verbunden ist. Außen an der Zelle befindet sich eine Auslöseborste. Wird diese Borste berührt, schießt blitzschnell der Giftschlauch heraus und dringt in die Haut des Opfers ein. Mit dieser Waffe werden Feinde abgewehrt, vor allem aber winzige Beutetiere getötet. Zu den Nesseltieren gehören die oft wunderschönen, wie Blumen aussehenden Seeanemonen oder Aktinien, die fest an einem Standort sitzen; die Quallen, die wie durchsichtige Lampenschirme mit langen, hängenden Fangfäden im Meer herumschweben, und schließlich die Korallen. Was wir von den Korallen sehen, sind allerdings nicht die einzelnen Tiere, sondern ihre «Häuser», die sie zu Hunderten oder Tausenden bewohnen. Die Korallentiere selbst sind Polypen: kleine, ungefähr einen Zentimeter lange schlauchförmige Tierchen mit einem Kranz von Fangarmen um eine Mundöffnung. Diese Polypen scheiden einen Kalkstoff ab, aus dem die seltsam geformten Korallenstöcke entstehen. Die Tiere selbst verstecken sich tagsüber. Nachts aber strecken sie ihre Fangarme aus den Stöcken und erbeuten damit winzige, im Wasser schwebende Tierchen.

PLATTWÜRMER *(Plathelminthes)*

Als Würmer werden sehr unterschiedliche Tiere bezeichnet; oft sind sie überhaupt nicht miteinander verwandt. Gemeinsam ist ihnen nur eines: ihre beinlose «Wurmgestalt». Die Plattwürmer haben einen kleinen, abgeflachten Körper. Die meisten von ihnen leben im Wasser. Einige – wie der bekannte Bandwurm – sind Parasiten oder Schmarotzer: Sie leben im Körper von Tieren und Menschen und ernähren sich auf Kosten ihrer «Wirte».

RINGELWÜRMER *(Annelida)*

Die Ringelwürmer erkennt man an ihren mehrfach gegliederten Körpern. Es gibt etwa 8700 Arten von ihnen. Die meisten leben im Meer und haben oft Borsten, die ihnen zur Fortbewegung und als Schutz dienen. Die bekanntesten Ringelwürmer sind die nützlichen Regenwürmer, die den Boden auflockern und Pflanzenmaterial zu fruchtbarer Erde zersetzen. Aber auch die Blutegel, die sich an Tiere und Menschen heften, um Blut zu saugen, gehören zu den Ringelwürmern.

Rechts: An das menschliche Gehirn erinnert die Form der Hirnkoralle.

Unten: In der Haut der Nesseltiere sitzen zahlreiche winzige Nesselzellen. Bei Berührung der Auslöserborste schießt der spitze Giftschlauch wie eine Harpune in die Haut des Opfers.

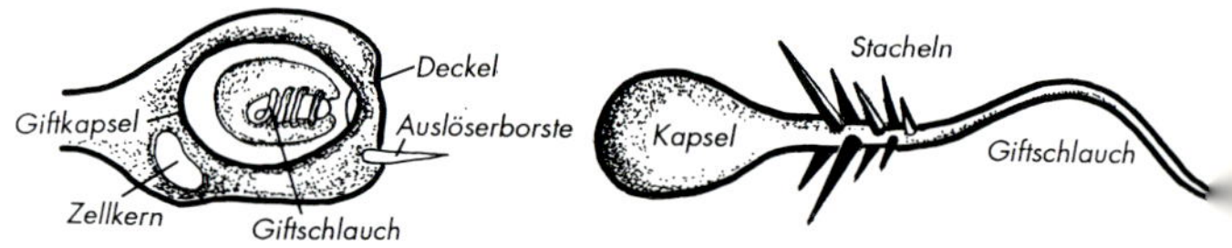

Spinnentiere *(Arachnida)*

Zu den Spinnentieren gehören nicht nur die bekannten Weberknechte und Spinnen, sondern auch Skorpione, Milben und andere kleine Räuber.

Skorpione *(Scorpiones)* Auf den ersten Blick gleichen die Skorpione den Krebsen. Sie gehören aber zur Klasse der Spinnentiere. Es gibt rund 600 verschiedene Arten von Skorpionen. Die kleinsten werden knapp zwei, die größten bis zu 18 Zentimeter groß. Trotzdem kann man sie alle leicht an den beiden Scheren und an dem langen, beweglichen Schwanz mit dem

Giftstachel erkennen. Skorpione sind Räuber, die sich von kleinen Tieren ernähren. Die meisten Arten sind in den Tropen verbreitet. Einige von ihnen können mit ihrem Stich auch für den Menschen lebensgefährlich werden. Die im südlichen Europa lebenden Skorpione sind aber bis auf wenige Ausnahmen harmlos.

Skorpionspinnen *(Pedipalpi)* Skorpionspinnen gibt es nur in warmen Ländern. Ihren Namen tragen sie, weil einige von ihnen den Skorpionen gleichen, allerdings ohne Scheren und Giftstachel am Schwanz, und andere wie Spinnen aussehen. Während die richtigen Spinnen auf acht Beinen herumspazieren, laufen Skorpionspinnen nur auf sechs – das vordere Beinpaar ist zu sehr langen, dünnen Tastorganen umgebildet. Diese Taster helfen den Tieren, sich in ihrer Welt zu orientieren, denn sie sind taub und fast blind.

Milben *(Acari)* Über 10000 Arten von Milben sind auf der Erde verbreitet; etwa ein Viertel davon lebt im Wasser. Die meisten sind weniger als zwei, die größten um zehn Millimeter lang. Viele Milben leben als Parasiten an Tieren oder Pflanzen und sind Blutsauger und Hornfresser. Verbreitet war früher die Krätzmilbe, die in die obersten Hautschichten des Menschen Gänge frißt und eine stark juckende Hautkrankheit verursacht. Auch die Holzböcke und andere blutsaugende Zecken gehören zu den Milben. Einige davon sind gefürchtete Krankheitsüberträger.

Spinnen *(Araneae)* Spinnen sind keine sehr beliebten Tiere. Die meisten Leute ekeln und viele fürchten sich sogar vor ihnen. Dabei können nur ganz wenige der insgesamt über 20000 Spinnenarten dem Menschen gefährlich werden. Tatsächlich gehören sie zu den nützlichsten Tieren, die wir kennen. Gäbe es nämlich keine Spinnen, müßten die Menschen wahrscheinlich verhungern, weil Insekten unsere Felder und Gärten kahlfressen würden. Wissenschaftler haben errechnet, daß in Mitteleuropa auf einer Fläche von 4000 Quadratmetern etwa 1,5 Millionen Spinnen leben, die in einem Sommer mindestens 1500 Kilogramm Insekten verspeisen. Das entspricht einer Anzahl von 75 Millionen Fliegen!

Spinnen besitzen acht Laufbeine (Insekten dagegen haben immer sechs), zwei Tastbeine und

Rechts: Bei den Geißelspinnen sind die vordersten Beine, die sogenannten Fühlerbeine, zu stachelbewehrten Fangarmen ausgebildet.

Unten links: Mit ihren Scheren gleichen die Skorpione zwar den Krebsen, sie gehören aber zu den Spinnentieren.

Unten: Milben befallen manchmal in großer Zahl andere Tiere. Hier ist ein großes Insekt ihr Opfer.

Die Spinnen

1 Bei den Weberknechten gibt es manchmal richtige Gruppentreffen.

2 Mexikanische Rotknievogelspinnen gehören zu den größten Spinnen der Welt, sind aber nicht sehr gefährlich.

1

6 Eine Krabbenspinne hat einen Schmetterling erbeutet.

7 Springspinnen haben riesige Augen und fangen ihre Beute im Weitsprung.

8 Die bunten, tropischen Dornenspinnen sehen gefährlicher aus als sie sind.

9 Die Kreuzspinne hat ihren Eikokon in einem Gespinst versteckt.

2

3

4

5

6

7

3 Die Weibchen der Wolfsspinnen tragen den Eikokon mit sich herum, bis die Jungen geschlüpft sind.

4 Die australische Huntsmanspinne ist trotz ihrer gewaltigen Giftklauen harmlos.

5 Wasserspinnen bauen unter Wasser luftgefüllte «Taucherglocken» aus Spinngewebe.

8

9

Rechts: Die Wespen- oder Zebraspinne wirkt aus der Nähe besehen recht auffällig. Sie ist aber durch ihre Streifenzeichnung ausgezeichnet getarnt und schwer zu finden.

Zeichnungen: Spinnennetze sind vielfältig. Ganz rechts siehst du das Radnetz einer Kreuzspinne, links unten ein Netz der Wespenspinne mit eingewebten Verstärkungen und rechts unten das Haubennetz einer Kugelspinne.

Das Netz der Kreuzspinne.

Das Netz der Wespenspinne.

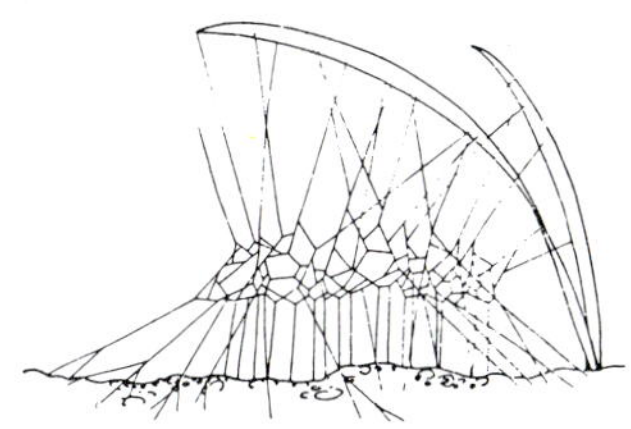

Das Netz der Kugelspinne.

meistens zwei Gifthaken unten am Kopf, mit denen sie die Beutetiere packen und töten. Das Gift löst den Körperinhalt der Beute auf, der dann von der Spinne ausgesaugt wird.
Der Spinnenkörper besteht aus zwei Teilen (bei den Insekten sind es drei): einem Kopf-Brust-Teil und dem Hinterleib. Am Ende des Hinterleibs befinden sich die Spinndrüsen, welche die feinen Spinnfäden absondern.
Die Spinnenweibchen packen ihre Eier zum Schutz in Spinnseide ein: Sie stellen einen sogenannten Eikokon her. Auch ihre Schlupfwinkel tapezieren manche Spinnen mit Seide aus, und viele spinnen Fallen: Fangtrichter, Röhren oder die wohlbekannten und oft sehr kunstvollen Netze. Die Wasserspinne baut sich sogar eine Taucherglocke, in der sie lebt. Dazu spinnt sie unter Wasser ein dichtes, glockenförmiges Gewebe. Wenn es fertig ist, holt sie an der Oberfläche Luft, die sie als Bläschen zwischen ihren Körperhaaren unter das Netz transportiert, bis es sich aufbläht wie ein etwa walnußgroßer Ballon. Bevor das Wasserspinnen-Weibchen Eier legt, baut sie eine doppelstöckige Glocke. Im oberen Stockwerk verbringen die Jungen ihre ersten Lebenswochen.
Alle Spinnen können spinnen, aber längst nicht alle bauen Fallen! Krabbenspinnen zum Beispiel sitzen stundenlang völlig reglos an Blüten und lauern auf Insekten wie Bienen oder Schmetterlinge. Dabei können sie ihre Körperfarbe teilweise der Farbe der Blüten anpassen. Wolfsspinnen sind langbeinige Schnelläufer, die ihre Beute im Sprung fangen. Sie leben zu Hunderten in unseren Gärten und am Waldrand.
Manche Spinnenarten leben an Gewässern und können sowohl auf der Wasseroberfläche laufen als auch tauchen. Einige erbeuten sogar kleine Fische. Die Springspinnen beschleichen ihre Beute und überfallen sie im gezielten Weitsprung. Sie haben besonders große und gut ausgebildete Augen, um die Beute zu entdecken und die Entfernung genau abzuschätzen.
Obwohl fast alle Spinnen acht Augen haben, sehen viele Arten sehr schlecht. Dafür haben sie einen sehr empfindlichen Tastsinn. Netzspinnen zum Beispiel können an der leisesten Erschütterung des Netzes genau erkennen, wo sich ein Beutetier verfangen hat und wie groß es ist – oder ob es sich bei dem Besucher um ein hochzeitslustiges Männchen handelt.

Die Spinnenhochzeit ist für die Männchen oft eine lebensgefährliche Angelegenheit. Bei den meisten Spinnenarten sind die Weibchen bedeutend größer und so beutegierig, daß sie jedes Tier bis zur eigenen Größe angreifen und töten – auch unvorsichtige Männchen! Nur mit raffinierten Tricks bewahren sich manche Spinnenmännchen vor dem sicheren Tod. Männliche Netzspinnen versetzen das Fangnetz des Weibchens in bestimmte Schwingungen und bringen die Angebetete so in Paarungsstimmung. Bei manchen Spinnen ohne Netz führen die Männchen Balztänze vor, die stundenlang dauern können. Wieder andere Männchen fangen ein Beutetier, wickeln es in Seidenfäden ein und überreichen es der Braut. Während sie das Geschenk aussaugt, findet die Paarung statt. Doch trotz dieser Tricks wird manches Spinnenmännchen beim Paarungsversuch vom Weibchen aufgefressen.

Krebstiere *(Crustacea)*

Bei dem Wort Krebs denkst du sicher zuerst an einen Flußkrebs oder einen Hummer, vielleicht noch an eine Strandkrabbe. Das sind aber noch längst nicht alle! Daß zum Beispiel die Wasserflöhe, mit denen man Aquarienfische füttert, oder die Kellerasseln Krebstiere sind, wissen die meisten Leute nicht. Dabei kennt man heute fast 30000 verschiedene Krebsarten. Die meisten leben im Meer, viele auch im Süßwasser und manche an Land. Viele von ihnen sind so klein, daß man sie nur mit einer guten Lupe erkennt. Die größte Languste dagegen wird 60 Zentimeter lang und die Scherenbeine der Japanischen Riesenkrabbe sogar bis zu 1,50 Meter.
Aus der ungeheuren Vielfalt der Krebstiere können wir hier nur gerade auf zwei der wichtigsten Gruppen einen Blick werfen: die Rankenfüßer und die Höheren Krebse.

Rankenfüßer *(Cirripedia)* Wenn du schon einmal irgendwo am Meer warst, hast du bestimmt an Felsen oder Pfählen ganze Gruppen von erbsen- bis haselnußgroßen, weißlichen Gebilden entdeckt, die wie kleine Muscheln aussehen. Das sind in Wirklichkeit Krebse: nämlich Seepokken, die bekanntesten Rankenfüßer.

Im Larvenstadium schwimmen diese kleinen Krebse frei im Wasser herum. Später jedoch setzen sie sich mit dem Kopf an einer Unterlage fest. Das kann ein Felsen, ein Schiff, ein Pfahl, aber auch eine Meeresschildkröte, ein Wal oder sonst ein Meerestier sein. Der kleine Krebs scheidet nun aus seinem Körper Kalk aus, der ihn fest mit der Unterlage verbindet und wie ein Mantel mit einer verschließbaren Klappe umhüllt. Wenn die Tierchen bei Ebbe über dem Wasser liegen, bleiben die Gehäuse fest verschlossen. Unter Wasser jedoch öffnen sie sich, und die Seepocken strecken ihre langen Beine heraus. Beim Hin- und Herbewegen fangen sie kleine Nahrungsteilchen.

Ritterkrebse *(Reptantia)* Zu den Ritterkrebsen gehört der Europäische Flußkrebs, der bis zu 25 Zentimeter lang wird. Er bewohnt Uferhöhlen und geht hauptsächlich nachts auf die

Suche nach Pflanzenteilen und lebenden oder toten Tieren. Da er sauberes Wasser braucht, ist er heute aus vielen, leider sehr verschmutzten Gewässern verschwunden. Außerdem erkrankten um 1870 viele Flußkrebse an der von Pilzen ausgelösten «Krebspest» und starben. Um 1890 wurde daher in Europa der Amerikanische

Flußkrebs eingeführt, der auch in verschmutztem Wasser noch leben kann und gegen die Krebspest weniger empfindlich ist. Früher war der Flußkrebs ein wichtiges und weit verbreitetes Nahrungsmittel, das man auch auf Wochenmärkten kaufen konnte – heute gilt er als Delikatesse.
Auch die großen Langusten und Hummer, die im Meer leben und ebenfalls begehrte Speisekrebse sind, gehören zu den Ritterkrebsen.

Langschwanzkrebse *(Astacura)* Die bekanntesten Langschwanzkrebse sind die verschiedenen Garnelenarten, die in vielen Ländern in großen Mengen als Speisekrebse gefangen werden. Garnelen können sich in Massen vermehren. Die bekannte Nordseegarnele zum Beispiel, die nur etwa drei Jahre alt wird, kann in dieser Zeit etwa 20000 Eier produzieren und so für zahlreichen Nachwuchs sorgen.

Mittelkrebse *(Anomura)* Während bei den übrigen Krebsen ein fester Panzer den Körper schützt, ist bei den Einsiedlerkrebsen der Hinterleib weich und ungeschützt. Deshalb suchen sich diese Krebse ein passendes Schneckenhaus, stecken den Hinterleib hinein und halten sich mit dem hintersten Beinpaar daran fest. Mit diesem «Haus» spazieren sie nun herum, bis es zu klein wird und sie ein größeres suchen müssen. Die meisten Einsiedlerkrebse leben im Meer. Die Landeinsiedlerkrebse allerdings verbringen den größten Teil ihres Lebens an Land.
Ebenfalls ein Mittelkrebs ist der bis zu 30 Zentimeter lange Palmendieb, der auf Kokospalmen klettert und mit seinen ungeheuer starken Scheren Kokosnüsse von den Bäumen schneidet, um sie hinterher am Boden zu öffnen.

Krabben *(Brachyura)* Krabben sind die am höchsten entwickelten Krebse. Man erkennt sie an ihrem kurzen, breiten, von einer Panzerplatte bedeckten Körper. Viele Arten leben im Meer, einige im Süßwasser und einige wenige auch an Land. Besonders bekannt sind die zahlreichen Krabbenarten, die an den Meeresstränden in der Zone zwischen Ebbe und Flut (Gezeitenzone) leben. Bei Flut sitzen sie unter Wasser in ihren selbstgegrabenen, oft sehr tiefen Wohnhöhlen im Sand, Schlamm oder in Felsspalten. Typisch für viele Strandkrabben ist, daß sie mit erstaunlicher Geschwindigkeit seitwärts über den Sand laufen können. Die Felsen- oder Klippenkrabben klettern mit großem Geschick über die Felsen und können sich so gut daran festklammern, daß sie selbst von heftigen Brandungswellen nicht weggerissen werden.

Krebstiere sind sehr vielgestaltig. Die meisten leben im Wasser, manche aber auch am Land wie die Kellerasseln (oben), die du in jedem Keller und Garten finden kannst. Auf der linken Seite siehst du die Gehäuse von Seepocken, rechts einen Landeinsiedlerkrebs in seinem «Mietshaus» und unten einen Zehnfußkrebs.

Besonders interessant sind die Winkerkrabben, die an schlammigen Stränden in den Tropen und Subtropen leben. Die Männchen haben eine gewaltige, oft bunt gefärbte Schere, mit der sie zu bestimmten Zeiten in gleichmäßigem Rhythmus winken. Mit diesen Winkzeichen teilen sie anderen Männchen mit, daß sie ein Revier besitzen und bereit sind, dieses notfalls im Zweikampf zu verteidigen. Gleichzeitig versuchen sie damit Weibchen anzulocken. Bei Gefahr können die Winkerkrabbenmännchen ihre große Schere abwerfen. Aus der kleinen Freßschere wird dann eine große Winkschere, während anstelle der alten Winkschere eine neue, kleine Freßschere heranwächst.

Die Klippenkrabben (ganz oben) klettern an den Felsen der Galapagosinseln herum. Interessant sind auch die Winkerkrabben (links oben). Die Männchen haben auf der einen Seite eine Riesenschere, mit der sie ständig winken.

Rechts: Hier siehst du eine westafrikanische Schlammkrabbe.

Links: Ein Winkerkrabben-Weibchen räumt seine Wohnhöhle aus.

WEICHTIERE *(Mollusca)*

Zu den Weichtieren oder Mollusken gehören so verschiedenartige Tiere wie die Schnecken, die du aus dem Garten kennst, die Muscheln, deren Schalen man am Strand sammelt, und die Tintenfische. Trotz der so unterschiedlichen Gestalt haben sie eines gemeinsam: einen weichen Körper ohne Skelett. Bei den Gehäuseschnecken und Muscheln ist der Körper durch ein festes Kalkgehäuse geschützt.

Schnecken *(Gastropoda)*

Jeder weiß, was Schnecken sind, die uns – vor allem bei Regenwetter – überall im Freien begegnen. Bei Trockenheit verstecken sie sich an einem feuchten Ort oder ziehen sich zumindest in ihr Häuschen zurück. Schnecken sind nämlich Wassertiere und ertragen Trockenheit sehr schlecht. Weitaus die meisten aller Schneckenarten – man kennt heute über 100000 – leben in ihrem ursprünglichen Element, dem Meer. Viele Arten gibt es auch im Süßwasser und einige an Land, besonders in Gegenden, wo es häufig

Links: Die großen Gespenster- oder Rennkrabben, die in vielen Arten vor allem tropische Sandstrände bewohnen, erbeuten lebende Tiere. Sie fressen aber auch Aas und Pflanzenstoffe.

Rechts: Die gut ausgebildeten Augen der Krabben sitzen auf Stielen, die sie seitlich einklappen können.

regnet. Nur ganz wenige leben in Trockensteppen oder gar in Wüsten. Die Wasserschnecken atmen durch Kiemen, also mit ähnlichen Atemorganen wie Fische, während Landschnecken Lungen haben.

Typisch für die meisten Schnecken ist das gewundene Kalkgehäuse, in dem die Eingeweide verborgen sind und in das sich die meisten Schnecken vollständig zurückziehen können. Unsere Häuschenschnecken verschließen vor Winteranbruch den Eingang sogar mit einer «Tür» aus Kalk, den sie aus dem Körper ausscheiden. Auch Schnecken, die in Trockenzonen leben, können sich vor langen regenlosen Zeiten eindeckeln, damit sie nicht austrocknen.

Auch bei uns finden wir Schnecken mit verschieden geformten Häuschen. Sie sind kugelig, flach oder langgezogen und spitz auslaufend. Eine geradezu verwirrende Vielfalt von Gehäuseformen gibt es aber im Meer! Viele dieser Häuschen sind wunderschöne und begehrte Sammelobjekte. Leider werden sie an Touristenorten oft zu Tausenden angeboten – und zu diesem Zweck natürlich im Meer gesammelt. Da aber Schnekken, wie alle anderen Tiere auch, in der Natur ihre Rolle spielen, werden durch das übermäßige Sammeln bestimmte Lebensgemeinschaften, wie etwa die Korallenriffe, sehr gefährdet.

Die Wissenschaftler nennen die Schnecken Gastropoden, was Bauchfüßer bedeutet. Der

Soldaten- oder Armeekrabben rotten sich manchmal zu Tausenden zusammen und ziehen wie Heere über die Strände. Es ist noch völlig unbekannt, was diese Wanderungen bedeuten.

langgezogene Bauch ist nämlich zu einer Art Fuß ausgebildet, mit dem die Schnecken langsam, aber sicher herumkriechen. Sie scheiden dabei ständig Schleim aus und hinterlassen eine glitzernde Spur. Vorn am Kopf sitzen zwei oder vier Fühler mit Augen, die aber nur schlecht sehen können. Dafür sind die Fühler und die Lippen empfindliche Tastorgane. Im unten am Kopf sitzenden Mund befindet sich eine mit Hornzähnchen besetzte Zunge, mit der die Nahrung zerrieben wird. Die meisten Schnecken sind Pflanzenfresser. Einige verzehren aber auch Aas, und manche Meeresschnecken töten und fressen sogar Seeigel, Seesterne und Muscheln.

Nur wenige Schneckenarten haben kein Häuschen. Zu ihnen gehören die Nacktschnecken.

Bis zu 6 Zentimeter lang wird die Spitzschlammschnecke, die in pflanzenreichen Seen und Teichen lebt und sich von Pflanzen und toten Tieren ernährt.

Käferschnecken sind sehr urtümliche Weichtiere, deren Körper durch 8 hintereinanderliegende, dachziegelartig angeordnete Platten geschützt sind.

Viele Schnecken sind zweigeschlechtlich, sogenannte Zwitter – Männchen und Weibchen zugleich. Dennoch müssen sich zur Fortpflanzung zwei Schnecken paaren. Dabei befruchten sich die Tiere gegenseitig, und beide legen danach Eier. Einige Schneckenarten bringen allerdings auch lebende Junge zur Welt.

Muscheln *(Bivalvia)*

Während Schnecken ein einteiliges Gehäuse (oder auch gar keines) besitzen, haben Muscheln immer zwei Schalenteile. Beide Schalen sind auf einer Seite durch eine scharnierähnliche Vorrichtung miteinander verbunden und können durch Schließmuskeln fest verschlossen werden. Die meisten der über 20000 Muschelarten leben

Rechte Seite, Mitte: Die wohl bekannteste Schnecke Europas ist die Weinbergschnecke. Weil sie als «Delikatesse» immer häufiger in Kochtöpfen vorkam als in der Natur, hat man sie vielerorts unter Schutz gestellt und spezielle Schneckengärten zur Zucht von «Speiseschnecken» angelegt.

Links: Die kleinen, bunten und sehr verschiedenartigen Nacktkiemerschnecken der Meere machen sich selbst giftig, indem sie Nesseltiere fressen und deren Giftzellen im Körper lagern.

im Meer, einige auch im Süßwasser. Fast alle können sich nur sehr langsam fortbewegen, und lediglich die Kammuscheln können durch rasches Auf- und Zuklappen der Schalen schwimmen. Muscheln leben entweder im Sand oder Schlamm vergraben, oder sie sitzen an Felsen, Hafenmauern und Pfählen fest. Als Nahrung filtern sie Pflanzenteilchen und Kleinlebewesen aus dem Wasser.
Auch Muscheln sind begehrte Sammlerobjekte. Für einige Völker sind sie ein wichtiges Nahrungsmittel, für andere begehrte Leckerbissen in Feinschmeckerrestaurants (Austern, Miesmuscheln). Perlmuscheln liefern kostbare Perlen, und aus schillernden Muschelteilen (Perlmutter) werden Schmuck und Knöpfe hergestellt. Um die oft prächtigen Schalen zu sammeln, wird auch nach den noch lebenden Tieren getaucht. Deshalb sind heute verschiedene Muschelarten von der Ausrottung bedroht.

Kopffüßer *(Cephalopoda)*

Man nennt sie auch Tintenschnecken oder Tintenfische. Sie haben einen sackförmigen Rumpf und am Kopfteil zwei große, gut ausgebildete Augen. Ihre acht oder zehn Fangarme mit Saugnäpfen können auch größere Krebse und Fische überwältigen. Die größten Tintenfische sind die Riesenkraken der Tiefsee (fälschlich oft Polypen genannt), die bis zu fünf Meter Armlänge haben. Sie besitzen auch die größten Augen im Tierreich: An die 40 Zentimeter Durchmesser hat so ein Riesenkrakenauge!

Viele Tintenfische haben einen «Tintenbeutel», aus dem sie bei Gefahr eine schwarze Flüssigkeit ausstoßen, um sich «einzunebeln». Manche leben am Meeresboden, andere schwimmen frei herum. Durch rasches Zusammenziehen der beutelähnlichen Mantelhöhle pressen sie mit hohem Druck Wasser aus dem Körper und können

Oben: Das Gehäuse der afrikanischen Achatschnecke wird über 10 Zentimeter lang.

Rechts siehst du eine der zahlreichen kleinen Nacktschneckenarten, die sich in unseren Gärten durch das Abfressen von Pflanzen unbeliebt machen.

Unten: Die bis zu 15 Zentimeter lange Rote Wegschnecke ernährt sich von faulenden Pflanzenteilen, toten Tieren und Kot.

Links: Zu den Riesenmuscheln gehört die manchmal über 1 Meter lange Mördermuschel, die zwischen ihren gewaltigen Schalen sogar Taucher festhalten soll – was jedoch wahrscheinlich nicht stimmt!

Rechts: Bis zu 20 Zentimeter lang wird die Teichmuschel, die im Süßwasser aus dem Bodenschlamm Nahrungsteilchen herausfiltert.

so – ähnlich wie mit einem Raketenantrieb – sehr schnell schwimmen. Die eigentlichen Tintenfische haben noch eine länglich-ovale, kalkige Schale im Körper. Solche Schalen von toten Tintenfischen findet man häufig an Stränden. Bei uns gibt es sie in Zoohandlungen, wo sie als Fischschulp oder Sepiaknochen zum Schnabelwetzen für Vögel verkauft werden.

STACHELHÄUTER *(Echinodermata)*

Zu den Stachelhäutern gehören wiederum drei sehr unterschiedlich aussehende Tiergruppen: die bekannten Seesterne und Seeigel und die seltsamen Seegurken oder Seewalzen.

Seesterne *(Asteroidea)*

Sicher kennst du die «normalen» Seesterne mit ihren fünf kräftigen, manchmal stacheligen Armen. Daneben gibt es auch Haar- und Schlangensterne, die lange, eben haar- oder schlangenförmige Arme haben. Andere Arten haben sehr kurze Arme und sehen eher wie fünfeckige Kissen aus. Seesterne haben unten in der Körpermitte eine Mundöffnung, aus der sie den Magen wie einen Sack ausstülpen können. Fast alle sind Räuber und haben eine Vorliebe für Muscheln. Mit den zahlreichen Saugfüßchen an der Unterseite ihrer Arme ziehen sie die beiden Schalenteile der Muscheln auseinander, stülpen den Magen über die Beute und überziehen sie mit Verdauungssaft. Dann saugen sie den Nahrungsbrei auf. Auch Schnecken, Fische und andere Lebewesen gehören zu den Beutetieren der Seesterne.

Seeigel *(Echinoidea)*

Seeigel haben eine kugelige Kalkschale, auf der die Stacheln sitzen. Wer danach Ausschau hält, kann sie auch häufig an Meeresstränden finden. Unten, in der Mitte der Kugel, haben sie einen

Links: Der Tintenfisch stößt bei Gefahr einen schwarzbraunen Saft aus und macht sich im Schutz dieser Tintenwolke rasch davon.

Rechts: Kraken hielt man früher für Meeresungeheuer, die ganze Schiffe in die Tiefe zogen. Selbst die größten Arten, die bis zu 5 Meter Armlänge haben, greifen jedoch niemals ein Schiff an.

Mund mit fünf Zähnen, mit denen sie Algen von den Felsen abschaben. Es gibt aber auch räuberische Seeigel, die Würmer, Krebse und Weichtiere töten und fressen. Einige Arten haben giftige Stacheln, die, wenn man sich an ihnen sticht, schmerzhafte Entzündungen verursachen.

Seegurken *(Holothuroidea)*

Sie werden auch Seewalzen genannt. Diese seltsamen, wurstförmigen Tiere leben in etwa 600 Arten auf dem Meeresgrund, oft im seichten Wasser und manchmal auch im Sand vergraben. Die häufigsten Arten sind etwa 30 Zentimeter lang. Es gibt aber auch bis zu zwei Meter große Arten. Ähnlich wie die Seesterne, haben sie zahlreiche kleine Füßchen, mit denen sie sich langsam kriechend fortbewegen. Vorn aus der Mundöffnung können sie verästelte Fangarme ausstülpen, mit denen sie Pflanzenteilchen und andere verdauliche Stoffe sammeln. Viele können bei Gefahr hinten aus dem Darmausgang klebrige oder giftige Stoffe ausscheiden. Andere zerfallen in mehrere Teile, wenn sie angegriffen werden. Aus jedem Teil, das nicht vom Feind gefressen wird, entsteht wieder eine ganze Seegurke. Diesen erstaunlichen Vorgang nennt man Regeneration.

MANTELTIERE *(Tunicata)*

Diese seltsamen, wenige Millimeter bis 20 Zentimeter großen Meerestiere sind von einer lederähnlichen Hülle umgeben, die sie wie ein Mantel beschützt. Deshalb heißen sie auch Manteltiere. Den größten Teil ihres Körperinneren nimmt der sogenannte Kiemendarm ein, ein sackförmi-

Die meisten Seesterne (rechts) haben 5 Arme, es gibt aber Arten mit bis zu 50 Armen!

Die Seeigel (unten links) sind wie die Igel durch ein Stachelkleid geschützt. Die Stacheln können kurze Borsten oder auch lange Spieße sein. Seegurken oder Seewalzen (unten rechts) liegen tagsüber meist reglos am Meeresboden oder bewegen sich nur langsam kriechend fort.

ges Organ, mit dem sie gleichzeitig atmen und Nahrung aufnehmen können. Durch eine Einströmöffnung wird Wasser in dieses Organ gepumpt, das durch die Wände wieder ablaufen kann. Da das Organ aber wie ein feines Sieb funktioniert, bleiben die winzigen Nahrungsteilchen, die mit dem Wasser hereinkommen, im Sieb hängen und gelangen von dort in den Magen. Gleichzeitig wird von den Wänden der lebenswichtige Sauerstoff aus dem Blut gefiltert. Durch eine zweite Öffnung wird das verbrauchte Wasser wieder aus dem Körper ausgestoßen. Die Manteltiere oder Seescheiden leben festsitzend an Steinen oder Wasserpflanzen. Von Zeit zu Zeit wachsen ihnen seitlich weitere junge Manteltiere nach. Diese Art der Fortpflanzung erinnert an Pflanzen, die immer wieder neue Knospen treiben. Die Tiere können aber auch in großer Zahl Eier ins Wasser ausstoßen, aus denen dann zunächst schwimmende Larven entstehen.

Insekten

Insekten *(Insecta)* gibt es überall und in allen Bereichen der Erde: im Garten und im Haus, in der Luft und auf dem Wasser, in den Polargebieten und in den Wüsten, im Hochgebirge und sogar mitten auf den Ozeanen. Weit über 750000 Arten sind bis heute beschrieben worden. Das sind mehr als von allen anderen Tiergruppen zusammen. Und diese ungeheure Vielfalt wird noch verwirrender, wenn man bedenkt, daß die meisten Insekten als Larven aus den Eiern schlüpfen und zunächst völlig anders aussehen als die erwachsenen Tiere.

Das Wort «Insekt» bedeutet «eingeschnitten» oder «gekerbt». Daher nennt man diese Tiere auch «Kerbtiere». Typisch für alle erwachsenen Insekten ist der dreiteilige Körper, der aus dem Kopf, dem Brustteil (Thorax) und dem Hinterleib (Abdomen) besteht. Insekten haben immer sechs echte Beine, während es bei den Spinnen acht und bei den Krebsen zehn sind. Vorne am Insektenkopf sitzen zwei Fühler oder Antennen, in denen Tast-, Geruchs-, Geschmacks- und sogar Gehörorgane sitzen können. Außerdem besitzen Insekten sogenannte Facettenaugen, die aus zahlreichen, manchmal Tausenden von Einzelaugen bestehen.

Der Insektenkörper ist von einem relativ harten Panzer bedeckt, der aus Chitin, einem hornähnlichen Stoff, besteht. Dieser Panzer ist Skelett und Haut zugleich (Hautskelett); er gibt dem Körper Halt und schützt ihn vor dem Austrocknen. Ähnlich wie eine Ritterrüstung besteht er aus zahlreichen Einzelteilen (Segmenten), die beweglich miteinander verbunden sind. Da der Panzer nicht wachsen kann, muß ihn das Insekt im Laufe seiner Entwicklung mehrmals «wechseln». Dazu wächst unter dem zu klein gewordenen alten Panzer eine neue Haut. Wenn sie fertig ist, reißt die alte Haut, und das Insekt steigt aus der alten Hülle heraus. Schon bald ist die neue Haut genauso hart wie die alte. Diese sogenannten «Häutungen» erfolgen alle während des «Larvenstadiums», solange das Insekt noch nicht seine endgültige Gestalt hat. Ein erwachsenes Insekt muß sich nicht mehr häuten. Deshalb ist eine kleine Fliege auch keine junge Fliege, sondern ein ausgewachsenes Exemplar einer kleinen Fliegenart. Fliegen sind im Larvenstadium Maden, genau wie Schmetterlinge zunächst als Raupen aus den Eiern schlüpfen.

Urinsekten *(Apterygota)* Die einfachsten und ursprünglichsten Insekten werden als Urinsekten bezeichnet. Von diesen kleinen, flügellosen Tierchen gibt es etwa 2000 Arten, doch fast alle werden wegen ihrer Winzigkeit meist völlig übersehen. Nur eine Art ist vielen Leuten bekannt: das Silberfischchen. Diese schlanken und flinken, silbrigglänzenden Tiere findet man häufig im Haus, wo sie im Dunkeln nach Brotkrumen und anderen Speiseresten suchen.

Die häufigsten Urinsekten sind die Springschwänze. Die oft nur millimetergroßen Tiere haben einen gabelförmigen «Schwanz», den sie nach vorn unter den Bauch geklappt tragen. Mit ihm können sie sich in gewaltigen Sprüngen fortbewegen: ein im Tierreich einzigartiger Springapparat! Springschwänze gibt es fast überall: im Tropenwald ebenso wie auf Gletschern (Gletscherfloh) oder auch zu Hause in unseren Blumentöpfen.

Linke Seite: Der wollig behaarte Pinselkäfer ist ein Verwandter des Maikäfers. Man findet das pelzige Kerlchen im Juni und Juli an Blüten.

Oben: Prachtlibellen haben eine wundervoll metallisch schillernde Färbung.

Eintagsfliegen *(Ephemeroptera)* Eintagsfliegen sind keine Fliegen und sehen auch nicht so aus. Sie gleichen eher kleinen Libellen, wenn sie an warmen Sommerabenden in riesigen Schwärmen an Gewässern herumfliegen, um ihre Eier im Wasser abzulegen. Dort entwickeln sich die Larven im Laufe eines Jahres zu ausgewachsenen Insekten, die dann jedoch nur wenige Tage, manche von ihnen sogar nur ein paar Stunden leben.

Oben: Die männliche Kleinlibelle hat am Hinterleib eine Zange, mit der sie das Weibchen vor der Paarung am Nacken festhält.

Oben rechts: Der Kopf einer Mosaikjungfer. Die riesigen Facettenaugen der Libellen bestehen aus mehreren tausend Einzelaugen.

Unten: Zu den prächtigsten Libellen Europas gehört die Feuerlibelle, die vor allem südlich der Alpen vorkommt.

Libellen *(Odonata)* Die größten europäischen Libellen haben eine Flügelspannweite von 11 Zentimetern und gehören damit zu den Riesen unter den Insekten. Einige tropische Arten erreichen sogar 20 Zentimeter Spannweite. In der Urzeit gab es aber noch viel gewaltigere Libellen. Eine Art mit dem Namen Meganeura war 30 Zentimeter lang und hatte eine Spannweite von bis zu 75 Zentimetern. Die Meganeura war das größte Insekt aller Zeiten und lebte vor über 250 Millionen Jahren, also lange bevor sich die ersten Flugsaurier in die Luft schwangen.
Während die Saurier längst wieder verschwunden sind, sind die Libellen noch immer auf der ganzen Erde – mit Ausnahme der Polarregionen – verbreitet. Man findet sie an jedem noch einigermaßen sauberen Süßgewässer, in dem sich ihre Larven entwickeln. Von den rund 6000 verschiedenen Libellenarten, die man heute kennt, leben die meisten in den Tropen.
Libellen werden in Groß- und Kleinlibellen eingeteilt. Bei den Großlibellen stehen die Flügel in

der Ruhestellung seitwärts vom Körper ab, während die zierlicher gebauten Kleinlibellen die Flügel fast glatt an den Körper anlegen. Die Großlibellen gehören zu den besten und schnellsten Fliegern. Sie können andere Insekten rasend schnell verfolgen und wie Hubschrauber in alle Richtungen, ja sogar rückwärts fliegen. Kleinlibellen haben einen langsameren, eher schaukelnden Flug. Dennoch sind alle Libellen gute Jäger. Im Jagdflug bilden sie mit ihren sechs Beinen einen Fangkorb und packen damit ihre Beute. Zum Erkennen und Verfolgen von Beutetieren sind Libellen mit den wohl besten Augen im Insektenreich ausgestattet. Die gewaltigen Facettenaugen, die aus bis zu 30000 Einzelaugen bestehen, erlauben einen fast vollständigen Rundumblick und können vor allem auch etwa zehnmal schnellere Bewegungen wahrnehmen als das menschliche Auge.

Fast alle Libellen legen ihre Eier im Wasser ab. Dazu suchen sie sich oft Pflanzenstengel dicht unter der Wasseroberfläche. Die ausgeschlüpften Libellenlarven sind wie die Libellen selbst Räuber und ernähren sich von Kleintieren wie Würmern, Krebsen und Kaulquappen. Kommt ein Beutetier in ihre Reichweite, schießt plötzlich unter dem Kopf eine merkwürdige, zangenähnliche Fangvorrichtung hervor (Fangmaske) und packt das Opfer. Größere Arten erbeuten auf diese Weise sogar kleine Fische. Nach einer Entwicklungszeit, die je nach Art bis zu fünf Jahren dauern kann, klettert die Libellenlarve aus dem Wasser und schlüpft zum letzten Mal aus ihrer Larvenhaut: diesmal als fertige, flugfähige Libelle.

Oben: Die Larve einer Großlibelle. Libellenlarven leben am Grund von Gewässern und erbeuten verschiedenste kleine Tiere.

Links: Eine Königslibelle legt unter Wasser ihre Eier an einen Pflanzenhalm.

Rechts: Eine Großlibelle beim Schlüpfen: Wenn die Larve fertig entwickelt ist, klettert sie an einem Halm aus dem Wasser. Festgeklammert an den Halm, befreit sich die Libelle aus ihrer Larvenhaut. Gleich wird sie fliegen!

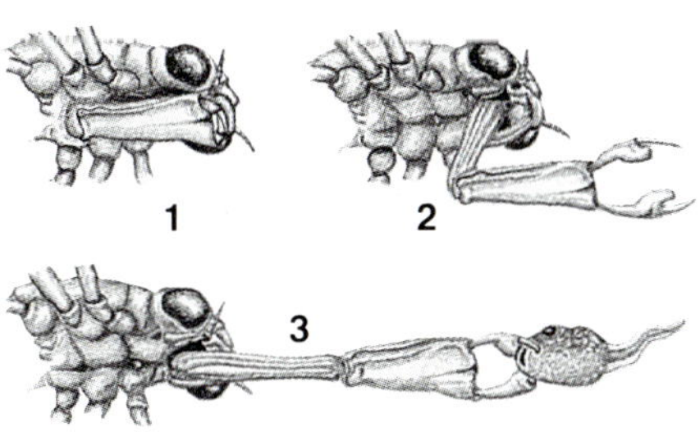

Libellenlarven besitzen unten am Kopf eine Fangmaske (1), die sie blitzschnell ausklappen können (2). Damit packen sie Kleintiere wie zum Beispiel Kaulquappen (3).

Steinfliegen *(Plecoptera)* Die Steinfliegen ähneln kleinen, unscheinbaren Libellen. Ihre Larven leben in sauberen, rasch fließenden Gewässern und ernähren sich hauptsächlich von Kleintieren. Die vollentwickelten Steinfliegen sitzen meist ruhig auf Uferpflanzen und fliegen kaum umher. Sie nehmen keine Nahrung mehr auf und leben nur wenige Wochen.

Heuschrecken *(Saltatoria)*
Allen Heuschrecken gemeinsam sind die großen Sprungbeine und die kräftigen Mundwerkzeuge. Die «musikalischen Insekten» sind zwar nur selten zu sehen, aber das Zirpen der Männchen, die damit die Weibchen anlocken, ist in jedem Sommer unüberhörbar.

Feldheuschrecken *(Acrididae)* Diese Heuschreckenfamilie besteht aus über 5000 Arten, die alle Pflanzenfresser sind. Sie haben ziemlich kurze Fühler und sehr kraftvolle, lange Hinterbeine. Manche Feldheuschrecken können mit

Oben: Das Grüne Heupferd ist eine europäische Laubheuschrecke.

Links: Eine Regenwald-Heuschrecke aus Mittelamerika.

Rechts: Brasilianische Heuschrecken bei der Paarung.

Unten: Diese mittelamerikanische Blattheuschrecke ahmt mit ihren Flügeln perfekt Pflanzenblätter nach.

einem Sprung das 200fache ihrer Körperlänge zurücklegen – der Mensch schafft nur etwa das Dreifache! Die Männchen zirpen, indem sie die Hinterschenkel an den Kanten der Vorderflügel reiben. Die Gehörorgane sitzen an den Hinterleibsseiten. Während die bei uns lebenden Feldheuschreckenarten harmlos sind, gibt es in einigen Ländern die gefürchteten Wanderheuschrecken, die in riesigen Schwärmen umherziehen und ganze Erntegebiete kahlfressen.

Laubheuschrecken *(Tettigoniidae)* An den sehr langen, fadenartigen Fühlern kann man die bei uns viel selteneren Laubheuschrecken leicht von den Feldheuschrecken unterscheiden. Weltweit gibt es rund 4000 Arten. Viele von ihnen sind Fleischfresser und ernähren sich von anderen Insekten. Die Männchen zirpen, indem sie die Flügelkanten gegeneinanderreiben. Das Gehör befindet sich bei den Laubheuschrecken an den Vorderbeinen.

Grillen *(Gryllidae)* Ihr Zirpen ist unüberhörbar, zu sehen sind Grillen jedoch selten. Die meisten leben tagsüber in selbstgegrabenen Höhlen oder anderen Verstecken. Typisch ist ihr großer Kopf und die glänzend schwarze bis braune oder gelbliche Färbung. Die Flügel der

Männchen bilden den Zirpapparat, mit dessen Hilfe sie die Weibchen anlocken. Dabei hat jede Grillenart ihren eigenen «Gesang». Die Gehörorgane sitzen an den Vorderbeinen.
Die schwarze Feldgrille ist meist auf (ungespritzten) Feldern und trockenen Wiesen zu hören, während das gelbbraune Heimchen die Häuser der Menschen bevorzugt. Weitaus die meisten Grillen aber leben in warmen Ländern, wie die auf Bäumen beheimatete Baumgrille.

Die Wandelnden Blätter aus Südasien (unten links) sehen tatsächlich wie Blätter aus. Aber auch die Stabheuschrecken (unten rechts), die Zweige nachahmen, sind große Tarnkünstler.

Maulwurfsgrille *(Gryllotalpidae)* Diese kräftigen, braunen, bis zu sechs Zentimeter langen Grillen haben vorn schaufelartige Grabfüße, ähnlich wie die Maulwürfe. Damit graben sie lange Gänge in die Erde und ernähren sich vor allem von den dort lebenden Kleintieren. Die Weibchen bauen unterirdische Brutkammern und legen dort rund 250 Eier. Sie bewachen ihre Brut viele Wochen lang, ohne Nahrung zu sich zu nehmen.

Gespenstschrecken *(Phasmida)* Viele Tiere schützen sich durch ihre Unauffälligkeit vor Feinden. Sie verhalten sich ruhig und sind ihrer natürlichen Umgebung äußerlich völlig angepaßt. Zu den allergrößten Tarnkünstlern gehören zweifellos die Gespenstschrecken. Sie können mit ihrem Körper Pflanzenteile oft bis ins kleinste Detail nachbilden.
Die rund 2000 Arten der Gespenstschrecken sind hauptsächlich in den Tropen verbreitet, einige kommen auch in Südeuropa und Nordamerika vor. Sie alle sind Pflanzenfresser.
Zu den Gespenstschrecken gehören auch die Stabheuschrecken. Sie können, um sich vor Vögeln zu schützen, Zweige täuschend echt nachahmen und sind oft so dünn, daß man glaubt, sie müßten bei der leisesten Berührung zerbrechen. Als junge Tiere sind sie oft grün wie frische Zweigtriebe, später werden sie dann bräunlich wie größere Zweige. Stabheuschrecken, die auf dornigen Pflanzen leben, haben an ihrem Körper oft ebenfalls Dornen. Besonders berühmt für ihr Tarnkleid sind die Wandelnden Blätter, die in Südasien leben. Bei ihnen sind Körper, Beine und Flügel extrem abgeflacht und sehen genau wie Pflanzenblätter aus. Wenn sie auf Büschen und Bäumen mit jungen Blättern leben, ahmen sie die jungen, gesunden Blätter nach. Beginnt das Laub sich aber zu verfärben, sehen auch die Schrecken oft wie welke Blätter aus und bilden sogar kranke Stellen am Laub nach. Um die Tarnung vollständig zu machen, bewegen sich die Gespenstschrecken meistens nur nachts und auch dann stets im Zeitlupentempo. Sehr viele Arten der Gespenstschrecken pflanzen sich durch die sogenannte Jungfernzeugung (Parthenogenese) fort. Bei diesen Arten legen die Weibchen Eier, die auch ohne Befruchtung durch ein Männchen reifen. Die meisten Gespenstschrecken sind verhältnismäßig groß, nämlich mehrere Zentimeter lang. Eine Art bringt es sogar auf über 30 Zentimeter! Gespenstschrecken sind anspruchslose Pflanzenfresser und können leicht im Terrarium gehalten werden.

Ohrwürmer *(Dermaptera)* Diese schlanken und flinken Insekten sind meist glänzend braun gefärbt und tragen am Hinterleib eine große Zange. Diese heben sie bei Gefahr drohend in die Höhe, obwohl das reine Angeberei ist: Sie können damit nämlich gar nicht richtig zupacken! Bei uns findet man sehr häufig den Gemeinen Ohrwurm, vor dem sich manche Leute fürchten, weil sie glauben, daß Ohrwürmer den Menschen in die Ohren kriechen und das Trommelfell zerstören. Das ist aber nur ein Märchen.

Fangheuschrecken *(Mantodea)* Ähnlich wie die Gespenstschrecken sind auch die Fangheuschrecken große Tarnkünstlerinnen. Während sie auf Beute lauern, tragen sie das vorderste Beinpaar wie zum Gebet gefaltet. Daher nennt man sie auch Gottesanbeterinnen. Fangheuschrecken sind aber keine Pflanzenfresser, sondern Räuber, und die «Gebetshände» sind in Wirklichkeit kräftige, mit Stacheln besetzte Fangarme, denen kein Opfer mehr entrinnen kann. Stundenlang sitzen sie reglos an Pflanzen, bis schließlich ein Beutetier in die Nähe kommt und blitzschnell gepackt wird. Wie bei manchen Spinnen wird auch bei den Gottesanbeterinnen das Männchen vom Weibchen nach der Paarung oft aufgefressen.
Die bis zu sechs Zentimeter lange Europäische Gottesanbeterin kommt vom südlichen Europa bis nach Süddeutschland vor, ist aber in Mitteleuropa vor allem durch Insektengifte gefährdet. Weitaus die meisten der rund 2000 Arten leben in den Tropen.

Schaben *(Blattoptera)* Die insgesamt über 3500 Schabenarten haben einen schlechten Ruf. Den verdanken sie jedoch nur einigen wenigen Arten, die gern in menschlichen Behausungen leben. Bei uns ist das vor allem die Deutsche Schabe, die – je nach Gegend – auch Schwabenkäfer, Preuße, Russen- oder Franzosenkäfer heißt. Mit ihrem sehr flachen Körper können

sich Schaben, auch Kakerlaken genannt, in den engsten Ritzen verbergen. Nachts kommen sie hervor und suchen nach Speiseresten. Zündet man ein Licht an, verschwinden sie mit erstaunlicher Geschwindigkeit wieder in ihren Schlupfwinkeln.
Besonders häufig sind Schaben in warmen Ländern, wo sie in manchen Häusern zu Hunderten vorkommen. Die meisten Schaben aber leben im Freien.

Termiten *(Isoptera)* Termiten leben in warmen Ländern und kommen in Europa nicht sehr häufig vor. In manchen Ländern aber gehören sie zu den meistgehaßten Insekten. Einige Arten können nämlich Holz zernagen und dabei Bretter und Balken bis auf eine dünne Außenschicht aushöhlen. So haben sie im amerikanischen Westen schon Eisenbahnbrücken und in Indien sogar ganze Stadtviertel zum Einstürzen gebracht. In Europa machte sich eine Termitenart dadurch unbeliebt, daß sie in Bibliotheken kostbare alte Bücher beknabberte. Weitaus die meisten Arten allerdings sind nützlich, weil sie abgestorbene Pflanzenteile zersetzen und daher im Naturhaushalt eine wichtige Rolle spielen. Außerdem belüften sie – ähnlich wie bei uns die Regenwürmer – durch ihre Grabarbeiten den Boden.
In tropischen Gegenden sind die Hügelbauten mancher Termiten oft mehrere Meter große, auffallende Gebilde. Die kleinen Baumeister aber sind selten zu sehen, denn sie sind lichtscheu und leben unterirdisch oder im Holz verborgen. Termiten nennt man auch «weiße Ameisen», obwohl sie mit diesen Insekten gar nicht verwandt sind und auch ganz anders aussehen. Allerdings gehören auch sie zu den «staatenbildenden Insekten», das heißt, jedes der Millionen Einzeltiere in einem Nest hat seinen festen Platz innerhalb einer festen Rangordnung und übt bestimmte Tätigkeiten aus. Um sich zu verständigen, haben die Termiten eine erstaunliche Duftsprache entwickelt. Aus ihren zahlreichen Drüsen sondern sie Duftstoffe ab, die den Artgenossen Anordnungen signalisieren. Als Geruchsorgane dienen ihnen die hochempfindlichen Fühler.
Ein Termitenstaat besteht normalerweise aus einem fruchtbaren Königspaar und sehr vielen unfruchtbaren Soldaten und Arbeitern. Bei den ursprünglicheren Arten haben die Soldaten eine Art Schnabel, mit dem sie eine leimartige Flüssigkeit verspritzen, die ihre Feinde – vor allem Ameisen – kampfunfähig macht. Bei den höherentwickelten Arten haben die Soldaten kräftige Kieferzangen als Waffen.
Zu bestimmten Zeiten schlüpfen im Termitenbau Tausende junger Könige und Königinnen aus den Eiern. Sie haben Flügel und schwärmen alle gleichzeitig aus. Die meisten werden aber von Vögeln, Fledermäusen und anderen Insektenjägern gefressen. Die Überlebenden verlieren nach kurzer Zeit ihre Flügel, paaren sich und gründen neue Staaten. Aus den ersten Eiern, die die junge Königin legt, entstehen zunächst Arbeiter-Termiten, die das Königspaar und die nächsten Larven füttern. Der Hinterleib der Königin entwickelt sich dann zu einer riesigen, aufgedunsenen «Wurst», einer regelrechten «Eierlegmaschine»: Sie legt bis zu 30 Eiern in der Minute oder über 10 Millionen im Jahr! Dabei

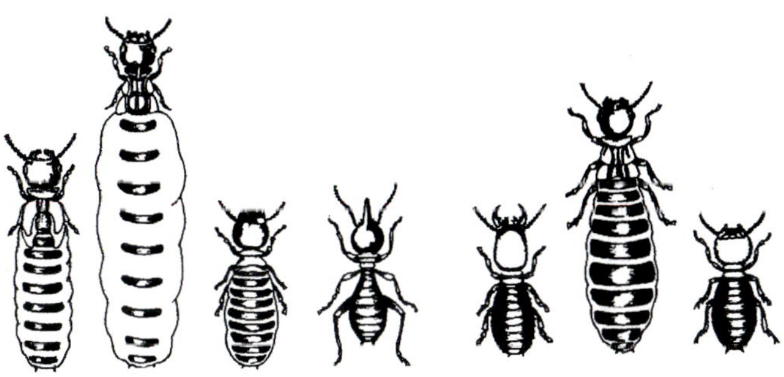

Oben: Bei den Termiten gibt es eine genaue Rangordnung. Von links nach rechts: Erste Ersatzkönigin, eierlegende Königin, zweite Ersatzkönigin, Nasensoldat, Kiefersoldat, König und Arbeiter.

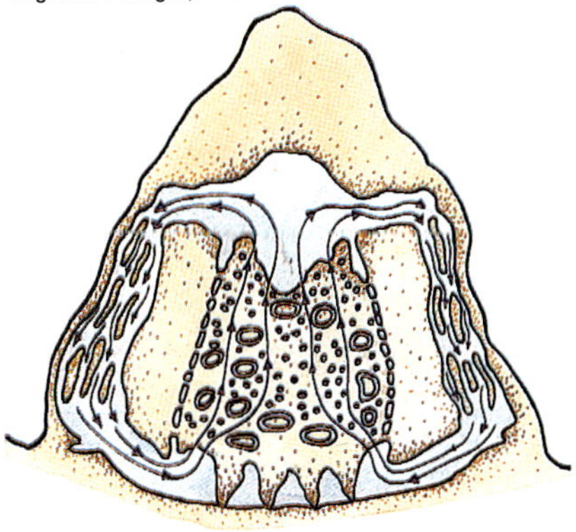

Unten: Im Termitenhügel sorgt ein raffiniertes Belüftungssystem für frische Luft und gleichmäßige Temperatur.

Linke Seite, oben links: Die Gottesanbeterinnen sind Räuber, die manchmal sogar Artgenossen verspeisen.

Oben rechts: Eine australische Buschschabe trägt am Hinterleib ein Eipaket.

Unten: Mehr als 8 Meter hohe Termitenhügel findet man in Nordaustralien.

werden die Königinnen mancher Arten über 40 Jahre alt. Es ist kein anderes Insekt bekannt, das nur annähernd so viele Eier produziert und so alt wird wie eine Termitenkönigin.
Bei den hügelbauenden Termiten lebt das Königspaar eingemauert in einer Kammer in der Tiefe des Baus. Dieser Hügel ist kein einfacher Erdhaufen, sondern ein perfekt organisiertes Gebäude. Die dicke und harte Außenwand besteht aus zerkautem Holz oder mit Speichel vermischter Erde und Sand. Dahinter befinden sich Tausende von Brut- und Vorratskammern, Pilzgärten, ja es gibt sogar Friedhöfe! Ein raffiniertes

Kreislaufsystem von Luftkanälen sorgt für frische Luft und eine gleichmäßige Temperatur. Dabei wird die Frischluft durch die Körperwärme der vielen Insekten erwärmt, so daß sie in der Mitte des Baus aufsteigt und durch Kanäle nahe der kühleren Außenwand wieder nach unten fällt.

Tierläuse *(Phtiraptera)* Tierläuse sind meistens nur ein bis zwei Millimeter große, blutsaugende Insekten, die am Körper von Tieren und Menschen leben. Dabei haben sich alle Lausarten auf bestimmte «Wirte» spezialisiert. So kommen von den vielen verschiedenen Läusen, die auf Tieren leben, nur die Affenläuse auch auf Menschen vor. Sie haben an den Füßen kleine Haken, mit denen sie sich an den Haaren festklammern können. Auch ihre Eier, die Nissen, kleben sie an den Haaren fest.
Am bekanntesten ist die Kopflaus, die im Kopfhaar des Menschen lebt. Sie kann sich unglaub-

Junge Termitenkönige und -königinnen haben Flügel (links oben). Sie schwärmen gemeinsam aus dem Bau, um sich zu paaren. Dann werfen sie die Flügel ab und gründen neue Staaten. Die eierlegenden Termitenköniginnen (links unten) haben einen riesigen Hinterleib und legen im Jahr bis zu 13 Millionen Eier.

Rechts: Junge Baumwanzen sind soeben aus ihren tönnchenförmigen Eiern geschlüpft.

lich schnell vermehren und in kurzer Zeit eine Familie oder sogar eine ganze Schulklasse befallen. Das Weibchen legt zwischen 50 und 100 Eier. Die Jungen entwickeln sich rasch und legen schon bald selbst Eier. So kommt es, daß ein Lausweibchen innerhalb von nur sechs Wochen bis zu 10000 Nachkommen haben kann!

Schnabelkerfe *(Hemiptera)*
Wanzen, Zikaden und Pflanzenläuse bilden diese Insektengruppe. Charakteristisch ist der schnabelartige Saugrüssel, mit dem diese Tiere Pflanzensäfte, aber auch Blut und andere Tiersäfte saugen.

Wanzen *(Heteroptera)* Die berüchtigte Bettwanze hält sich tagsüber in den Ritzen von Wänden und Möbeln, hinter Bildern und Tapeten verborgen. Einmal in der Woche aber wird sie nachts vom Hunger gepackt, kommt hervor und

folgt dem Geruch von Schweiß, bis sie – meistens im Bett – einen Menschen entdeckt hat. Nun bohrt sie ihren Rüssel so raffiniert in die Haut des Schlafenden, daß dieser nichts davon spürt und saugt sich voll mit einer Portion Blut. Zurück bleibt eine tagelang juckende Hautstelle.
Wegen dieses linsengroßen Blutsaugers und einiger anderer Wanzen, die sich als Pflanzenschädlinge unbeliebt machen, hat die ganze Verwandtschaft einen schlechten Ruf. Dabei sind die meisten der insgesamt rund 25000 Wanzenarten harmlos. Manche sind außerdem nützlich, ben Pflanzensäfte, die sie aus Stengeln, Blättern und Früchten saugen. Fast alle dieser Vegetarier sind harmlos, aber einige Arten können in großen Massen auftreten und in Pflanzungen Schaden anrichten.
Viele Wanzenarten leben räuberisch. Einige von ihnen sind Blutsauger und saugen an Tauben, Schwalben, Fledermäusen und anderen warmblütigen Tieren wie Hunden und Katzen. Die meisten sind aber Insektenjäger. Sie spritzen zuerst mit ihrem Rüssel einen Verdauungssaft in den Körper des Opfers, der die Innereien auflöst. Dann saugen sie den flüssig gewordenen

und viele von ihnen gehören zu den farbenprächtigsten Insekten überhaupt. Bei bunten Insekten ist Vorsicht immer ratsam, denn viele von ihnen sind giftig. Auffallende Farben sind nämlich oft ein Warnsignal, das Insektenfresser abschrecken soll. Auch das prächtige Kleid vieler Wanzen ist eine Warntracht. Die Tiere produzieren in Stinkdrüsen einen übelriechenden Saft, der ihnen die räuberischen Ameisen vom Leib hält und sie auch für die meisten Vögel ungenießbar macht. Bei manchen Wanzen ist der Saft so giftig, daß er feindliche Insekten schon bei Berührung töten kann.
Wanzen werden oft mit Käfern verwechselt. Sie haben jedoch ein Merkmal, das sie deutlich von den Käfern unterscheidet: den schnabelartigen, oft sehr langen Saugrüssel, den sie gewöhnlich zurückgeklappt unter dem Bauch tragen. Mit diesem Rüssel können Wanzen nur flüssige Nahrung aufnehmen. Die meisten von ihnen lie-

Viele Wanzenarten sind sehr farbenprächtig. Sie sind meist giftig oder ungenießbar und tragen deshalb Warnfarben. So zum Beispiel die australische Baumwanze (oben links), die europäische Streifenwanze (Mitte) und die ebenfalls einheimische Schildwanze (oben rechts). Besonders bunt ist die afrikanische Kugelwanze (oben).

sauger. Die winzigen Blattläuse findet man besonders bei trockenem Wetter in großen Mengen an verschiedenen Pflanzen. Sie bohren ihre Saugrüssel in die Blätter, saugen den Saft heraus und können durch ihr massenhaftes Auftreten großen Schaden anrichten. Viele der zahlreichen Pflanzenlausarten scheiden eine zuckerartige Flüssigkeit aus. Sie bleibt als klebriger «Honigtau» auf den Blättern zurück und wird von anderen Insekten, vor allem von Ameisen und Wespen, gierig getrunken. Oft «betrillern» – beklopfen – die Ameisen mit ihren Fühlern die Blattläuse am Hinterleib, woraufhin diese einen

Körperinhalt aus. Einige Wanzenarten saugen Raupen aus und können in Obstkulturen helfen, Schädlinge zu bekämpfen. Unglücklicherweise werden sie beim Versprühen von Insektengiften meistens genauso getötet wie die Schädlinge.
In Indien, Afrika und Mexiko werden gewisse Wanzen sogar gesammelt, gedörrt, gemahlen und – zum Würzen von Speisen verwendet! Es schmecken also durchaus nicht alle Wanzen abscheulich.

Zikaden *(Cicadina)* An Wiesenkräutern und Gräsern kannst du oft Schaumgebilde finden, die wie Spucke aussehen und im Volksmund «Kuckucksspucke» heißen. Wenn du den Schaum sorgfältig untersuchst, entdeckst du darin kleine, blaßgrüne Insekten: die pflanzensaugenden Larven der Wiesenschaumzikade! Die Larven scheiden diesen Schaum aus und umgeben sich damit, um sich vor Feinden und vor dem Austrocknen zu schützen.
Von den rund 18000 Zikadenarten leben die meisten in wärmeren Ländern. Die verschiedenen Singzikaden gehören dabei zu den auffallendsten Insekten. Bereits im südlichen Europa sind sie unüberhörbar: Sie zirpen schrill und mit ohrenbetäubender Lautstärke von den Bäumen. Viele größere Zikaden (einige werden bis zu sieben Zentimeter lang) können gut fliegen. Die kleineren Arten haben keine Flügel, dafür aber Sprungbeine, mit denen sie weit hüpfen können.

Blattläuse *(Aphidina)* Wie die Zikaden, sind auch die Blatt- und Schildläuse Pflanzen-

Oben links: Wasserläufer sind räuberische Wanzen, die auf dem Wasser laufen können.

Unten: Vor allem in Südeuropa kann man oft das durchdringend laute, anhaltende Zirpen der großen Singzikaden hören.

Ganz unten: Die hübschen Marienkäfer sind Räuber, die sich mit Vorliebe von Blattläusen ernähren.

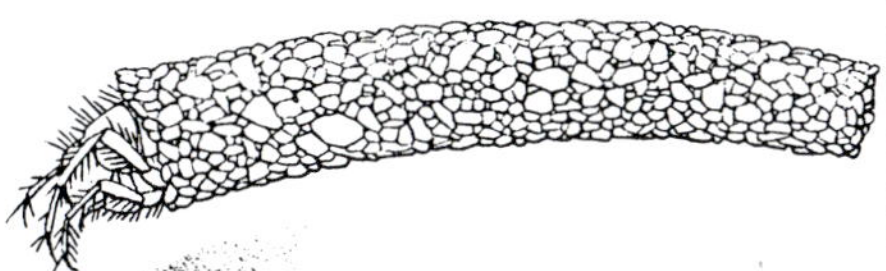

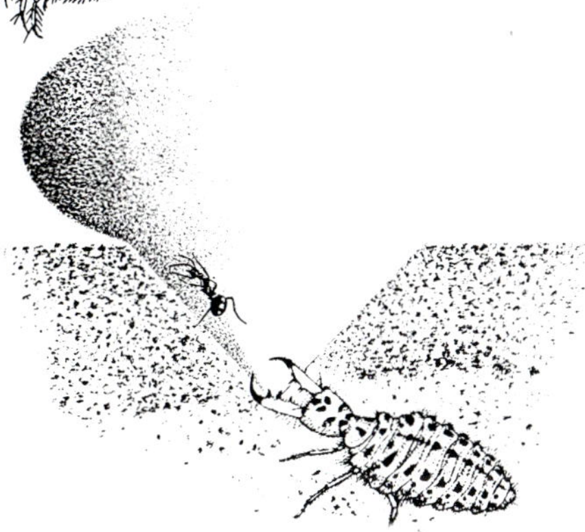

Oben: Die Bachhafte ist ein Netzflügler, der an europäischen Waldbächen lebt. Ihre räuberische Larve hält sich im Ufersand verborgen.

Links: Die Larve der Köcherfliege lebt im Süßwasser und baut zu ihrem Schutz ein röhrenförmiges Haus.

Links unten: Der Ameisenlöwe ist die Larve der Ameisenjungfer. Er lebt am Grund eines selbstgegrabenen Sandkraters und lauert auf Insekten, die in seinen Krater purzeln.

Tropfen «Zuckersirup» ausscheiden. Als Gegenleistung beschützen manche Ameisen die Läuse vor kleinen Lausfressern und tragen sie bei schlechtem Wetter in den Bau, wo sie die Pflanzensauger sozusagen als «Milchkühe» halten und «melken».
Die meisten Blattläuse sind ungeflügelt, einige jedoch haben Flügel. Die Wissenschaftler glauben, daß es von der jeweiligen Futterpflanze, dem «Wirt», abhängt, ob die Läuse Flügel haben oder nicht. Blattläuse können sich ungeheuer schnell vermehren. Wenn das der Fall ist, vermehren sich aber auch ihre Feinde sehr schnell. Die Marienkäfer und ihre Larven sowie Florfliegen- und Schwebfliegenlarven sind die wichtigsten von ihnen. Sie sorgen dafür, daß sich die Blattläuse nicht unbegrenzt vermehren können und spielen damit eine wichtige Rolle in der Natur.

Netzflügler *(Neuroptera)* Diese in rund 5000 Arten verbreiteten Insekten mit den vier großen, feingezeichneten Flügeln haben eine gewisse Ähnlichkeit mit Libellen. Die bei uns bekanntesten Arten sind das Goldauge, die Florfliege und vor allem die Ameisenjungfer. Ihre Larve ist der Ameisenlöwe, der im Sandboden in einer trichterförmigen Grube lebt und nur seine großen Fangzangen aus dem Sand herausschauen läßt. Geraten kleine Insekten, vor allem Ameisen, über den Rand der Grube, rutschen sie in die Tiefe und werden von dem Räuber gepackt. Er kann dem Abrutschen aber auch nachhelfen, indem er zielsicher Sand auf das Opfer schleudert.

Köcherfliegen *(Trichoptera)* Köcherfliegen sehen aus wie kleine, unscheinbare Schmetterlinge. Wahrscheinlich hast du in flachen Gewässern ihre Larven schon einmal gesehen: die etwa zwei Zentimeter großen Raupen, die in einer kleinen Röhre aus Sandkörnern, Pflanzenteilen oder winzigen Schneckenhäuschen wohnen und damit langsam auf dem Grund herumspazieren. Sie bauen sich also ihr eigenes «Wohnmobil». Die meisten Larven ernähren sich von pflanzlichen Stoffen, einige leben auch räuberisch von Kleinlebewesen. Manche Arten können sogar aus dem Saft ihrer Spinndrüsen Fangnetze bauen. Die erwachsenen Köcherfliegen nehmen keine Nahrung mehr zu sich und leben nur kurze Zeit.
Bei einigen Arten fliegen die fertigen Insekten in riesigen Schwärmen aus, die man im Sommer in der Nähe von Gewässern manchmal zu Tausenden um Straßenlaternen und Schaufenster herumschwirren sieht. Dementsprechend zahlreich sind natürlich auch ihre interessanten Larven. In vielen Bächen sind sie mit Abstand die häufigsten Wasserinsekten. Das Häuschen, das sie bauen, ist zwar eine gute Tarnung und gegen kleinere Feinde auch ein sicherer Schutz, viele Fische aber, vor allem Forellen, haben davor keinen Respekt. Sie verschlucken die Larven mitsamt dem Gehäuse! Einige der rund 5 000 Köcherfliegenarten legen ihre Eier übrigens nicht ins Wasser, sondern an Holz, in das sich die Larven dann hineinnagen und in welchem sie die ganze Entwicklung durchmachen.

Die Schmetterlinge

Viele europäische Tagfalter sind sehr selten geworden oder bereits aus ganzen Gegenden verschwunden. Sie werden durch Pflanzenschutzmittel aus der Landwirtschaft vernichtet oder finden ihre natürlichen Futterpflanzen nicht mehr.

1

2

3

4

5

6

7

8

Europäische Tagfalter:

1 Tagpfauenauge. 2 Admiral.

3 Distelfalter. 4 Kleiner Fuchs.

5 Kaisermantel. 6 Hochmoor-Gelbling.

7 Bläuling. 8 Zitronenfalter.

Rechte Seite: Die prächtigen südamerikanischen Morphofalter werden über 10 Zentimeter groß.

Schmetterlinge *(Lepidoptera)*
Schmetterlinge sind – im Gegensatz zu vielen anderen Insekten – bei den Menschen sehr beliebt. Außer in der antarktischen Eiswüste findet man sie auf allen Kontinenten und in allen Klimazonen, von der Wüste bis zum Hochgebirge. Weitaus am häufigsten aber leben sie in pflanzenreichen tropischen Gegenden. Über 100000 Arten sind bis heute schon beschrieben worden, von denen die kleinsten (Zwergmotten) kaum zwei Millimeter, die größten (tropische Eulenfalter) bis zu 32 Zentimeter Flügelspannweite haben.
Von allen Insekten haben die Schmetterlinge auch die meisten Liebhaber. In aller Welt werden sie gesammelt, kunstvoll gespannt und in Kästen aufgespießt! Von Händlern und an Insektenbörsen kann man Falter aus allen Ländern kaufen, und seltene Arten werden zu hohen Preisen gehandelt. Diese Liebhaberei hat aber leider auch dazu geführt, daß manche Schmetterlingsarten fast oder sogar ganz ausgerottet wurden.
Wie du sicher bereits weißt, durchleben alle Insekten nach ihrer Geburt zunächst ein Larvenstadium, in dem sie sich mehrmals häuten und heranwachsen. Manche Larven – wie die der Heuschrecken zum Beispiel – sehen den erwachsenen Tieren bereits sehr ähnlich. Bei ihrer letzten Häutung entsteht direkt aus der Larve das «Vollinsekt». Diese Verwandlung nennt man «unvollkommene Metamorphose» oder «Hemimetabolie». Anders ist es bei der Entwicklung der Schmetterlinge. Aus dem Ei schlüpft eine Raupe (Larve), die nicht die geringste Ähnlichkeit mit einem Schmetterling hat. Sie wächst meist rasch heran, verpuppt sich dann, und nach einiger Zeit schlüpft aus der Puppe ein fertiger Schmetterling. Eine solche Entwicklung nennt man «vollkommene Metamorphose» oder «Holometabolie».
Während es bei den meisten größeren Insektengruppen Pflanzen- und Fleischfresser gibt, sind fast alle Schmetterlinge reine Vegetarier. Bereits zur Eiablage suchen sich die Weibchen Pflanzen, von denen sich die Raupen später ernähren können. Viele Schmetterlinge sind auf eine einzige Futterpflanze spezialisiert. Die Raupen würden eher verhungern, als von einer anderen Pflanze zu fressen! Andere Arten kann man an verschiedenen, meist aber miteinander verwandten Pflanzen finden. Die meisten Raupen haben vorn sechs echte Beine – wie auch später als Schmetterlinge – und vom Bauch bis zum Hinterleibsende noch zehn weitere, stummelförmige Füßchen. Am Kopf befinden sich in der Regel sechs kleine Punktaugen, die wahrscheinlich nur hell und dunkel unterscheiden können. Unten am Kopf sitzen kurze, kräftige Kauwerkzeuge zum Zerkleinern der Pflanzenkost. Schmetterlingsraupen sind sehr gefräßig und wachsen schnell. Oft sind sie schon nach wenigen Wochen fertig entwickelt. Die meisten von ihnen

sind Blattfresser, doch es gibt auch Raupen mit einer anderen Speisekarte. Manche bohren sich in Holz und fressen es, und einige wenige Eulenfalterraupen verspeisen sogar andere Raupen.
Viele Arten überwintern an geschützten Stellen als Puppen. Die europäischen Tagpfauenaugen, Füchse und Zitronenfalter dagegen können beides: als fertige Schmetterlinge oder als Puppen überwintern.
Das Mundwerkzeug der ausgewachsenen Schmetterlinge ist ein Saugrüssel, der wie eine Uhrfeder zusammengerollt wird. Er ist bei manchen Arten mehr als körperlang. Fast alle Schmetterlinge tauchen diesen Rüssel in Blüten und saugen Nektar. Manche saugen aber auch an faulendem Obst oder Fleisch oder an Regenwasserpfützen. Bei einigen Arten ist der Rüssel verkümmert. Sie nehmen als fertige Falter keine Nahrung mehr

zu sich, sondern zehren vom Fettvorrat in ihrem Körper, bis sie sterben.
Die Flügel der Schmetterlinge sind mit Tausenden von winzigen Schüppchen bedeckt, die wie Dachziegel angeordnet sind. Diese Schuppen bilden die oft wunderschönen Farben und Muster. Es gibt aber auch Schmetterlinge mit nur wenigen Flügelschuppen. Bei ihnen wirken die Flügel durchsichtig (Glasflügelfalter, Hummelschwärmer).
Erwachsene Schmetterlinge haben große, gewölbte Facettenaugen, die aus mehreren tausend Einzelaugen bestehen. An den dünnen

Fühlern sitzen die Geruchsorgane. Bei den Männchen einiger Nachtfalterarten sind die Fühler wie Farnblätter gefächert: die empfindlichsten Geruchsorgane, die man kennt. Die Weibchen dieser Falterart scheiden Duftstoffe aus, die die Männchen über mehrere Kilometer Entfernung riechen und sicher aufspüren können! Erstaunlich sind auch die Geschmacksorgane der Schmetterlinge. Sie sitzen an den Beinen! Forscher haben herausgefunden, daß gewisse Arten mit diesen Organen etwa 2500mal besser schmecken können als wir mit unserer Zunge.
Meistens werden die Schmetterlinge in Tag- und Nachtfalter aufgeteilt. Diese Aufteilung darf man aber nicht allzu genau nehmen, weil manche «Nachtfalter» am Tag fliegen und gewisse «Tagfalter» auch nachts aktiv sind.
Man unterscheidet heute etwa 80 bis 100 verschiedene Schmetterlingsfamilien. Zehn der wichtigsten wollen wir hier noch etwas näher anschauen.

Monarche *(Danaidae)* Die Monarche sind große Tagschmetterlinge mit Flügelspannweiten von sieben bis zehn Zentimetern. Oft sind sie rötlichbraun gefärbt, mit einer deutlichen dunklen Flügeladerzeichnung und vielen hellen Punkten an den Flügelrändern. Diese auffallende Warnfärbung tragen sie nicht umsonst: Sie sind giftig und werden daher von fast allen Insektenfressern gemieden. Die Weibchen legen ihre Eier an giftige Pflanzen. Den Raupen, die

diese Pflanzen fressen, macht das Gift nichts aus. Im Gegenteil: Sie speichern es im Körper und werden dadurch selbst giftig! Auch in den Puppen und in den fertigen Schmetterlingen ist das Gift weiter vorhanden. Deshalb tragen auch Raupen und Puppen Warnfarben. Interessanterweise gibt es sogar andere, nicht verwandte und ungiftige Schmetterlingsarten, die Monarche täuschend echt nachahmen und sich mit diesem «Trick» vor Insektenfressern schützen. Diesen Nachahmungstrick nennt man «Mimikry». Von den weit über die Erde verbreiteten Monarchen ist der nordamerikanische wegen seiner Wanderungen besonders berühmt. Er zieht im Herbst in großen Schwärmen vom Norden Nordamerikas in die südlichen Staaten und überwintert dort manchmal zu Tausenden dichtgedrängt auf Bäumen. Im Frühling lösen sich die Schwärme auf, und die Schmetterlinge wandern einzeln wieder nach Norden.

Ritterfalter *(Papilionidae)* Viele der rund 600 Ritterfalterarten gehören zu den schönsten Schmetterlingen der Welt. Einige tropische Arten haben bis zu 25 Zentimeter Flügelspannweite. Wegen ihres auffallenden Zipfels an den Hinterflügeln werden manche Ritterfalter auch Schwalbenschwänze genannt. Die Raupen der Ritterfalter sind groß und meist bunt. Sie haben im Nacken ein gabelförmiges, ausstülpbares Organ, das einen merkwürdigen Geruch verbreitet und der Abwehr von Feinden dient. Von den europäischen Schmetterlingen gehören zum Beispiel der Schwalbenschwanz, der Segelfalter und die Apollofalter zur Familie der Ritterfalter.

Augenfalter *(Satyridae)* Die kleinen bis mittelgroßen Augenfalter kommen weltweit in vielen Arten vor und sind eher unauffällig. Ihre Raupen leben meistens an Gräsern. Zu den europäischen Augenfaltern gehören das braune

Linke Seite, obere Reihe: Die Raupe des Schwalbenschwanzes heftet sich mit einem Spinnfaden an einen Halm, um sich zu verpuppen. Später schlüpft aus der Puppe der prächtige Falter (rechts).

Unten: Ein stark vergrößerter Ausschnitt aus dem Hinterflügel des Schwalbenschwanzes.

Ganz oben: Eine giftige Schmetterlingsraupe aus Brasilien.

Oben links: Ein Widderchen oder Blutströpfchen.

Oben: Ein Buchenrotschwänzchen.

Unten: Das wunderschöne Kleine Nachtpfauenauge.

Ochsenauge mit der Augenzeichnung an der Flügelunterseite und der Schachbrettfalter, dessen Flügel auf weißem Grund ein schwarzes, schachbrettartiges Fleckenmuster aufweisen.

Edelfalter *(Nymphalidae)* Viele Angehörige dieser großen Falterfamilie – es gibt einige tausend Arten – tragen ihren Namen zu Recht: Sie sind wunderschön! Von den Tropen bis weit in die kalten Zonen sind diese Schmetterlinge verbreitet. Auch einige der schönsten europäischen Schmetterlinge gehören zu ihnen, zum Beispiel der Schillerfalter, der Admiral, das

Tagpfauenauge, der Trauermantel, der Kaisermantel, der Perlmutterfalter und der Große und der Kleine Fuchs.

Bläulinge *(Lycaenidae)* Von den rund 3000 Arten der relativ kleinen Bläulinge sind allein in Mitteleuropa etwa 60 Arten verbreitet. Sehr viele sind tatsächlich blau, manche aber auch rot (Feuerfalter). In Europa sind die Bläulinge in vielen Gegenden selten geworden, weil auf den eintönigen und überdüngten Fettwiesen nicht mehr genügend Blumen und Wildkräuter wachsen.

Weißlinge *(Pieridae)* Weißlinge sind nicht immer nur weiß, sondern auch gelb oder orange; und meistens haben sie einige dunkle Flekken oder Streifen. In Europa sind der leuchtend gelbe Zitronenfalter und der Große Kohlweißling besonders bekannt. Bci dcn Kohlweißlingen kommt es manchmal zu richtigen Massenvermehrungen, was dazu führt, daß sich die Schmetterlinge auf der Suche nach Futter in riesigen Schwärmen auf Wanderung begeben.

Echte Motten *(Tineidae)* Hier handelt es sich um kleine, unauffällige Schmetterlinge, von denen verschiedene Arten als unwillkommene Gäste in unseren Häusern auftauchen. Die Kleidermotte legt ihre Eier vor allem an Wollkleider, in die die Räupchen dann Löcher fressen.

Oben: Die Männchen des Nagelflecks sieht man im Frühling oft im Buchenwald herumfliegen. Sie suchen nach Weibchen, die meist reglos an Baumstämmen sitzen und wie dürre Blätter aussehen.

Links: Die männlichen Spinnerfalter haben riesige, verzweigte Antennen am Kopf: die empfindlichsten Geruchsorgane, die man kennt. Sie können damit den Duft der Weibchen aus mehreren Kilometern Entfernung erkennen.

Bis zu 12 Zentimeter Spannweite hat der Totenkopfschwärmer (oben), und etwa ebenso lang wird seine Raupe (rechts).

Unten links: Mit seinen durchsichtigen Flügeln gleicht der Hummelschwärmer zwar einer Hummel, er ist aber ein Schmetterling.

Unten rechts: Fliegen, wie hier eine Bremse, haben riesige Facettenaugen am Kopf.

Andere Motten sind Lebensmittelschädlinge. Die meisten leben jedoch im Freien und sind harmlos.

Seidenspinner *(Bombycidae)* Der berühmteste Seidenspinner ist der Maulbeerspinner, ein Nachtfalter aus China, der in großen Mengen gezüchtet wird. Zum Verpuppen spinnt die Raupe aus einem rund 3000 Meter langen Seidenfaden einen Kokon, in den sie sich einwickelt. Aus diesen Fäden wird die echte Seide hergestellt.

Eulenfalter *(Noctuidae)* Mit über 25000 Arten sind diese Nachtfalter auf der ganzen Erde verbreitet. Viele Eulenfalter sitzen tagsüber regungslos an Bäumen und ahmen die Färbung der Rinde täuschend echt nach.

Schwärmer *(Sphingidae)* Die kräftigen, stromlinienförmig gebauten Schwärmer sind sehr schnelle und ausdauernde Flieger. Die meisten Arten gehen nachts auf Nahrungssuche. Dabei schwirren sie oft vor den Blüten auf der Stelle und senken den sehr langen Saugrüssel im Flug in die Blütenkelche. Manche Schwärmer machen weite Wanderungen. Der Totenkopfschwärmer zum Beispiel fliegt von Nordafrika bis nach Nordeuropa. Dieser sehr große Schmetterling mit der Totenkopfzeichnung auf dem Rücken hat übrigens keinen langen, sondern einen kurzen und dafür sehr kräftigen Saugrüssel. Er dringt nachts auf Nahrungssuche in Bienenstöcke ein, sticht mit dem Rüssel die Waben an und saugt den Honig aus. Dabei gibt er leise, zirpende Laute von sich, die die Bienen meistens davon abhalten, den Honigdieb anzugreifen. Gelegentlich überfallen sie ihn aber trotzdem – wahrscheinlich wenn er nicht schnell genug den Ausgang findet. Dann töten die Bienen den Falter mit Giftstichen und überziehen ihn danach vollständig mit Wachs.

Zweiflügler *(Diptera)*
Über 60000 Arten von Insekten haben nur zwei Flügel, während es bei den übrigen meistens vier sind. Zu den am weitesten verbreiteten Zweiflüglern zählen die Mücken und Fliegen.

Mücken *(Nematocera)* Eine riesige Vielzahl zartgebauter Insekten mit langen, dünnen Beinen gehört zu den Mücken. Viele Mückenlarven leben im Wasser, daher sind Mücken in feuchten Gegenden auch besonders häufig. Ihre Ernährungsweise ist sehr unterschiedlich. Besonders bekannt, aber auch unbeliebt, sind die

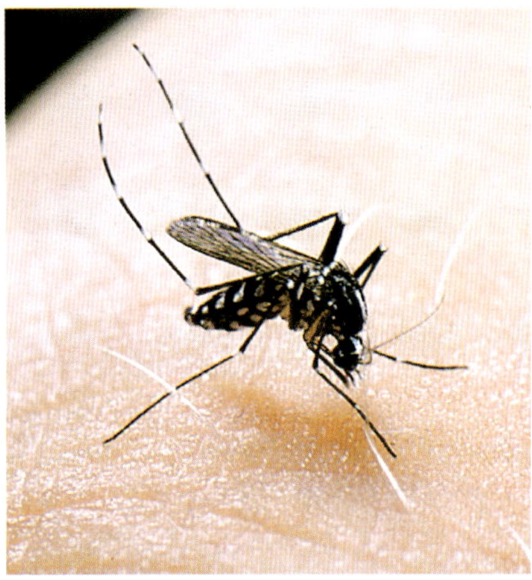

Oben: Aasfliegen legen ihre Eier an tote Tiere. Die Larven entwickeln sich im Aas.

Links: Stechmücken saugen an Menschen und Tieren Blut. Man sieht es!

Unten links: Eine Stubenfliege beim Frühstück: Sie nascht an Marmelade.

Unten rechts: Dungfliegen legen ihre Eier auf Kuhfladen oder anderen Kot.

Stechmücken, deren Weibchen an Menschen und Tieren Blut saugen (Parasiten). Andere Mückenarten nehmen, wenn sie ausgewachsen sind, gar keine Nahrung mehr zu sich. Manche Stechmücken sind gefürchtet, weil sie Krankheiten, zum Beispiel die Malaria, übertragen.

Fliegen *(Brachycera)* Jedermann kennt die Stubenfliegen. Dennoch wissen die wenigsten von uns, welche großartigen Fähigkeiten diese «gewöhnlichen» Insekten besitzen. Sie können zum Beispiel mit ihren zwei Komplexaugen, die aus rund 4000 Einzelaugen bestehen, rund zehnmal schneller sehen als wir. An den Füßen haben sie hochempfindliche Geschmacksorgane, und sie können wundervoll fliegen. Sie sind nämlich überaus wendig und schnell und erreichen eine Geschwindigkeit von bis zu acht Stundenkilometern. Im Größenverhältnis auf ein Kleinflugzeug umgerechnet, ergäbe das eine

Geschwindigkeit von etwa 8000 Stundenkilometern!
Neben den Stubenfliegen gibt es noch sehr viele weitere Fliegenarten mit ganz unterschiedlichen Lebensweisen: Vegetarier, Räuber und Blutsauger. Zu den Fliegen gehören auch die stechenden

Rechts: Der Woll- oder Hummelschweber gleicht mit seinem pelzigen Körper einer Hummel, gehört aber zu den Fliegen.

Mitte und unten: Die sozialen, staatenbildenden Wespen nagen Späne aus totem Holz, zerkauen sie und vermischen sie mit Speichel. Sie stellen so Papier her, mit dem sie ihre kunstvollen Nester bauen.

Bremsen und die oft gelbschwarz geringelten Schwebfliegen, die ruckartig herumfliegen und immer wieder in der Luft stehenbleiben.
Das Stubenfliegen-Weibchen legt seine rund 1000 Eier an Mist, faulende Pflanzenteile, Aas oder Kot, wo die Larven (Maden) schon nach kurzer Zeit ausschlüpfen. Man findet sie aber auch als Parasiten an und in verschiedenen Tieren. Die gefräßigen Maden sind schon nach einer Woche 800mal schwerer als bei ihrer Geburt und verpuppen sich. Würden alle von ihnen überleben, dann hätte eine einzige Stubenfliegen-Mutter am Ende eines Sommers rund 125 Milliarden Kinder, Enkel und Urenkel (das sieht in Zahlen so aus: 125000000000)! Zum Glück fallen weitaus die meisten ihren vielen natürlichen Feinden zum Opfer, oder sie vertrocknen oder erfrieren.

Flöhe *(Siphonaptera)* Flöhe sind Blutsauger. Die kleinen, flügellosen Insekten mit den kräftigen Sprungbeinen saugen an verschiedenen Tieren und auch am Menschen und flüchten bei Gefahr mit gewaltigen Sprüngen. Der Menschenfloh ist in Europa glücklicherweise selten geworden, doch auch Hunde- und Katzenflöhe können vorübergehend von Menschenblut leben.

Hautflügler *(Hymenoptera)*
Drei deutlich unterscheidbare Körperteile (Kopf, Brust, Hinterleib) und durchsichtige, hautähnliche Flügel sind die Hauptmerkmale der Hautflügler. Wespen, Bienen und Ameisen werden hierunter zusammengefaßt.

Wespen *(Vespidae)* Die bekanntesten Wespenarten sind die sogenannten sozialen Arten. Sie bilden große Staaten und tragen meist gelbschwarze Warnfarben. Auch die großen und zu Unrecht gefürchteten Hornissen gehören dazu.
Im Frühling kommen die Wespenköniginnen aus ihren Winterverstecken und suchen sich in einem Erdhügel, Nistkasten oder Dachstock einen Hohlraum für den Nestbau. Aus zerkautem Holz stellen sie Papier her, mit dem sie das

Nest auskleiden. Aus den ersten Eiern schlüpfen Arbeiterinnen, die nun den Weiterbau des Nestes und das Füttern der Larven übernehmen. Weil sie als Larvenfutter viele Insekten fangen, sind Wespen wichtige Gartennützlinge. Im Spätsommer schlüpfen junge Männchen und Königinnen, die sich miteinander paaren. Im Herbst stirbt das ganze Wespenvolk, nur die befruchteten Königinnen überwintern in einem Versteck.

Grabwespen, Wegwespen und Töpferwespen *(Sphecidae, Pompilidae, Eumenidae)* Während die «gewöhnlichen» Wespen sogenannte soziale Insekten sind – das heißt, sie bilden Staaten, die aus vielen hundert Tieren bestehen können –, sind die hier beschriebenen Wespen «solitäre», also einzeln lebende Insekten. Jedes Weibchen baut sein Nest allein und versorgt die Larven selbst. Die sehr verschiedenen Lebensweisen zeigen sich auch im Nestbauverhalten.

Ganz oben rechts: Eine Kreiselwespe trägt unter dem Bauch eine Fliege in ihre Sandhöhle.

Reihe oben: Eine Töpferwespe holt Lehm (links) und modelliert ein Nest (Mitte), das sie mit Raupen füllt.

Viele sind Erdarbeiter und graben tiefe Gänge mit Nistzellen in den Boden. Andere sind Zimmerleute und nagen ihre Nester in Holzpfähle, alte Balken und dergleichen. Wieder andere sind Töpfer, die aus Lehm erstaunlich kunstvolle Nestzellen modellieren. Meistens bauen sie zuerst das Nest fertig und gehen dann auf Jagd. Dabei sind sie wiederum auf ganz unterschiedliche Beutetiere spezialisiert. Der Bienenwolf zum Beispiel fängt Honigbienen, die Wegwespen fangen Spinnen. Die Kreiselwespen machen Jagd auf Fliegen und die Töpferwespen auf Schmetterlingsraupen. Andere Arten jagen Heuschrekken, Rüsselkäfer und Zikaden. Die Beutetiere werden von den Wespen in der Regel nicht getötet, sondern nur mit einem Giftstich gelähmt und ins Nest gebracht. Wenn eine Nestzelle mit Beutetieren gefüllt ist, legt die Wespe ein Ei dazu und verschließt die Zelle. Die Wespenlarve, die einige Tage später aus dem Ei schlüpft, hat nun

einen «lebenden Fleischvorrat», den sie allmählich auffrißt. Bei den meisten Arten reicht der Vorrat für die ganze Entwicklung der Larve. Wenn er aufgebraucht ist, verpuppt sie sich. Es dauert aber meist bis zum nächsten Sommer, ehe die fertigen Wespen aus den Puppenhüllen schlüpfen und sich aus dem Nest arbeiten.

Bienen *(Apoidea)* Bei dem Wort Bienen denkt fast jeder an die Honigbiene. Die meisten Leute wissen gar nicht, daß es noch andere Bienen gibt. In Wirklichkeit sind heute über 25000 Arten bekannt, die – wie das bei den Insekten oft der Fall ist – vor allem in den Tropen leben. Aber immerhin summen auch in Europa über 700 Bienenarten herum. Viele von ihnen leben in Bienenstaaten, die hauptsächlich aus unfruchtbaren Arbeiterinnen bestehen, aber noch häufiger sind die «Einsiedlerbienen», die ein Einzelleben führen.

Das riesige Heer der Bienen wird heute von den meisten Bienenspezialisten in neun Familien aufgeteilt. Zwei davon – *Fideliidae* – und *Oxaeidae* – haben nicht einmal einen deutschen Namen und bestehen nur aus wenigen exotischen Arten. Die übrigen sieben Familien kommen auch in Europa vor. Die urtümlichsten Bienen sind die Seiden-, Sand- und Hosenbienen. Die Seidenbienen verdanken ihren Namen den seidenartigen «Tapeten», mit denen sie ihre Brutkammern auskleiden. Sie bilden keine Staaten. Ebenfalls einzeln oder höchstens in lockeren Brutkolonien leben die Sandbienen, die ihre Nester mit Vorliebe in sandigen Boden graben. Auch die Hosenbienen, die an den Hinterbeinen auffallend viele lange Haare haben, sind Einzelgänger. Die Haare dienen als Sammelapparat für den Blütenstaub (Pollen), der zusammen mit dem Nektar als Nahrung ins Nest eingetragen wird. Und da wir schon bei den Sammelapparaten sind: Die meisten Bienen haben an den Hinterbeinen Haare, die eine Art Körbchen bilden und zum Sammeln und Transportieren von Blütenstaub dienen. Man nennt diese Bienen deshalb «Beinsammler». Daneben gibt es aber auch «Bauchsammler», die zum selben Zweck bür-

Links: Im offenen Nest sieht man die Wespenlarve und ihre «Vorrats»-Raupe.

Oben: Hummeln ertragen mehr Kälte als alle anderen Bienen- und Wespenverwandten.

Oben rechts: Die Holzbienen gleichen den Hummeln, leben aber hauptsächlich in den Tropen und Subtropen. Sie sind die größten Bienen, von denen einige fast so groß sind wie Flaschenkorken.

Rechts: Der Kopf einer weiblichen Prachtbiene aus Brasilien. Prachtbienen haben oft einen wundervoll metallisch schillernden Glanz.

Links: Furchenbienen bauen ihre Nester meistens in den Boden. Sie leben oft in kleinen, lockeren Kolonien, sind also weder einzeln lebende (solitäre) noch staatenbildende (soziale) Bienen, sondern eine Zwischenform.

Unten: Schwarze südamerikanische Räuberbienen haben das Nest von anderen Wildbienen überfallen, die sich aber heftig zur Wehr setzen.

Links: Eine fleischfressende Biene sitzt an einer toten Schlange. Erst vor kurzem hat man in Südamerika Bienen entdeckt, die Fleisch fressen und auch ihre Larven mit Fleisch aufziehen. Bisher hatte man alle Bienen für Vegetarier gehalten.

stenartig angeordnete Haarbüschel am Bauch haben.

Interessante Unterschiede gibt es bei den Furchenbienen: Einige Arten leben einzeln, andere schließen sich zu kleineren oder größeren Gruppen zusammen, und wieder andere bilden richtige Staaten.

Großartige Baumeister sind die Blattschneiderbienen. Sie schneiden Stücke aus Pflanzenblättern und kleiden damit die Brutzellen in ihren Wohnhöhlen aus. Die Mörtelbienen dagegen mixen aus Sand und Speichel einen Mörtel, mit dem sie tönnchenförmige Nester bauen.

Die Pelz- und Holzbienen gehören zu den größten Bienen. Einige tropische Arten sind fast so groß wie Flaschenkorken. Sie nagen fingerdicke Nestgänge und Brutkammern in totes Holz. In dieser Bienenfamilie – aber auch in einigen anderen – gibt es sogenannte Kuckucksbienen. Genau wie der Vogel Kuckuck ziehen sie ihre Brut nicht selbst auf, sondern legen die Eier in die Nester von anderen Bienen, die dann ahnungslos die fremden Larven aufziehen.

Zur Familie der «Echten Bienen» zählen nicht nur die Honigbienen, sondern auch die Hummeln, die tropischen Prachtbienen und die stachellosen Bienen. Die pelzigen Hummeln sind von allen Bienen am besten gegen Kälte geschützt und können schon bei Temperaturen von wenig über null Grad auf Nahrungssuche gehen. Sie bilden Staaten, die aber nur für einen Sommer bestehen und im Herbst aussterben. Viele Leute glauben, Hummeln könnten nicht stechen. Das ist ein Irrtum! Hummelweibchen können stechen, tun es aber nur, wenn sie unmittelbar bedroht sind – dann aber sehr schmerzhaft!

Wunderschön sind die blau, grün oder purpurrot schillernden Prachtbienen. Die Männchen dieser tropischen Art sammeln an Orchideenblüten nicht etwa Nektar, sondern Duftstoffe, aus denen sie ein Parfüm herstellen. Damit lokken sie bei den Hochzeitsflügen die Weibchen an.

Riesig ist die Artenzahl der Stachellosen Bienen, die, wie der Name sagt, keinen Giftstachel tragen, sich aber dennoch sehr gut gegen Feinde wehren können. Als Waffen haben sie scharfe Kieferzangen und an den Hinterbeinen klebrige Harztropfen, mit denen sie ihre Feinde beschmieren. Zu den Stachellosen Bienen gehören auch die Fleischfressenden Bienen. Diese kleine, schwarze Art hat man erst kürzlich in Südamerika entdeckt. Bisher glaubte man nämlich, alle

Bienen seien – im Gegensatz zu den Wespen – Vegetarier. Doch die Fleischfressenden Bienen fressen tatsächlich das Fleisch von toten Tieren und füttern damit auch ihre Larven. Ähnlich wie die Honigbienen, bilden auch die Stachellosen Bienen große, hochorganisierte Staaten. Schließlich werfen wir noch einen Blick auf die Honigbienen, die wir alle kennen und die dennoch voller Geheimnisse stecken. Sie werden seit einigen tausend Jahren als Haustiere gezüchtet, haben sich aber bis heute all die wunderbaren Fähigkeiten von Wildbienen bewahrt. Ihre Staaten bestehen gewöhnlich aus etwa 60000 Einzelbienen, von denen weitaus die meisten unfruchtbare Arbeiterinnen sind. Weit weniger zahlreich sind die männlichen Bienen oder Drohnen. Die riesengroße Königin legt im Sommer täglich 1500 bis 2000 Eier. Sie wird etwa fünf Jahre alt, während die Arbeiterinnen nur ungefähr sechs Wochen leben. Alle Tätigkeiten im Bienenstock werden durch Duftsignale, Fühlerzeichen und Tanzbewegungen, ja einer richtigen «Tanzsprache», geregelt. Das Heer der Arbeiterinnen besorgt sämtliche Aufgaben: den unglaublich präzisen Bau der Wachszellen, das Füttern der Königin und der Jungtiere, das Sammeln von Nektar, Blütenstaub und Wasser, das Anlegen der Vorräte und vieles mehr.

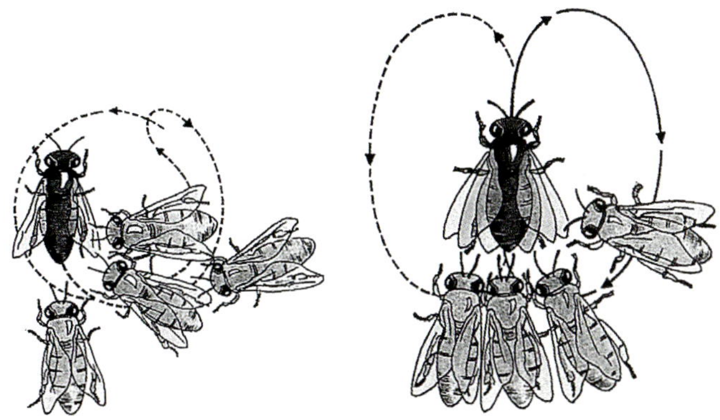

Oben: Honigbienen-Arbeiterin beim Wasserholen.

Zeichnungen: Honigbienen haben eine erstaunliche Tanzsprache. Heimkehrende Bienen, die Futter gefunden haben, können durch bestimmte Tanzbewegungen den Arbeiterinnen im Stock genau mitteilen, in welcher Richtung und Entfernung nektarreiche Blumen zu finden sind.

Rechts: Die Waben der Honigbienen sind unglaublich exakt gebaute Gebilde aus Wachs.

Ameisen *(Formicoidea)* Rund 6000 Ameisenarten sind heute bekannt. Die meisten von ihnen sind in den Tropen zu Hause, doch auch bei uns gehören sie zu den häufigsten Insekten. Die ursprünglicheren Arten bilden nur kleine Staaten mit relativ wenigen Mitgliedern. Andere Staaten aber können aus Tausenden, manchmal über einer Million Ameisen bestehen. Ähnlich wie bei den (nicht verwandten) Termiten, werden die Tätigkeiten im Ameisenstaat mit Duftstoffen geregelt, welche die Ameisen aus verschiedenen Drüsen ausscheiden. Ein Staat besteht aus einer oder mehreren Königinnen, unterschiedlich vielen Männchen und sehr vielen unfruchtbaren Arbeiterinnen. Bei einigen Arten ist ein Teil der Arbeiterinnen zu besonders wehrhaften und angriffslustigen Soldaten ausgebildet, die den Staat verteidigen.

Neue Staaten entstehen meistens dadurch, daß zu bestimmten Zeiten zahlreiche geflügelte Männchen und Weibchen schlüpfen. Sie schwärmen zusammen aus und paaren sich. Wenig später sterben die Männchen. Die befruchteten Weibchen werfen die Flügel ab und verkriechen sich in einer kleinen Höhle. Dort legen sie Eier und ziehen die ersten Larven auf, aus denen Arbeiterinnen werden. Diese übernehmen dann die Nahrungsbeschaffung, das Aufziehen der nächsten Larven, den Aufbau des Nestes und das Füttern der Königin, die sich nun nur noch dem Eierlegen widmet.
Manche Ameisen verbreiten sich jedoch ganz anders. Bei der Blutroten Raubameise zum Beispiel sucht sich die Königin nach dem Hochzeitsflug ein Nest der Schwarzbraunen Ameise. Sie dringt dort ein, tötet die Königin und beginnt

Rechts: Die afrikanischen Treiberameisen haben keinen «festen Wohnsitz», sondern wandern in riesigen Heeren herum und überfallen jedes Lebewesen, das nicht rechtzeitig flüchten kann.

Linke Seite: Auch unsere Roten Waldameisen sind Räuber. Sie erbeuten Tausende von pflanzenfressenden Insekten und spielen in der Natur eine wichtige Rolle. Neben dem Bild des Ameisenhaufens sieht man Arbeiterinnen, die sich um die Puppen kümmern.

Die südamerikanischen Blattschneiderameisen schneiden fingernagelgroße Stücke aus Blättern und transportieren sie in den unterirdischen Bau. Dort werden die Pflanzenteile zu Humus verarbeitet. Auf diesem Humus züchten die Ameisen Pilze, die ihnen als Nahrung dienen.

Eier zu legen. Mit der Zeit werden ihre Nachkommen immer zahlreicher, die Schwarzbraunen Ameisen dagegen immer weniger. Schließlich besteht der Staat nur noch aus «Roten».
Die Amazonenameisen können sich nicht selbst mit Nahrung versorgen, sondern müssen sich von anderen Ameisen füttern lassen. Dazu überfallen sie fremde Nester und rauben dort Puppen. Die ausschlüpfenden Ameisen sind dann ihre Sklaven, die die Nahrung beschaffen und die «Herrinnen» füttern müssen.

Im Gegensatz zu den Wespenstaaten, die im Herbst bis auf wenige befruchtete Königinnen aussterben, bleiben die Ameisenstaaten oft viele Jahre bestehen. Die Königinnen können über zwanzig, die Arbeiterinnen etwa zehn Jahre alt werden, also deutlich älter als die meisten anderen Insekten.
Ameisen sind wehrhaft. Die meisten haben kräftige Kieferzangen zum Zubeißen und können aus dem Hinterleib giftige Ameisensäure in die Bißwunden spritzen. Viele urtümlichere Arten haben sogar noch einen Giftstachel, mit dem sie sehr schmerzhaft zustechen können.
Die meisten Ameisen sind Räuber, die andere Insekten und weitere Kleintiere überfallen und fressen. Unsere Waldameisen vernichten viele Waldschädlinge und stehen als nützliche Tiere unter Naturschutz. Es ist daher verboten – und

sowieso grober Unfug –, die Ameisenhaufen im Wald zu zerstören!
Ameisennester sind häufig unterirdische Bauten mit vielen Brut- und Vorratskammern. Manche sind mit einem kleinen Erdhügel, andere, wie bei den Waldameisen, mit einem großen Hügel

Links: Die tropischen Weberameisen kleben Blattränder mit dem Spinndrüsensaft zusammen, den ihre Larven ausscheiden. Sie benützen die Larven also als «lebende Leimtuben».

Rechts: Die Nester der Weberameisen befinden sich auf Büschen und Bäumen.

Unten: Weberameisen «melken» Zuckersirup, der von Blattläusen ausgeschieden wird.

aus Tannennadeln und anderen Pflanzenteilen überbaut. Es gibt auch Ameisen, die unter Steinen oder im Holz nisten, wieder andere bauen Nester aus Papier, das sie aus zerkauten Holzspänen und Speichel herstellen. Die tropischen Weberameisen bauen ihre Nester auf Bäumen, indem sie Blätter an den Rändern zusammenkleben. Beim Nestbau halten sie ihre Larven in den Kieferzangen und bewegen sie wie Webschiffchen zwischen den Blatträndern hin und her. Die Larven scheiden dabei ständig Spinndrüsensaft aus, werden also als «lebende Leimtuben» benutzt.
Die Wander- und Treiberameisen bauen gar keine Nester, sondern sind ständig auf der Wanderschaft. In riesigen Heeren überfallen sie dabei jedes Lebewesen, das nicht rechtzeitig flüchten kann, vor allem natürlich Kleintiere.
Zu den Vegetariern gehören die erstaunlichen Blattschneiderameisen in Süd- und Mittelamerika. Sie schneiden fingernagelgroße Blattstücke aus Pflanzen, transportieren sie in langen Kolonnen heimwärts, verarbeiten sie in unterirdischen Bauten zu Kompost und züchten darauf bestimmte Pilze. Von den sehr eiweißreichen Pilz-Fruchtkörperchen ernähren sie ihr ganzes Volk. Sie sind also richtige Gärtner, die ihr eigenes «Gemüse» pflanzen.

Käfer *(Coleoptera)*
Mit ungefähr 350000 verschiedenen Arten bilden die Käfer die weitaus größte Hauptgruppe (Ordnung) der Insekten. Typisch für die meisten Käfer sind die panzerartig harten Vorderflügel, die die dünnen, zusammengefalteten Hinterflügel bedecken. Zum Fliegen werden die Vorderflügel zwar abgespreizt, aber nur die Hinterflügel benutzt. Bei manchen Arten sind die Vorderflügel zurückgebildet, andere haben keine Hinterflügel und können daher nicht fliegen. Je nach Art kann die Entwicklung eines Käfers zwischen einem und fünf Jahren dauern. Die

Larven leben häufig versteckt im Boden, in Pflanzen oder im Holz. Die meisten Käfer sind Pflanzenfresser, manche leben auch von Mist, Aas oder räuberisch von Kleintieren.

Laufkäfer *(Carabidae)* Gut zu erkennen sind die schlanken und sehr beweglichen Laufkäfer an ihren langen Beinen und den starken Kieferzangen, mit denen sie Insekten, Würmer und andere Kleintiere packen. Die Beutetiere werden mit einem Verdauungssaft aufgelöst und anschließend «getrunken». Auch ihre Larven leben räuberisch. Meistens kommen die Laufkäfer erst nachts aus ihren Verstecken. Sie sind häufig dunkel gefärbt oder haben eine leuchtend metallische Farbe wie unser grünschillernder Goldlaufkäfer, den man häufig im Garten findet.
Eine eigene Familie bilden die besonders langbeinigen, schnellen und oft sehr schön gefärbten

Oben: Die Rosenkäferlarve lebt im Kompost oder im morschen Holz alter Bäume.

Oben rechts: Erst nach einigen Jahren verpuppt sich die Larve des Rosenkäfers.

Rechts: Der schlüpfende Rosenkäfer ist noch hellbräunlich, wird aber bald dunkelgrün.

Sandlaufkäfer. Ihre Larven sitzen in Sandhöhlen und packen Ameisen und andere Insekten, die dem Höhleneingang zu nahe kommen.

Wasserkäfer *(Hydrophilidae)* Die meisten Wasserkäfer sind Pflanzenfresser, die im Wasser leben und ausgezeichnet schwimmen und tauchen können. Dazu benutzen sie ihre Hinterbeine, die kleinen Rudern ähneln. Die Käfer können aber auch fliegen und so neue Wohngewässer aufsuchen. Die Atemluft nehmen sie mit den Fühlern an der Wasseroberfläche auf. Ihre Larven leben ebenfalls im Wasser und ernähren sich räuberisch. Der schwarze Kolbenwasserkäfer ist mit etwa 40 Millimetern Länge einer der größten Käfer Europas.

Schwimmkäfer *(Dytiscidae)* Auch die Schwimmkäfer sind eine im Wasser lebende Käferfamilie, die sich von Tieren, also räuberisch, ernährt. Manche wagen sich sogar an größere Fische. An ihrem Hinterleib befindet sich eine Atemöffnung, mit der sie an der Wasseroberfläche Luft aufnehmen. In Europa ist der Große Gelbrandkäfer der bekannteste Schwimmkäfer.
Alle Schwimmkäfer sind ausgezeichnete Schwimmer. Sie haben einen flachen, eiförmigen Körper mit einer glatten Oberfläche. Die flachen Hinterbeine sind durch Borsten verbreitert und dienen beim Schwimmen als Ruder.

Käfer

Nicht nur von den Insekten, sondern von allen Tieren überhaupt, entfalten die Käfer die größte Vielfalt an Formen und Arten. Es ist nur eine ganz winzige Auswahl, die wir hier zeigen können.

1

1 Europäischer Goldlaufkäfer.

2 Wald-Sandlaufkäfer.

3 Der Gelbrand, ein europäischer Schwimmkäfer.

4 Afrikanischer Prachtkäfer.

2

3

4

5

6

7

5 Kartoffelkäfer.

6 Brasilianischer Schildkäfer.

7 Tropischer Blatthornkäfer.

8 Wespenbockkäfer.

9 Europäischer Totengräber.

8

9

Aaskäfer *(Silphidae)* Die zahlreichen Aaskäferarten ernähren sich fast ausschließlich von Aas, einige wenige fressen aber auch Pflanzen. Manche Arten, zum Beispiel unser Totengräber, graben unter toten Mäusen und anderen kleineren Tieren eine Höhle, in die die Leichen hineinrutschen, und legen ihre Eier dazu. Die Larven entwickeln sich dann im Aas.

Prachtkäfer *(Buprestidae)* Die meisten der zahlreichen Prachtkäfer leben in den Tropen. Einige sehr schöne Arten kommen aber auch in Europa vor. Manche sind nur wenige Millimeter lang, andere gehören fast zu den größten Käfern. Viele Arten schillern in den verschiedensten Farben und machen ihrem Namen alle Ehre. Aus den bunten Flügeldecken wird in tropischen Ländern oft Schmuck hergestellt.

Hirschkäfer *(Lucanidae)* Der europäische Hirschkäfer wird bis zu 7,5 Zentimeter lang und ist damit unser größter Käfer. Besonders auffällig ist das Männchen mit seinem merkwürdig gestalteten Oberkiefer, der wie ein kleines Hirschgeweih aussieht. Einige der etwa tausend tropischen Hirschkäferarten werden sogar über 10 Zentimeter lang.

Links: Der Bombardierkäfer hat in zwei kleinen Behältern im Hinterleib zwei chemische Substanzen. Bei Gefahr kann er sie in einem dritten Behälter zusammenführen. Dadurch kommt es zu einer explosionsartigen Reaktion, und ein mehr als 100 Grad heißer Strahl, den der Käfer gezielt gegen einen Feind richten kann, schießt aus dem Hinterleib.

Blatthornkäfer *(Scarabaeidae)* Typisch für die vielen Arten der Blatthornkäfer sind ihre Fühler, die sie wie einen Fächer auffalten können. Unsere bekanntesten Arten sind Maikäfer, Junikäfer und die oft prächtigen, grünschillernden Rosenkäfer. Die Larven (Engerlinge) leben meist mehrere Jahre lang in der Erde, in Kompost oder in faulendem Holz.

Marienkäfer *(Coccinellidae)* Rot oder gelb mit schwarzen Tupfen: So sehen die kleinen, rundlichen Marienkäfer bei uns meistens aus! Doch unter den mehr als 4000 weitverbreiteten Arten gibt es noch viele weitere Farben. Die Larven sind meist gelb, bräunlich oder schwarz gefärbt. Wie die Eltern sind auch sie sehr nützlich, denn sie leben an Pflanzen und ernähren sich von Pflanzenläusen.

Bockkäfer *(Cerambycidae)* Die meist recht großen und prächtigen Bockkäfer sind in vielen Arten auf der ganzen Welt verbreitet. Typisch sind ihre schlanke Gestalt und die Fühler, die oft viel länger sind als der ganze Körper. Ihre Larven leben jahrelang in Holz, vor allem in kranken und abgestorbenen Stämmen.

Blattkäfer *(Chrysomelidae)* Etwa 25000 Arten von kleinen und oft sehr bunten Pflanzenfressern gehören zu den Blattkäfern. Die bekannteste Art ist der gelbschwarz gestreifte Kartoffelkäfer.

Pillendreher modellieren aus Kot eine Kugel und vergraben sie in den Boden. Dann legen sie ein Ei daran. Die Kugel ist der Nahrungsvorrat für die Larve.

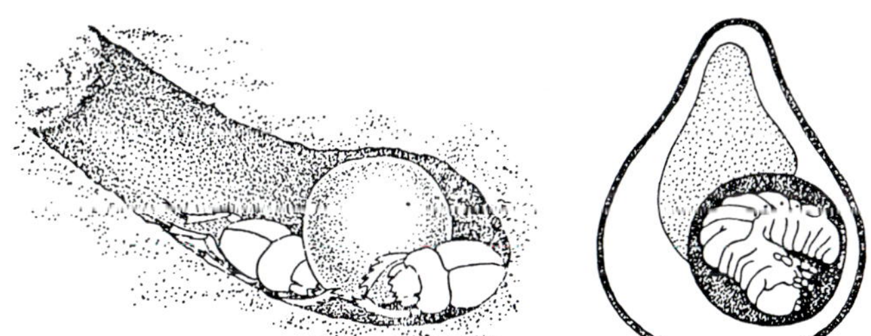

Rüsselkäfer *(Curculionidae)* Allein aus Mitteleuropa sind weit über 1000, auf der ganzen Welt sogar über 40000 Rüsselkäferarten bekannt. Sie haben einen eiförmigen Körper und einen rüsselartig verlängerten Kopf. Ihre Bewegungen sind langsam, und bei Gefahr lassen sie sich zu Boden fallen und stellen sich tot. Die Käfer und die madenförmigen Larven leben an Pflanzen. Fast jede Käferart ist auf eine bestimmte Pflanzenart spezialisiert.

Wirbeltiere

(Vertebrata)

Etwa 45000 verschiedene Arten von Wirbeltieren leben auf unserer Erde. Sie alle haben ein aus Knochen oder Knorpel bestehendes Skelett mit einer Wirbelsäule und einen knöchernen Schädel mit einem besonders gut entwickelten Gehirn.

Fische

Fische *(Pisces)* sind Wirbeltiere, die sich dem Leben im Wasser völlig angepaßt haben. Sie bewohnen die verschiedensten Gewässer, die man sich denken kann: stille Tümpel und reißende Bäche, die Tiefen der Meere und unterirdische Höhlenseen, heiße Salzwasserquellen, aber auch Wasser, das knapp vor dem Gefrieren ist. Der kleinste aller Fische, die Zwerggrundel, wird nur gerade 12 Millimeter lang, während der größte von ihnen, der friedliche Walhai, über 15 Meter Länge erreichen kann.

Die meisten Fische sind fast stromlinienförmig gebaut, um dem Wasser beim Schwimmen möglichst wenig Widerstand zu bieten. Einige sind allerdings auch scheiben- (Flundern, Engelfische) oder drachenförmig (Rochen). Andere sehen aus wie Koffer (Kofferfische) oder Schlangen (Aale). Außerdem gibt es Fische, die – wie die Seepferdchen – überhaupt nicht wie Fische aussehen.

Typisch für die meisten Fische ist die senkrechte Schwanzflosse. Durch seitliche Schlängelbewegungen des Körpers und gleichzeitiges Hin- und Herschwingen der Schwanzflosse entsteht die Vorwärtsbewegung. Dabei halten die Flossen am Rücken und am Bauch den Fischkörper im Gleichgewicht. Die beiden beweglichen Brustflossen werden als Bremse oder als Paddel benutzt. Bei einigen Arten, die an Land steigen können, dienen sie auch als «Beine». Manche giftigen Fische haben in den Rücken- und Brustflossen Stacheln sitzen, die sie bei Bedarf aufrichten und als Waffen einsetzen können.

Fische atmen durch Kiemen, die seitlich hinter dem Kopf sitzen. Mit ihnen nehmen sie Sauerstoff aus dem Wasser auf. An der Luft dagegen müssen die meisten Arten in kurzer Zeit erstikken. Eine Ausnahme bilden die Lungenfische, die auch außerhalb des Wassers atmen können sowie einige andere Arten, die durch spezielle Atemvorrichtungen längere Zeit an Land überdauern können.

Fische sind wechselwarme Tiere, deren Körpertemperatur abhängig ist von der jeweiligen Wassertemperatur. Bei den meisten ist der Körper

Linke Seite: In der Paarungszeit kommen die Lachse aus dem Meer in die Flüsse und wandern in die Oberlaufgebiete, um dort ihre Eier, den Laich, abzulegen. Oben: Die urtümlichen Rundmäuler (hier ein Neunauge) haben weder Schuppen noch Kiemen. Obwohl ihnen viele typische Merkmale fehlen, gehören auch sie zu den Fischen.

mit vielen harten, flachen Schuppen bedeckt. Spiegelkarpfen haben dagegen nur ein paar große Schuppen; andere Fische haben anstelle von Schuppen eine lederartige oder schleimige Haut. Seepferdchen besitzen einen gerippten Panzer aus Knochen, und die Kofferfische sind mit Hornplatten gepanzert.

Fische ernähren sich meist von kleineren Fischen oder anderen Wassertieren und von pflanzlichen Stoffen. Sie fressen aber auch Korallen, Flossenstücke, Schuppen oder Parasiten, die sie von Haut oder Kiemen anderer Fische absaugen (Putzerfische).

So unterschiedlich wie die Nahrungsgewohnheiten, sind auch die Mundwerkzeuge der Fische.

Viele haben spitze Zähne zum Festhalten der Beute, die manchmal nicht nur im Kiefer, sondern auch auf der Zunge und im Gaumen sitzen. Algenfressende Fische haben feine, kammähnliche Zähne, bei anderen sind sie flach und scharfkantig zum Abbeißen von Nahrungsteilen. Wieder andere haben anstelle von Zähnen Siebvorrichtungen, mit denen sie Nahrungsteilchen aus dem Wasser filtern können.

Die meisten Fische haben gutentwickelte, scharfe Augen und ein gutes Gehör. Manche haben auch einen unglaublich empfindlichen Geschmackssinn. Ein merkwürdiges Sinnesorgan ist das Seitenlinienorgan, das auf beiden Körperseiten entlangläuft und meistens gut sichtbar ist. Es besteht aus zahlreichen Nerven, die auf Druckveränderungen des Wassers sehr empfindlich reagieren. Damit können Fische die verschiedenen Strömungen des Wassers kontrollieren.

Obwohl einige Fischarten lebende Junge zur Welt bringen, legen weitaus die meisten Fische Eier, und dies in großen Mengen. Eier und Jungfische sind nämlich vielen Gefahren ausgesetzt und werden oft vernichtet. Deshalb legen viele Fischweibchen Tausende, ja sogar Millionen von Eiern, um den Bestand zu erhalten.

Knorpelfische *(Chondrichthyes)*

Knorpelfische sind ganz urtümliche Fische, die anstelle von Knochen ein Skelett aus elastischem Knorpel besitzen. Die wichtigsten Knorpelfische sind die Haie und die Rochen.

Haie *(Selachii)* Die meisten der rund 200 Haifischarten leben in den warmen Meeren der Tropen und Subtropen. Viele sind harmlos und werden oft nicht einmal einen Meter lang. Die für den Menschen gefährlichste Art ist der zwischen sechs und 12 Meter lange Weißhai oder Menschenhai. Der bis zu 14 Meter lange Riesenhai und der noch größere Walhai hingegen sind harmlos. Ähnlich wie viele Wale haben diese friedlichen Riesentiere eine siebartige Vorrichtung im Maul; mit der sie freischwimmende Krebstiere, kleine Fische und andere Kleintiere aus dem Wasser filtern. Die meisten Haie aber haben mehrere Reihen spitzer, scharfer Zähne, mit denen sie Fische, Robben, Delphine und andere Beutetiere packen und zerlegen können. Manche Haiarten legen Eier, andere bringen lebende Junge zur Welt.

Rochen *(Rajiformes)* Die flachen, scheibenförmigen Rochen könnte man als «plattge-

Linke Seite: Katzenhaie (oben) werden nur etwa 75 Zentimeter lang und sind für Menschen harmlos. Dagegen kann der oft über 5 Meter, selten sogar über 10 Meter lange Weiße Hai oder Menschenhai (links) auch für den Menschen gefährlich werden. Auf dieser Aufnahme sind auch Schiffshalterfische zu sehen, die sich mit einer Saugplatte an Schiffen oder großen Meerestieren festhalten.

Diese Seite: Stachelrochen haben oben am Schwanz einen Stachel, der mit einer Giftdrüse verbunden ist und als Abwehrwaffe dient. Wird ein Mensch versehentlich verletzt, können heftige Schmerzen und eine oft monatelang anhaltende Vergiftung auftreten.

walzte Haie» bezeichnen, denn auch sie haben ein Skelett aus Knorpel. Auf ihrem langen und spitz auslaufenden Schwanz sitzt bei manchen Arten ein aufrichtbarer Stachel (Stachelrochen), mit dem sie auch Menschen verletzen können. Die meisten Rochen leben in warmen Meeren, wo sie in Küstennähe gern im seichten Wasser auf dem Boden liegen. Einige schwimmen auch frei herum und sehen dabei aus, als würden sie durchs Wasser fliegen. Mit ihren platten, aber scharfen Zähnen fangen sie kleinere Tiere oder zermalmen Muscheln, Schnecken und Krebse.

Knochenfische *(Osteichthyes)*

Weitaus die meisten der heute lebenden Fische gehören zur Klasse der Knochenfische. Anders als bei den Knorpelfischen haben alle Arten einen Schädel aus Knochen und meist auch ein Knochenskelett.

Störe *(Acipenseriformes)* Störe sind urtümliche, langgestreckte Fische mit fünf Reihen eckiger Knochenplatten am Rücken, am Bauch und an den Seiten. Die größten der etwa 25 Arten werden bis zu acht Meter lang und 1000 Kilogramm schwer. Sie sind Meeresbewohner und ernähren sich von kleinen Tieren und Fischen. Zur Laichzeit wandern sie in die Flüsse, wo jedes Weibchen mehrere Millionen Eier ablegt. Diese Störeier werden unter der Bezeichnung Kaviar als kostbare Delikatesse gehandelt. Hauptlieferant des Kaviars ist der bis zu drei Meter lange Atlantische Stör, der auf beiden Seiten des Atlantiks, in Europa und in Nordamerika vorkommt. Durch übermäßigen Fang wird dieser Fisch leider immer seltener.

Oben links: Das Weibchen des Störs kann weit über zwei Millionen Eier legen. Störeier sind unter der Bezeichnung Kaviar als Delikatesse bekannt.

Links: Die Heringe leben im nördlichen Atlantik, werden etwa 40 Zentimeter lang und bilden oft riesige Schwärme.

Rechte Seite, von oben nach unten: Die europäische Bachforelle, die aus Nordamerika stammende und in Europa eingeführte Regenbogenforelle, die in europäischen Fließgewässern verbreitete Äsche und der Hecht mit seiner Beute, der in Flüssen und Seen Europas, Nordamerikas und Asiens vorkommt.

Knochenhechte *(Lepisosteiformes)* Einige Arten urtümlicher Fische gehören zu den Knochenhechten. Sie sind heute nur noch in Süßgewässern Nord- und Mittelamerikas zu finden. Sie sind genauso langgestreckt wie Hechte, haben aber eine schmale, schnabelartige und sehr lange Schnauze. Der im Südosten der USA sehr häufig vorkommende Langnasen-Knochenhecht wird etwa 1,50 Meter, der ebenfalls dort lebende, aber viel seltenere Kaimanfisch bis über drei Meter lang.

Heringe *(Clupeidae)* Etwa 200 Arten von recht kleinen Fischen gehören zur Familie der Heringe. Sie leben in oft riesigen Schwärmen im Meer, gelegentlich auch in Flüssen. Heringe haben keine Zähne, sondern eine Siebvorrichtung, mit der sie kleine, im Wasser schwebende Nahrungsteilchen (Plankton) ausfiltern. Der bis zu 30 Zentimeter lange Atlantische Hering ist einer der wichtigsten Speisefische. Allein in Deutschland werden jährlich etwa 100000 Tonnen davon gefangen. Auch die Sardine, ein weiterer wichtiger Speisefisch, ist ein Heringsfisch.

Karpfen *(Cyprinidae)* Zu der aus über 1200 Arten bestehenden Karpfenverwandtschaft gehören viele sogenannte «Weißfische», wie zum Beispiel Schleien, Barben, Elritze, Rotfeder oder Plötze. Ihre Nahrung besteht aus pflanzlichen Stoffen und aus Würmern und anderen Kleintieren, die sie vor allem am Grund suchen. Der eigentliche Karpfen stammt aus Ostasien und wird heute in aller Welt, oft in eigens dafür angelegten Teichen gezüchtet. Er wird bis zu einem Meter lang, 20 Kilogramm schwer und über 100 Jahre alt. Auch der weltbekannte Goldfisch, der schon vor über 1000 Jahren in China gezüchtet wurde, ist ein Karpfenfisch.

Lachsfische *(Salmoniformes)* Als unsere Gewässer noch nicht so verschmutzt waren wie heute, gehörten die Lachse zu den zahlreichsten Fischen in den mitteleuropäischen Flüssen. Das hat sich sehr geändert! Heute wandern sie nur noch in die klaren Flüsse Nordeuropas und Nordamerikas.
Die Lachse sind elegante und schnelle Raubfische, die viele Jahre lang im Meer leben. Wenn

Oben: Der Karpfen wird schon seit etwa 800 Jahren in ganz Europa als Speisefisch in Teichen gezüchtet.

Karpfen werden etwa 40 Jahre alt, 1,20 Meter lang und 30 Kilogramm schwer.

Unten: Piranhas sind Raubfische in südamerikanischen Flüssen und Seen, die auch große Tiere angreifen.

sie ausgewachsen sind, kehren sie in die Flüsse zurück, in denen sie geboren wurden. Sie überwinden dabei auch reißende Stromschnellen und Wasserfälle und suchen sich in den Oberläufen der Flüsse Plätze zum Laichen. Danach sind sie so erschöpft, daß sie meistens bald sterben. Die jungen Lachse aber wandern allmählich flußabwärts ins Meer.

Erstaunlich ist, daß jeder Lachs, trotz seines langen Aufenthaltes im Meer, genau den Fluß wiederfindet, in dem er vor Jahren zur Welt gekommen ist. Wissenschaftler fanden heraus, daß die Lachse ihren Heimatfluß am Geruch wiedererkennen. Sie haben also einen unglaublich hochentwickelten Geruchssinn und ein ebenso gutes Erinnerungsvermögen.

Zu den Lachsen gehören auch die verschiedenen Forellenarten. Bachforellen, Regenbogenforellen, Seeforellen, Lachsforellen und die Saiblinge sind die wichtigsten Arten. Auch sie sind geschickte Räuber und gehören wie die Lachse zu den begehrtesten Speisefischen.

Welse *(Siluriformes)* Über 2 000 Fischarten gehören zu den Welsen. Um das breite Maul tragen sie lange, borstenartige «Barteln» als Tastorgane, und ihre Haut ist entweder nackt oder mit Knochenplatten gepanzert. Viele kleinere Arten sind beliebte Aquarienfische. Fast alle Welse leben im Süßwasser und sind Räuber. Die größte Art ist der bis zu fünf Meter lange und 300 Kilogramm schwere Europäische Wels, der nachts auf Fische, Frösche, Krebse, Wasserratten und sogar auf Wasservögel Jagd macht. Interessant ist der afrikanische Zitterwels, der ein elektrisches Organ besitzt, mit dem er Stromstöße von über 100 Volt abgeben kann. Er lähmt damit Beutetiere und schützt sich vor Feinden.

Oben: Die Schleie ist in Europa weit verbreitet. Unten: Den Aland nennt man auch Nerfling oder Orfe.

Rechte Seite: Der Bitterling (Mitte) ist ein Leichtgewicht und legt seine Eier in lebende Muscheln, wo sie sich gut geschützt entwikkeln können. Dagegen wird die Barbe (unten) über 8 Kilogramm schwer.

Aale *(Anguilliformes)* Rund 350 Arten dieser schlangenartig langgestreckten Fische leben im Meer- und Süßwasser. Sie alle haben eine nackte, schuppenlose Haut. In wärmeren

Meeren leben die zwischen 1,50 und drei Meter langen Muränen, die nachts auf Jagd gehen. Sie haben zahlreiche spitze Zähne und giftigen Speichel, der beim Zubeißen in die Wunden fließt. Einige Arten können sogar für den Menschen lebensgefährlich werden. Obwohl auch ihr Blut giftig ist, sind Muränen begehrte Speisefische. Das Gift zerfällt nämlich beim Kochen sehr schnell.

Auch die europäischen und amerikanischen Flußaale haben giftiges Blut, und man kann sie trotzdem essen. Wenn die Flußaale ausgewachsen sind, wandern sie flußabwärts und schwimmen dann eine riesige Strecke bis zu einem bestimmten Gebiet im westlichen Atlantik, dem Sargassomeer. Dort paaren sie sich, geben den Laich ins Wasser ab und sterben. Die heranwachsenden Jungaale wandern den gleichen Weg wieder zurück in die Flüsse, Seen und Tümpel. Auf ihren Wanderungen können sie sogar größere Strecken über Land kriechen, wobei sie sich schlängelnd fortbewegen.

Die in Südamerika lebenden Zitteraale haben – wie die Zitterwelse – elektrische Organe. Ihre Stromstöße sind bis zu 650 Volt stark und damit auch für den Menschen gefährlich.

Fliegende Fische *(Exocoetidae)* Alle Arten der Fliegenden Fische sind Meeresbewohner. Die 20 bis 50 Zentimeter langen Fische haben sehr große Brustflossen, die sie wie Flügel ausbreiten können. Wenn sie von Raubfischen verfolgt werden, erhöhen sie zuerst unter Wasser die Geschwindigkeit auf über 50 Stundenkilometer, schießen dann flach aus dem Wasser heraus und segeln bis zu 150 Meter weit über die Oberfläche.

Links: Die rund 120 Muränenarten sind im Meer lebende Aale, die zum Teil durch ihren Giftbiß gefährlich werden können. Die meisten werden um 1 Meter, einige über 3 Meter lang.

Rechts: Ein junger Flußaal auf seiner Wanderung flußaufwärts. Wenn es feucht genug ist, schlängeln sich Aale auch gewisse Strecken über Land.

Dorsche *(Gadidae)* Fast alle Dorsche sind recht große Meeresfische. Der bekannteste ist der eigentliche Dorsch oder Kabeljau, der in Schwärmen im Atlantik und in der Nord- und Ostsee lebt. Er ist einer der wichtigsten Speisefische. Neben dem sehr guten Fleisch liefert er den vitaminreichen Dorsch-Lebertran. Der Dorsch wird bis zu 1,80 Meter lang und 100 Kilogramm schwer. Allerdings werden die meisten schon gefangen, bevor sie 12 Kilogramm erreichen.

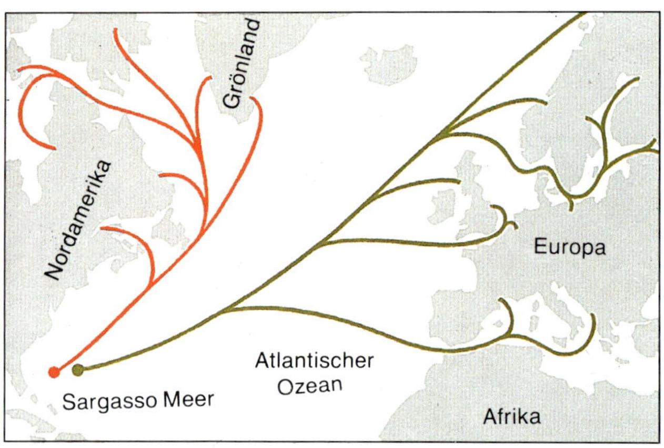

Barschartige *(Perciformes)* Mehrere tausend Fischarten werden zu den Barschartigen gezählt. Die kleinen, als Aquarienfische beliebten Buntbarsche gehören genauso zu ihnen, wie die bis zu 3,50 Meter langen Zackenbarsche der Meere. Ein wichtiger Speisefisch ist der zwischen 15 und 30 Zentimeter lange Flußbarsch, auch Egli, Kretzer oder Schratz genannt. Alle Barsche sind Raubfische.

Doktorfische *(Acanthuroidei)* Die Doktorfische gehören in die Verwandtschaft der Barschartigen und bewohnen die Korallenriffe tropischer Meere. Die meisten sind weniger als 50 Zentimeter lang. Viele sind prächtig gefärbt und können während der Paarung und bei Kämpfen schnell ihre Farben wechseln. Doktor-

Die amerikanischen und die europäischen Flußaale kommen alle im gleichen Gebiet des Sargassomeeres zur Welt. Innerhalb von etwa drei Jahren wandern die Aallarven zu den Flußmündungen und anschließend weiter flußaufwärts. Wenn sie etwa 1 Meter lang geworden sind, ziehen sie wieder flußabwärts zu ihrem Laichplatz im Sargassomeer, wo sie sich paaren, Eier legen und sterben.

Auf der unteren Zeichnung siehst du die Entwicklung der Aale.

fische tragen an jeder Seite des Schwanzansatzes einen aufrichtbaren Dorn als wirkungsvolle Waffe gegen Feinde.

Makrelenfische *(Scombroidei)* Makrelen sind räuberische Meeresfische, die in großen Schwärmen leben und jagen. Sie sind äußerst elegante, schnelle Schwimmer. Die bis zu 60 Zentimeter lange Gewöhnliche Makrele lebt im Atlantik, im Mittelmeer und im Schwarzen Meer. Das Weibchen legt etwa 500000 ölige Eier, die an der Wasseroberfläche schwimmen, bis der Nachwuchs ausschlüpft. Ebenfalls zu den Makrelen zählen die Thunfische, die vor allem in wärmeren Meeren verbreitet sind und zu den wichtigsten Speisefischen überhaupt zählen. Von den verschiedenen Thunfischarten werden der Weiße Thun ungefähr 10 Kilogramm, der Gelbflossenthun bis zu 200 und der Rote Thun sogar über 800 Kilogramm schwer.

Grundelartige *(Gobioidei)* Zu den Grundeln gehören Meeres- und Süßwasserfische, die vorwiegend am Boden leben. Die Weibchen legen ihre Eier in Bodenmulden, die nach der Befruchtung von den Männchen bewacht werden. Einige Grundeln sind dafür bekannt, daß sie in Höhlen von Krebsen leben und diese bei Gefahr warnen. Zu den Grundeln gehört auch der kleinste aller Fische, die etwa 12 Millimeter lange Zwerggrundel, die gleichzeitig das kleinste Wirbeltier der Welt ist.

Labyrinthfische *(Anabantoidei)* Die Labyrinthfische gehören zur Verwandtschaft der Barsche. Den Namen haben sie von ihrem speziellen Atemorgan, dem «Labyrinth», das ihnen ermöglicht, an der Wasseroberfläche wie mit einer Lunge Luft einzuatmen. Deshalb können diese in Afrika und vor allem in Südasien verbreiteten Fische auch in sauerstoffarmen Tümpeln leben.

Links: Seepferdchen sehen zwar nicht so aus, sind aber dennoch richtige, bis zu 15 Zentimeter lange Meeresfische.

Unten: Der bis zu 1,50 Meter lange Dorsch lebt in großen Schwärmen in der Nord- und Ostsee und im Atlantik bis hinunter nach Spanien.

Ganz unten: Der Flußbarsch oder Egli wird etwa 50 Zentimeter lang und lebt in Seen und ruhigen Flüssen Europas und Asiens.

Stichlinge *(Gasterosteoidei)* Die Stichlinge sind zwischen sechs und 18 Zentimeter lange schuppenlose Meeres- und Süßwasserfische. In Europa ist vor allem der Dreistachlige Stichling bekannt, der auf dem Rücken drei aufrichtbare Stacheln als Abwehrwaffe trägt. Während der Paarungszeit, von April bis Juni, ist das Männchen oben prächtig grün und unten leuchtend hellrot gefärbt. Aus Pflanzenteilen baut es auf dem Grund ein Nest und lockt dann ein Weibchen herbei, das seine Eier hineinlegt. Danach bewacht das Männchen die Eier und auch später die Jungfische, bis sie sich selbständig machen.

Plattfische *(Pleuronectiformes)* Die rund 600 Plattfischarten durchlaufen eine merkwürdige Entwicklung. Als Jungfische schwimmen sie wie andere Fische frei im Wasser herum. Später legen sie sich seitlich auf den Grund und verharren dort. Das zum Boden gerichtete Auge wandert allmählich hinauf zum Auge auf der anderen Körperseite. Die Färbung dieser Oberseite paßt sich dem Bodengrund täuschend echt an. Die meisten Plattfische sind Raubfische, und viele werden als Speisefische geschätzt. Die kleinsten sind kaum handgroß, die größten aber bis zu drei Meter lang. Besonders bekannt sind Seezunge, Flunder, Heilbutt und Steinbutt.

Tiefsee-Anglerfische *(Ceratioidei)* Zu den verhältnismäßig wenigen Tieren, die in Meerestiefen von bis zu 4000 Metern leben können, zählen die Tiefsee-Anglerfische. Man kennt heute etwa 120 Arten von ihnen. Die Weibchen haben auf dem Rücken eine lange, nach vorn gebogene «Angelrute» mit einem im Dunkeln leuchtenden kleinen Lappen. Er hängt direkt vor ihrem Maul und dient als Köder. Wenn sich ein neugieriger Fisch dem Köder nähert, reißt der Anglerfisch sein riesiges Maul auf und saugt die Beute ein.

Quastenflosser *(Crossopterygii)* Bei den Quastenflossern sind an der Brust und am Bauch je ein Paar Flossen so ausgebildet, daß sie sich zum «Laufen» auf dem Meeresgrund eignen. Man vermutet, daß sich aus Verwandten dieser Fische die vierbeinigen Uramphibien entwickelt haben.

Das waren salamanderähnliche Tiere, die erstmals vom Wasser auf das Land stiegen. Lange Zeit kannte man Quastenflosser nur als Fossilien, also in Form von Überresten ausgestorbener Tiere. Man glaubte, sie seien seit über 70 Millionen Jahren ausgestorben, bis 1938 vor der Küste Südostafrikas ein lebendes Exemplar gefangen wurde. Inzwischen hat man noch einige Exemplare dieser offenbar in großer Tiefe lebenden, um 1,50 Meter langen Fische gefunden.

Lungenfische *(Dipnoi)* In Südamerika, Afrika und Australien kommen die molchähnlichen, langgestreckten Lungenfische in sechs Arten vor. Wie die Quastenflosser sind sie urtümliche Fische, die aber in ihrer Entwicklung zum Landtier bereits weiter fortgeschritten sind: Sie haben lungenähnliche Organe, mit denen sie außerhalb des Wassers atmen können. Lungenfische leben in Gewässern, die zeitweise austrocknen. Sie wühlen sich dann in den Boden und umgeben sich mit einer Schlammkapsel, die eine kleine Atemöffnung hat. So können sie monatelang, ja sogar mehrere Jahre in einem schlafähnlichen Zustand überdauern. Erst wenn wieder Wasser da ist und die Kapsel aufweicht, werden sie wieder rege und suchen sich so schnell wie möglich einen Hochzeitspartner.

Linke Seite, oben: Der Clownfisch lebt in enger Partnerschaft mit giftigen Aktinien.

Mitte: Der Pinzettenfisch lebt in tropischen Korallenriffen.

Unten: Schlammspringer halten sich sehr oft auch auf schlammigem Boden an Land auf.

Diese Seite, von oben nach unten: Die Groppe ist ein Bodenfisch im Süßwasser.

Der Dreistachlige Stichling ist im Meer- und Süßwasser zu Hause.
Stachelmakrelen leben schwarmweise in den Meeren.
Plattfische schwimmen als Larven frei im Wasser und liegen später fast stets am Meeresboden.

Lurche

Lurche *(Amphibia),* auch Amphibien genannt, sind Wirbeltiere, die im Wasser und auf dem Land leben. Nur wenige der rund 2000 Arten verbringen ihr ganzes Leben in einem Element, sei es Wasser oder Land. Die meisten Arten suchen zumindest zur Fortpflanzungszeit das Wasser auf und legen dort ihre Eier, den Laich, ab. Die Larven sind noch richtige Wassertiere, die durch Kiemen atmen. Sie entwickeln sich dann zu Landtieren – mit Lungen und Gliedmaßen zur Fortbewegung. Die Lurche werden in drei Hauptgruppen aufgeteilt: Blindwühlen, Schwanzlurche und Froschlurche.

Blindwühlen *(Gymnophiona)* Die in den Tropen lebenden Blindwühlen sind augenlose, urtümliche Lurche, die etwa wie Regenwürmer aussehen. Allerdings haben sie eine Wirbelsäule mit rund 200 Wirbeln und werden zwischen 12 und 140 Zentimeter lang. Sie leben unterirdisch und wühlen nach Würmern und Insektenlarven.

Schwanzlurche *(Urodela)* Schwanzlurche haben einen eidechsenähnlichen, langgestreckten Körper mit einem langen Schwanz und vier kurzen Beinen. Sie leben vor allem in den gemäßigten Zonen der nördlichen Erdhalbkugel. Alle 230 Arten ernähren sich räuberisch von kleineren Tieren.

Riesensalamander *(Cryptobranchidae)* Die Riesensalamander sind sehr urtümliche Lurche mit einem flachen Ruderschwanz und breiten Hautsäumen an den Füßen. Sie verbringen ihr ganzes Leben im Wasser. Der amerikanische Schlammteufel wird etwa 75 Zentimeter, der Chinesische Riesensalamander gut einen Meter und der Japanische Riesensalamander, der größte Lurch der Welt, etwa 1,80 Meter lang.

Olme *(Proteidae)* Olme sind Schwanzlurche, die nicht nur als Larven, sondern ihr ganzes Leben lang büschelförmige Kiemen am Hals tragen und immer im Wasser bleiben. In Jugoslawien gibt es den etwa 30 Zentimeter langen Grottenolm, der in unterirdischen Höhlenseen lebt, völlig blind ist und eine farblose Haut hat.

Linke Seite: Der Rotaugen-Laubfrosch aus den Regenwäldern Mittelamerikas macht seine roten Augen erst nachts auf.

Rechts: Der Feuersalamander warnt mit seinen gelbschwarzen Farben vor dem Gift seiner Hautdrüsen.

Unten: Der Bergmolch geht im Frühling zur Fortpflanzung ins Wasser und erscheint dazu im farbenprächtigen Hochzeitskleid.

Ganz unten: Auch der sonst völlig unscheinbare Teichmolch zeigt sich in der Paarungszeit in einem schmucken Kleid.

Land, legen aber ihre in Gallertmasse verpackten Eier als Klumpen oder in Schnüren ins Wasser. Die durch Kiemen atmenden Larven (Kaulquappen) haben keine Beine, dafür aber einen großen, breiten Ruderschwanz.

Krallenfrösche *(Xenopus)* Die bis zu 12 Zentimeter langen afrikanischen Krallenfrösche haben auffallend große Ruderfüße an den Hinterbeinen und leben immer im Wasser. Trocknet ihr Wohngewässer aus, verkriechen sie sich im Schlamm und warten in einem schlafähnlichen Starrezustand auf die nächste Regenzeit.

Links: Die männliche Geburtshelferkröte trägt die Eier des Weibchens mit sich herum. Erst wenn die Kaulquappen zum Schlüpfen bereit sind, setzt der Vater sich ins seichte Wasser und entläßt den zappelnden Nachwuchs.

Rechts: Die Gelbbauchunke ist ein ausgesprochener Tümpelbewohner.

Molche und Salamander *(Salamandridae)*
Molche und Salamander gehören in dieselbe Familie, obwohl die Molche vor allem zur Paarungszeit flache Ruderschwänze, die Salamander dagegen immer runde Schwänze haben. Fast alle legen ihre Nachkommen, Eier oder lebende Junge, ins Wasser. Die Jungen atmen zuerst durch Kiemen und später durch Lungen wie die meisten Lurche. Eine Ausnahme ist der schwarze Alpensalamander, der außerhalb des Wassers zwei völlig entwickelte Junge zur Welt bringt. Die bekannteste europäische Art ist der 20 bis 28 Zentimeter lange, gelb-schwarz gefleckte Feuersalamander. Häufige Arten sind auch Bergmolch, Teichmolch und Kammolch.

Froschlurche *(Anura)*
Alle Froschlurche, von den käfergroßen Zwergformen bis zu dem rund 40 Zentimeter langen Goliathfrosch, haben die typische Froschform: einen schwanzlosen Körper und lange, kräftige Hinterbeine. Die meisten leben vorwiegend an

Wabenkröte *(Pipa)* Die interessante, bis 20 Zentimeter lange Wabenkröte lebt in Gewässern Südamerikas. Das Weibchen verteilt seine Eier auf dem eigenen Rücken, wo sie in die Haut einwachsen. In den so entstehenden Hautzellen (Waben) entwickeln sich die Eier und die Larven. Nach drei Monaten schlüpfen die fertigen kleinen Krötchen aus der Haut der Mutter.

Geburtshelferkröten *(Alytes obstetricans)*
Die höchstens fünf Zentimeter lange westeuropäische Geburtshelferkröte, die wegen ihres hellklingenden Rufes auch Glockenfrosch oder Abendglöcklein heißt, hat ein bemerkenswertes Fortpflanzungsverhalten. Bei der Paarung wikkelt sich das Männchen den Laich wie eine Perlenschnur um die Oberschenkel der Hinterbeine und trägt ihn mit sich herum. Wenn die Kaulquappen zum Schlüpfen reif sind, setzt sich der Vater in seichtes Wasser, wo die Jungen aus den Eihüllen zappeln, um dann selbständig davonzuschwimmen.

Unken *(Bombina)* Die über Europa und Asien verbreiteten Unken sind ausgesprochene Wasserbewohner. In ihrer warzigen Haut befinden sich Drüsen, die einen stark giftigen Schleim absondern. Die Oberseite ist unscheinbar graubraun, die Unterseite trägt auffallende Warnfarben. Bei Gefahr werden diese dem Feind in einer besonderen Schreckstellung gezeigt. In Europa kommen die Gelbbauch- und die Rotbauchunke vor.

Pfeilgiftfrösche *(Dendrobatidae)* Man nennt sie auch Baumsteiger- oder Färberfrösche. Einige Dutzend Arten kleiner, nur 15 bis 45 Millimeter langer Frösche aus Süd- und Mittelamerika gehören zu den farbenprächtigsten und interessantesten Lurchen der Welt. Wie die meisten anderen Lurche, produzieren sie in ihren Hautdrüsen Gifte. Doch bei den Pfeilgiftfröschen sind diese besonders wirksam! Das Gift brauchen sie nicht zum Beutefang wie die Giftschlangen, sondern nur als Abwehrwaffe gegen froschfressende Tiere. Um die Feinde vor den Giften zu warnen und damit es gar nicht erst zu einem Angriff kommt, tragen die meisten Arten grelle Warnfarben in den verschiedensten Variationen. Schon seit langem benutzen Urwaldindianer neben Pflanzengiften (Curare) auch das Gift solcher Frösche zum Präparieren ihrer Pfeilspitzen. Wird ein Affe von einem vergifteten Blasrohrpfeil getroffen, ist er augenblicklich gelähmt, stürzt vom Baum und ist oft schon tot, bevor er am Boden ankommt. Allerdings sind die Gifte nicht bei allen Fröschen gleich stark.

Rechts: Einer der erstaunlichsten und seltensten Pfeilgiftfrösche ist der Azurblaue Giftfrosch aus Surinam, Südamerika.

Unten: Ein Erdbeerfröschchen aus Costa Rica, Zentralamerika.

Besonders interessant ist auch die Brutpflege der Pfeilgiftfrösche. Bei manchen Arten legt das Weibchen während der Paarung etwa 10 bis 20 Eier an eine schattige Bodenstelle, und das Männchen befruchtet sie. Danach bewacht das Männchen die Eier allein. Nach dem Schlüpfen kriechen die Kaulquappen auf den Rücken des

Links: Der giftigste von allen ist der Schreckliche Pfeilgiftfrosch aus Kolumbien, Südamerika.

Rechts: Das Männchen des Gestreiften Pfeilgiftfrosches aus Costa Rica bei der Brutpflege: Es trägt seine Kaulquappen auf dem Rücken.

Vaters, wo sie von einem klebrigen Schleim festgehalten werden. Einige Stunden oder Tage später setzt der Vater sie in einem Gewässer ab, und dort entwickeln sie sich weiter. Bei gewissen baumbewohnenden Arten legt das Weibchen die Eier einzeln in die mit Regenwasser gefüllten Kelche von Bromelienpflanzen. Wenn die Kaulquappen geschlüpft sind, legt das Weibchen jeden Tag ein weiteres Ei zu jeder Kaulquappe. Diese nachträglich gelegten Eier dienen den Kaulquappen dann als Nahrung – eine wohl einzigartige Methode, die Jungen zu ernähren!

Echte Frösche *(Ranidae)* Alle Froschlurche – und das sind immerhin etwa 3000 Arten – bezeichnen wir als Frösche oder Kröten. Dabei gehören sie zu 18 verschiedenen Familien, die kaum oder gar nicht miteinander verwandt sind. Zur Familie der eigentlichen oder Echten Frösche zählen die bekanntesten Arten: jene, die du in Wiesen findest und die schon kleinen Kindern in Bilderbüchern begegnen. Außer in den kalten Polargebieten und in Neuseeland sind die Echten Frösche fast auf der ganzen Welt verbreitet.

Wasserfrosch *(Rana esculenta)* Die Sänger, die fast in ganz Europa an Teichen und Seen ihre Quakkonzerte geben und mit lautem «Platsch» ins Wasser springen, wenn du in die Nähe kommst, sind Wasserfrösche. Die Forscher streiten sich seit langem darüber, ob in Europa eine, zwei oder drei Arten vorkommen. In

Ganz oben: Bei alt und jung bekannt ist der grüne europäische Wasserfrosch.

Oben: Das Grasfrosch-Weibchen legt einige tausend Eier in einem schleimigen Klumpen.

Rechts: So entwickeln sich die meisten Frösche aus dem Ei über die Kaulquappe mit einem Ruderschwanz bis zum fertigen Fröschchen.

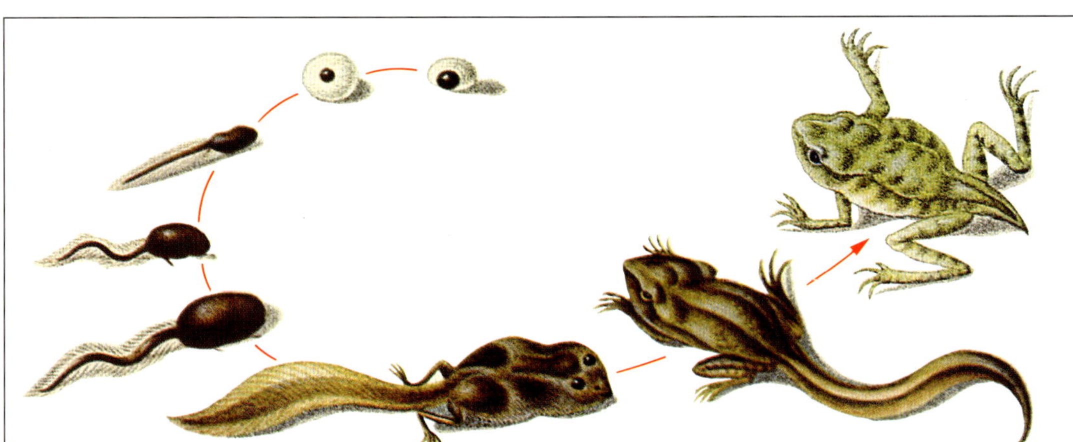

den meisten zoologischen Büchern werden drei Arten beschrieben: Wasserfrosch, Seefrosch und der kleinere Tümpelfrosch. Nun hat man aber herausgefunden, daß der Seefrosch und der Tümpelfrosch zwei echte Arten sind, während der bekannteste von allen, der Wasserfrosch, in Wirklichkeit gar keine richtige Art ist. Er ist eine Kreuzung aus See- und Tümpelfrosch.
Die Wasserfrösche halten im Schlamm ihres Wohngewässers oder in der Erde am Ufer eine Art Winterruhe (Kältestarre). Im April kommen sie wieder hervor, und Anfang Mai beginnen die Männchen nach den stummen Weibchen zu rufen. Das Quaken ist durch zwei kirschgroße, weiße Schallblasen an den Halsseiten weithin hörbar. Bei der Paarung legt das Weibchen mehrere tausend Eier ab, die von einer durchsichtigen, schleimigen Massc umgeben sind.
Aus den Eiern schlüpfen kleine Kaulquappen, die sich – je nach Temperatur – in zwei bis drei Monaten zu fertigen kleinen Fröschchen entwickeln.

Grasfrosch *(Rana temporaria)* Der Grasfrosch ist zwar der häufigste Froschlurch Europas, aber weit weniger bekannt als der Wasserfrosch. Er lebt sehr versteckt und ist bräunlich gefärbt; daher wird er oft mit Kröten verwechselt. Schon gegen Anfang März erscheinen die Grasfrösche an ihrem Laichgewässer, obwohl es manchmal noch stellenweise zugefroren ist. Die großen Laichklumpen, die du im März in Weihern finden kannst, stammen von ihnen. Interessant ist, daß die Grasfrösche eine besonders exakte «innere Jahresuhr» haben: Frösche einer Gegend erwachen praktisch gleichzeitig aus der Winterruhe, und oft legen alle Weibchen eines Weihers in einer Nacht die Eier ab.

Moorfrosch *(Rana arvalis)* Dieser Frosch gleicht dem Grasfrosch und ist ebenfalls weit über Europa verbreitet. Allerdings ist er kleiner, hat einen spitzeren Kopf und ein helles Längs-

Oben: Das nur etwa 2 Zentimeter große Goldfröschchen aus Madagaskar ist für viele Lurch-Freunde der schönste Frosch der Welt.

Rechts: Riedfrösche sehen ähnlich aus wie Laubfrösche. Sie kommen in Afrika in besonders vielen Arten und Farbvarianten vor.

band auf dem Rücken. Er ist zudem viel seltener und lebt hauptsächlich in Moorgebieten und Feuchtwiesen.

Springfrosch *(Rana dalmatina)* Ausgesprochen schlank und langbeinig ist der recht seltene bräunliche Springfrosch, der seinem Namen alle Ehre macht: Auf der Flucht macht er über zwei Meter lange Sprünge!

Ochsenfrosch *(Rana catesbeiana)* Der bis zu 20 Zentimeter lange und 600 Gramm schwere Ochsenfrosch lebt an Gewässern im östlichen Nordamerika. Sein weithin hörbarer Ruf dröhnt wie das ferne Brüllen eines Ochsen. In seinem riesigen Maul verschwinden alle möglichen kleineren Tiere, sogar Entenküken!

Leopardfrosch *(Rana pipiens)* Ebenfalls an nordamerikanischen Gewässern lebt der bis zu neun Zentimeter große Leopardfrosch, dessen grüne Haut eine schöne dunkle Leopardenzeichnung trägt. Der ausgezeichnete Springer schafft mit einem Sprung das 13fache seiner Körperlänge.

Goliathfrosch *(Gigantorana goliath)* Der Goliathfrosch ist mit fast 40 Zentimetern Körperlänge der wohl größte Froschlurch der Welt. Er lebt an westafrikanischen Flüssen mit tiefen Wasserlöchern, in die er sich beim geringsten Anzeichen einer Gefahr zurückzieht.

Ruderfrösche *(Rhacophoridae)* Die Ruderfrösche sind oft sehr schön gefärbte Busch- und Baumbewohner in Afrika, Madagaskar und Asien. Sie ähneln den Laubfröschen und haben wie diese Haftscheiben an den Zehenspitzen, mit denen sie ausgezeichnet klettern können. Die Paarung findet meistens auf einem Pflanzenblatt über dem Wasser statt. Dabei scheidet das Weibchen eine schleimige Flüssigkeit aus, die es mit den Hinterbeinen zu Schaum schlägt. In dieses «Schaumnest» legt es die Eier, die anschließend vom Männchen befruchtet werden. Später zappeln sich die Kaulquappen aus dem Schaum heraus und fallen ins Wasser.
Zu den Ruderfröschen gehört auch der asiatische Flugfrosch. Er hat zwischen den Zehen

sehr große Schwimmhäute, die ihm bei seinen Sprüngen in den Bäumen als «Fallschirme» dienen.

Goldfröschchen *(Mantella aurantiaca)* Die nur 20 bis 25 Millimeter großen Goldfröschchen sind Bodenbewohner in den Buschgebieten von Madagaskar, wo sie in zwei Arten vorkommen. Sie gehören zu den schönsten Fröschen. Das eigentliche Goldfröschchen ist leuchtend goldgelb oder rot gefärbt, das bunte Goldfröschchen hat auf schwarzem Grund große grüne und gelbe Flecken. Goldfröschchen legen ihre Eier an schattigen Plätzen in der Nähe von Gewässern. Die ausgeschlüpften Kaulquappen schwänzeln selbst zum Wasser und entwickeln sich dort weiter.

Oben: Ein Männchen der seltenen Kreuzkröte versucht rufend ein Weibchen anzulocken. Durch die riesige Schallblase sind seine Rufe weithin hörbar.

Oben rechts: Ein australischer Wasserfallfrosch.

Links: Weil immer mehr Feuchtgebiete zerstört werden, wird auch der europäische Laubfrosch immer seltener.

Linke Seite: Bis zu 13 Zentimeter lang wird die Erdkröte, unser größter europäischer Froschlurch.

Engmaulfrösche *(Microhylidae)* Die Engmaulfrösche, vor allem in den Tropen verbreitet, haben ein auffallend kleines Maul und einen meist zugespitzten Kopf. Sie ernähren sich hauptsächlich von Ameisen und Termiten und leben manchmal direkt in deren Bauten.

Echte Kröten *(Bufonidae)* Die Echten Kröten sind mit etwa 250 Arten auf allen Erdteilen zu Hause. Sie haben eine für sie typische plumpe Gestalt, meistens sehr schöne goldfarbene Augen und bewegen sich eher schreitend als springend vorwärts. Ihre warzige Haut enthält Giftdrüsen, deren Schleim sie vor Feinden schützt. Sie sind vorwiegend nachtaktive Landbewohner, die nur zur Eiablage in oft weiten Wanderungen zielbewußt ihre Laichgewässer aufsuchen.

Erdkröte *(Bufo bufo)* Weibliche Erdkröten werden 13, in Südeuropa sogar bis zu 20 Zentimeter lang. Die Männchen sind – wie bei den meisten Froschlurchen – etwas kleiner. Sie sind über ganz Europa, Nordafrika und Teile von Asien verbreitet. Schon im März kommen bei uns die Erdkröten aus ihren Winterverstekken, wandern zu den Laichgewässern und legen dort bis zu 7000 Eier in langen Schnüren ab. Sie können 40 Jahre alt werden.

Kreuzkröte *(Bufo calamita)* Die bräunlich-grüne und bis zu acht Zentimeter lange Kreuzkröte in West- und Mitteleuropa hat als deutliches Kennzeichen einen gelblichen Strich auf ihrem Rücken. Bei Gefahr scheidet sie einen nach Zwiebeln riechenden, giftigen Drüsensaft aus. Sie liebt sandige Böden, wie zum Beispiel verlassene Kiesgruben, und ist viel seltener als die Erdkröte.

Wechselkröte *(Bufo viridis)* Wie eine grüne Landkarte wirkt das abwechslungsreiche Fleckenmuster der hellgrauen Wechselkröte, die bis zu 10 Zentimeter lang wird. Sie kommt von Nordafrika bis Süd- und Mitteleuropa vor und lebt in offenen, für Lurche eigentlich recht trockenen Landschaften. In der Paarungszeit hört man nachts ihren trillernden Ruf. Auch diese Krötenart ist leider recht selten geworden.

Amerikanische Kröte *(Bufo americanus)* Die Amerikanische Kröte gleicht unserer Erdkröte, hat aber eine hohe, trillernde Stimme. Ihre Kaulquappen sind so giftig, daß sie zwar von räuberischen Wasserinsekten (denen das Gift nichts ausmacht), nicht aber von Fischen gefressen werden. Diese Krötenart lebt im Osten von Nordamerika, während man im Westen die recht ähnlichen Präriekröten findet.

Aga *(Bufo marinus)* Die manchmal über 20 Zentimeter lange Aga oder Riesenkröte war ursprünglich nur in Süd- und Mittelamerika verbreitet. Doch als unersättlichen Insektenvertilger hat man sie in vielen Gegenden der Welt angesiedelt, vor allem dort, wo Zuckerrohr angebaut wird. An einigen Orten allerdings, zum Beispiel in Australien, bekämpft sie nicht nur die Pflanzenschädlinge, sondern verzehrt auch nützliche Tiere wie andere, kleinere Lurche. Das Weibchen legt etwa 35000 Eier im Jahr, die ebenso giftig sind wie die Kaulquappen. Die Aga hat daher nur wenige natürliche Feinde und kann sich an manchen Orten fast ungehindert vermehren.

Laubfrösche *(Hylidae)* Den etwa fünf Zentimeter großen, europäischen Laubfrosch kennst du bestimmt, obwohl er in vielen Gebieten sehr selten geworden ist. Er ist hellgrün, kann sich aber auch grau oder braun verfärben. An seinen Zehenspitzen befinden sich Haftscheiben zum Klettern. Er lebt in Buschgebieten oder im Schilf ruhiger Gewässer. Das Weibchen legt zwischen April und Juni etwa 1000 Eier in kleinen Klumpen ins Wasser. Anfang August verwandeln sich die Kaulquappen in Fröschchen und steigen an Land. Weltweit kennt man etwa 250 Laubfroscharten. Die meisten leben in Südamerika und Australien. Besonders interessant sind die Beutelfrösche in Süd- und Mittelamerika. Die Weibchen haben auf dem Rücken einen Hautbeutel, in dem sich die Eier und Kaulquappen entwickeln. Diese sogenannte Brutpflege betreiben auch die Schüsselrücken-Laubfrösche. Sie haben auf dem Rücken eine Vertiefung, in der sich die Eier entwickeln.
Erstaunlicherweise kommen im tropischen Afrika und in Indien sowie im größten Teil Südasiens keine Laubfrösche vor. Stattdessen findet man dort die sehr ähnlichen, aber nicht näher verwandten Ruderfrösche, die ebenfalls meist auf Bäumen und Büschen leben.

Grillenfrösche *(Acris)* Die nur etwa 35 Millimeter langen Grillen- oder Heuschreckenfrösche leben im Südosten von Nordamerika. Beide Namen treffen zu, denn die Fröschchen haben einen schrill zirpenden Ruf, den man auch aus weiter Ferne oft stundenlang hören kann. Außerdem können sie gewaltig springen: Mit einem Satz erreichen sie etwa das 35fache ihrer Körperlänge! Ihre warzige Haut ist grün mit braunen Flecken. Bei Gefahr flüchten sie sich blitzartig ins Wasser.

Chorfrösche *(Pseudacris)* Ebenfalls in Nordamerika leben die sechs Arten der nur 25 bis 35 Millimeter großen Chorfrösche. Sie haben wie die Laubfrösche Haftscheiben an den Zehen und klettern gern. Im Frühling stoßen die Männchen unermüdlich im «Chor» ihre pfeifenden Lockrufe aus. Froschspezialisten unterscheiden die Rufe der verschiedenen Froscharten ebenso wie Vogelkenner die Vogelstimmen!

Hornfrösche *(Ceratophrys)* Die südamerikanischen Hornfrösche tragen über den Augen hörnerähnliche Hautzipfel, die ihnen auch den Namen gaben. Sie sind zwischen 10 und 20 Zentimeter groß, und ihre prächtigen grünbraunen Farbmuster wirken, aus der Nähe betrachtet, oft sehr auffallend. Dabei sind sie in ihrem natürlichen Lebensraum ausgezeichnet getarnt: Oft sitzen sie stundenlang bis zum Kopf eingegraben in Laub oder niedrigem Gras und warten auf Beute. Nähert sich ein ahnungsloses Tier, wird es mit dem riesigen Maul blitzschnell geschnappt. Selbst große Tiere und Menschen

Der Zipfelfrosch (rechts) lebt im Bodenlaub der südostasiatischen Regenwälder. Wenn er regungslos dasitzt, ist er dank seiner Tarnung praktisch unsichtbar.

Ebenfalls vorzüglich getarnt lauert der südamerikanische Schmuckhornfrosch (unten) auf Beute: eine lebende Falle!

Linke Seite: Der australische Wasserreservoirfrosch füllt seinen Körper vor der Trockenzeit mit einem Wasservorrat, vergräbt sich im Boden und kann so bis zur nächsten Regenzeit monatelang überleben.

werden gelegentlich angegriffen und schmerzhaft gebissen.

Nasenfrösche *(Rhinoderma darwinii)* Der bis zu drei Zentimeter große Nasenfrosch lebt in Südargentinien und Chile und hat eine zipfelartig verlängerte Nase. Sein Brutverhalten ist einmalig: Bei der Paarung versammeln sich einige Männchen um ein Weibchen, das bis zu 30 Eier legt. Jedes Männchen nimmt nun einige Eier ins Maul und verstaut sie in einem Kehlsack, wo sie sich entwickeln. Auch die Kaulquappen bleiben im Maul, und erst die fertigen Fröschchen werden ins Freie entlassen.

Wasserreservoirfrosch *(Cyclorana platycephalus)* Verschiedene Froscharten legen sich am Ende von Regenzeiten einen Wasservorrat im Körper an, verkriechen sich und überdauern so die Trockenzeiten. Besonders berühmt dafür ist der australische Wasserreservoirfrosch, der sich mit Wasser vollpumpt, bis er fast so rund ist wie ein Tennisball. Dann versteckt er sich im Schlamm. Die Aborigines, die australischen Ureinwohner, stochern manchmal mit dünnen Ruten im Schlamm nach diesen Fröschen, die sie dann «austrinken» und auch verspeisen.

Schildkrötenfrosch *(Myobatrachus gouldii)* Der nur etwa 3,5 Zentimeter lange Schildkrötenfrosch ist außerordentlich rund und gedrungen gebaut. Schaut man ihn von oben an, sieht man seine kurzen Beine nur gerade wie bei einer Schildkröte unter dem Körper hervorgucken. Diese Froschart kommt nur in Südwestaustralien vor und lebt unterirdisch in sandigem Boden, oft weit vom nächsten Wasser entfernt. Offenbar werden die Eier in den Sand gelegt, wo sich die Larven ohne Wasser entwickeln. Aus den Eiern schlüpfen dann fertige kleine Fröschchen.

Kriechtiere

Von den Kriechtieren oder Reptilien *(Reptilia)* gibt es heute noch rund 6000 verschiedene Arten. Im Vergleich zum Artenreichtum ihrer Vorfahren, die vor 200 Millionen Jahren die Erde beherrschten, ist dies nur noch ein kläglicher Überrest. Heute unterscheidet man noch vier Hauptgruppen oder Ordnungen: Schildkröten mit rund 200 Arten und die Schuppenkriechtiere, zu denen gut 2700 Schlangen- und etwa 3000 Echsenarten gehören sowie Krokodile und Brückenechsen.

Anders als die «feuchten» Lurche haben die Kriechtiere eine trockene, mit festen Schuppen oder Hornschilden bedeckte Haut, die den Körper gut vor Verdunstung schützt. Sie können daher auch in sehr trockenen Gebieten überleben. Ihre Eier müssen sie nicht ins Wasser legen, weil diese durch harte oder weiche Schalen geschützt sind, oder weil die Jungen lebend zur Welt gebracht werden. Außerdem enthalten die Eier viel Dotter, der die Jungen im Ei ernährt und wachsen läßt. Sie brauchen also kein Larvenstadium durchzumachen wie die Lurche, sondern schlüpfen als fertige kleine Reptilien.

Wie die Lurche sind auch die Reptilien wechselwarme Tiere, die ihre Körpertemperatur nicht selbst erzeugen können wie die warmblütigen Vögel und Säugetiere. Ihre Körperwärme paßt sich der Außentemperatur an. In kalten Gebieten können Kriechtiere nicht lange überleben. Wenn die Temperatur auf etwa 15 Grad sinkt, werden die Tiere träge, bewegen sich nur noch langsam und müssen geschützte Verstecke aufsuchen. Bei etwa acht Grad geraten sie in einen schlafähnlichen Starrezustand. Bei Temperaturen unter Null erfrieren Reptilien – abgesehen von ganz wenigen Ausnahmen, die in «tiefgefrorenem» Zustand überwintern können. Aus diesem Grund sind die Reptilien vor allem in den Tropen verbreitet. So kommen zum Beispiel in Deutschland nur acht, in Indien dagegen rund 320 Schlangenarten vor.

Zu den kleinsten Reptilien gehören einige Gekkos und Chamäleons, die nur wenige Zentimeter lang werden. Die wirklich riesigen Reptilien, die großen Saurier, sind längst ausgestorben. Aber es gibt auch heute noch einige beachtliche Exemplare. Zwei Riesenschlangenarten werden etwa zehn Meter, einige Krokodile über sieben Meter lang. Riesenschildkröten können bis zu 300 Kilogramm, die im Meer lebende Lederschildkröte bis 600 Kilogramm schwer werden.

Linke Seite: Wenn es sein muß, wird sie zur «Giftspritze»: Die afrikanische Speikobra kann nämlich gefährlich zubeißen und spucken!

Ganz oben: Die europäische Sumpfschildkröte, früher in Gewässern Mittel- und Südeuropas verbreitet, ist heute fast verschwunden.

Oben: Die hübsche nordamerikanische Rotwangen-Schmuckschildkröte wird in Massen für den Tierhandel gezüchtet.

Schildkröten *(Testudines)*

Die Schildkröten sind die urtümlichsten Reptilien. Jede der etwa 200 Schildkrötenarten kannst du sofort am Panzer erkennen, der innen aus Knochenplatten besteht und außen mit Hornschilden oder manchmal auch mit einer lederartigen Haut überzogen ist. Jeder Panzer hat eine meist flache Bauchplatte, die mit einem mehr oder weniger stark gewölbten Rückenpanzer verbunden ist. Schildkröten haben keine Zähne, sondern scharfe Hornkanten an den Kiefern. Es gibt Land-, Süßwasser- und Meeresschildkröten. Die landbewohnenden Arten sind meist Pflanzenfresser, während die Wasserschildkröten hauptsächlich räuberisch leben. Alle Schildkröten legen Eier, die sie an Land im Boden vergraben und dann sich selbst überlassen. Die wenigen Arten, die in gemäßigten Zonen leben, vergraben sich im Herbst zur Winterruhe.

Alligatorschildkröten *(Chelydridae)* Zu ihnen gehören die bis zu 40 Zentimeter lange eigentliche Schnappschildkröte und die bis etwa 75 Zentimeter lange, eng verwandte Geierschildkröte, die in Flüssen und Seen von Nord- und Mittelamerika leben. Sie schwimmen kaum, sondern lauern auf dem Grund auf Beute. Die kleinere Schnappschildkröte ist ein sehr angriffslustiges Tier, das mit seinen kräftigen, scharfen Kiefern nicht nur Fische, Schlangen und Wasservögel packt, sondern auch badende Menschen schnappt und dabei manchmal sogar Zehen abbeißt. Die Geierschildkröte hat in ihrem Oberkiefer einen Haken, der an einen Geierschnabel erinnert. Sie lauert mit einem besonderen Trick auf Beute: Ein rotes, wurmähnliches Anhängsel auf ihrer dunklen Zunge lockt Fische an, die dann von der mit offenem Maul am Boden liegenden Jägerin gepackt werden.

Schlammschildkröten *(Kinosternidae)* Ähnlich wie die Schnappschildkröten leben die eher kleinen Schlammschildkröten vorwiegend am Grund stiller Gewässer in Nord-, Mittel- und Südamerika. Sie ernähren sich hauptsächlich von verschiedenen Kleintieren.

Großkopfschildkröte *(Platysternidae)* Die Großkopfschildkröte hat einen riesigen, mit Hornplatten gepanzerten Kopf und starke Kiefer, die an einen Papageienschnabel erinnern. Damit knackt sie mühelos Muscheln, Schnecken und andere hartschalige Tiere. Sie lebt in Südostasien und hält sich gern in kühlen Bergbächen auf: für die wärmeliebenden Schildkröten ein ganz ungewöhnlicher Lebensraum!

Mit Hilfe ihres Hakenschnabels und den sehr langen Krallen an den Füßen können die «Großköpfe» ausgezeichnet klettern. Manchmal sollen sie sogar auf Bäume steigen.

Sumpfschildkröten *(Emydidae)* Weit über die Hälfte aller Schildkrötenarten gehört zur Familie der Sumpfschildkröten. Die meisten Arten leben im südlichen Nordamerika und in Mittelamerika. Die bis 30 Zentimeter lange Europäische Sumpfschildkröte ist die einzige Süßwasserart in Mitteleuropa. Sie war früher auch bei uns recht zahlreich. Weil sie überall zum Essen gefangen wurde und ihr Lebensraum mehr und mehr zerstört wird, ist sie heute an vielen Orten ausgestorben.
Mit zu den Sumpfschildkröten gehören auch die amerikanischen Schmuckschildkröten. Ihre schönen grünen Jungtiere mit den roten Wangenstreifen kommen oft in Massen in die Tier-

handlungen, und fast alle von ihnen sterben nach kurzer Zeit, weil sie falsch gehalten werden.
Ebenfalls bemerkenswerte Sumpfschildkröten sind die amerikanischen Dosenschildkröten. Sie haben am Bauchpanzer ein zweiteiliges Gelenk. Dieses Scharnier können sie hochklappen und so die Panzeröffnungen vorn und hinten dicht verschließen.

Landschildkröten *(Testudinidae)* Mit etwa 40 Arten sind auch die Landschildkröten eine besonders artenreiche Familie. Außer in Australien leben sie in allen wärmeren Gebieten der Welt. Sie haben einen hochgewölbten Panzer, der bei einigen Arten mit Scharnieren zum Verschließen versehen ist (Gelenkschildkröten). Sie leben vorwiegend von Pflanzen; die Jungtiere fressen aber auch gern kleine Tiere.
Die Landschildkröten sind leider stark von der Ausrottung bedroht. Deshalb stehen heute alle Arten unter internationalem Schutz und dürfen nicht mehr gehandelt oder als Haustiere gehalten werden.
Auch die Galapagos-Riesenschildkröte und die Seychellen-Riesenschildkröte gehören zu den Landschildkröten. Sie werden zwischen 1,20 und 1,50 Meter groß und über 300 Kilogramm

schwer. Beide Arten können wahrscheinlich über 200 Jahre alt, also älter als alle anderen Tiere werden.

Lederschildkröten *(Dermochelydidae)* Mit bis zu 2,30 Metern Länge und 600 Kilogramm Gewicht ist die Lederschildkröte weitaus die größte Schildkröte. Sie lebt vor allem in wärmeren Meeren und schwimmt ausgezeichnet. Ihre Vorderbeine dienen dabei als Ruder und haben

Oben: Die Sattelrückenschildkröte auf der Insel Española ist eine Unterart der Galapagos-Riesenschildkröte und gehört zu den seltensten Schildkröten der Welt.

Links: Eine Seychellen-Riesenschildkröte. Rechts: Eine Galapagos-Riesenschildkröte beim Schlüpfen.

Linke Seite: Die südamerikanischen Waldschildkröten (oben) sind ausgesprochene Landbewohner, ebenso wie die Griechischen Landschildkröten (Mitte), die unser Bild bei der Paarung zeigt.

Brückenechsen *(Sphenodontidae)* Eigentlich sieht so eine Brückenechse nicht sehr auffällig aus. Sie wird etwa 65 Zentimeter lang, ist graubraun gefärbt und ziemlich plump gebaut. Außerdem hat sie einen stacheligen Rückenkamm, ähnlich wie manche Leguane oder andere Echsen. Und dennoch ist sie etwas ganz Besonderes: ein «lebendes Fossil»! Sie gehört nämlich zu einer Reptiliengruppe, die vor 200 Millionen Jahren in vielen Arten auf der Erde verbreitet war, aber – genau wie die Dinosaurier – längst ausgestorben ist. Mit einer einzigen Ausnahme! Die Brückenechse hat nicht nur

eine Spannweite von bis zu drei Metern. Der flache Panzer ist mit einer glatten, lederartigen Haut bedeckt. Die selten gewordenen Tiere leben von Fischen und anderen Meerestieren, manche auch von Wasserpflanzen.

Meeresschildkröten *(Cheloniidae)* Von den Meeresschildkröten kennt man vier Arten. Sie haben einen flachen Hornpanzer und sehr große Ruderfüße und ernähren sich von Tieren und Pflanzen. Vor allem, wenn sie zur Eiablage an die Strände kommen, werden sie wegen ihres Fleisches, der Eier und des Hornpanzers rücksichtslos getötet. Deshalb sind sie heute vom Aussterben bedroht.

Weichschildkröten *(Trionychidae)* Die in Nordamerika, Afrika und Asien verbreiteten Weichschildkröten haben sich dem Leben im Süßwasser angepaßt. Ihr sehr flacher Panzer ist mit einer dicken lederartigen Haut überzogen, und die Schnauze ist schnorchelartig verlängert. Sie sind geschickte Schwimmer und machen Jagd auf verschiedenste Tiere. Je nach Art werden sie etwa 40 bis 75 Zentimeter groß.

Schlangenhalsschildkröten *(Chelidae)* Die Schlangenhalsschildkröten gibt es in Südamerika, Australien und Neuguinea. Sie leben ebenfalls im Süßwasser und erbeuten mit Vorliebe kleine Tiere, indem sie den eingezogenen Hals blitzartig vorschnellen. Bei den typischen Arten sind Hals und Kopf länger als der ganze Panzer, der bis zu 25 Zentimeter lang wird. Es gibt aber auch kurzhalsige Arten.

Oben: Die Suppenschildkröte endete früher tatsächlich meist in Suppen! Obwohl sie heute unter Schutz steht, ist sie weiterhin gefährdet. Rechts legt ein Weibchen seine Eier in ein tiefes Sandloch.

Unten: Die australische Schlangenhals-Schildkröte.

Rechte Seite, oben: Die neuseeländischen Eingeborenen nennen sie Tuatara, das bedeutet «Stachelträger». Die Brückenechse ist seit 200 Millionen Jahren auf der Erde verbreitet. Ein echter «Oldtimer»!

Rechte Seite, unten: Das afrikanische Nilkrokodil ist in den meisten Gegenden selten geworden.

überlebt, sie hat sich auch seit 200 Millionen Jahren kaum verändert. Das weiß man durch versteinerte Überreste, die aus jener Zeit gefunden wurden.
Die Brückenechse hat große Augen mit senkrechten Schlitzpupillen wie eine Katze. Daran erkennt man, daß sie vor allem nachts aktiv ist. Sie lebt heute nur noch auf einigen kleinen Inseln bei Neuseeland. Auf den zwei großen neuseeländischen Hauptinseln ist sie ausgestorben. Wahrscheinlich wurde sie durch Katzen, Hunde, Ratten und andere Säugetiere ausgerottet, die weiße Siedler eingeführt hatten. Während sich die meisten anderen Kriechtiere bei Temperaturen zwischen 25 und 38 Grad am wohlsten fühlen, mag die Brückenechse etwa 12 Grad am liebsten. Sie erträgt damit mehr Kälte als jedes andere Reptil. Ihre rund 15 Eier vergräbt sie im Boden, wo diese etwa 14 Monate brauchen, um sich bei dem kühlen Klima zu entwickeln. Es dauert also länger als bei allen anderen Reptilieneiern. Auch die Jungen entwickeln sich sehr langsam und werden wahrscheinlich erst mit etwa 20 Jahren geschlechtsreif. Sie können vermutlich über siebzig Jahre alt werden.

Krokodile *(Crocodylia)*
Jede der 21 Krokodilarten kannst du sofort als Krokodil erkennen, sei es nun ein nur 1,25 Meter langer Glattstirnkaiman, ein sechs Meter langer Mississippi-Alligator oder ein sieben Meter langes Nilkrokodil. Typisch für alle ist die echsenartige Gestalt, der langgezogene Kopf mit dem zähnestarrenden Maul, der kräftige Ruderschwanz und der mit großen Hornschilden gepanzerte Körper. Man nennt sie deswegen auch Panzerechsen. Auch die Krokodile sind sehr urtümliche Kriechtiere, die sich seit Millionen von Jahren nur wenig verändert haben. Sie schwimmen und tauchen vorzüglich. Manche können

über eine Stunde lang unter Wasser bleiben, ohne zu atmen. An Land kriechen sie gern gemächlich umher; sie können aber auch hochbeinig schreiten und, wenn es sein muß, über kürzere Entfernungen erstaunlich schnell galoppieren. Mit Vorliebe bewohnen sie ruhige Süßgewässer und deren Ufer. Doch das Leistenkrokodil bevorzugt salziges Flußwasser in der Nähe der Mündung zum Meer (Brackwasser). Manchmal schwimmt es sogar aufs Meer hinaus. Krokodile legen Eier mit harten Schalen. Manche Arten vergraben sie einfach im Ufersand und kümmern sich nicht weiter darum, andere legen Bruthügel aus Sand und Pflanzenteilen an und bewachen sie.

Junge Krokodile ernähren sich hauptsächlich von Würmern, Insekten, Lurchen und kleinen Fischen. Später werden Fische die Hauptnahrung. Erwachsene Krokodile fangen auch Wasservögel und Säugetiere, die zum Trinken ans Wasser kommen. Die größten Arten wagen sich ohne weiteres auch an Antilopen, Hirsche, Rinder und gelegentlich sogar an Menschen heran. Vor allem dem mächtigen Leistenkrokodil, das von Südindien bis zu den Fidschi-Inseln verbreitet ist, und dem afrikanischen Nilkrokodil fallen jedes Jahr einige Menschen zum Opfer. Das ist aber nur ein Grund, weshalb Krokodile fast überall rücksichtslos verfolgt werden. Der weit wichtigere Grund ist die Krokodilhaut, die für die Herstellung von Taschen und anderen Luxuslederwaren begehrt ist. Alle Krokodilarten sind daher in weiten Gebieten fast ausgerottet und können nur überleben, wenn sie streng geschützt werden.

Rechts siehst du den Kopf eines Alligators, bei dem die Zähne alle etwa gleich groß sind. Die echten Krokodile (darunter) haben eine schmalere, längere Schnauze und unterschiedlich lange Zähne.

Unten: Das Leistenkrokodil gilt als das gefährlichste Krokodil der Welt.

Ganz unten: Dieses versteinerte Krokodil ist etwa 50 Millionen Jahre alt.

Echte Krokodile *(Crocodylidae)* In der Kreidezeit – also vor 136 bis 65 Millionen Jahren – gab es bereits zahlreiche Echte Krokodile, von denen einige bis zu 15 Meter lang wurden. Heute unterscheidet man noch 11 Echte Krokodilarten. Vier davon können über sieben Meter lang werden: das südamerikanische Orinokokrokodil, das von Florida bis weit nach Südamerika verbreitete Spitzkrokodil, das afrikanische Nilkrokodil und das Leistenkrokodil. Bis zu fünf Meter lang wird das indische Sumpfkrokodil. Kleiner und für den Menschen harmlos sind das Neuguineakrokodil und das Australienkrokodil, die beide bis zu drei Meter groß werden sowie das mittelamerikanische Beulenkrokodil mit einer Körperlänge von bis zu 2,50 Metern.

Alligatoren und Kaimane *(Alligatoridae)*
Der größte und bekannteste Alligator ist der nordamerikanische Mississippi-Alligator, der etwa sechs Meter lang werden kann. Er ist aber in weiten Gebieten ausgerottet, und heute findet man nur noch ganz selten Exemplare von mehr als drei Metern Länge. Alle anderen Alligator-Arten sind kleiner, wobei das kleinste Krokodil überhaupt der nur etwa 1,25 Meter lange Keilkopf-Glattstirnkaiman ist. Von den sieben Alligator-Arten leben sechs in Amerika, vor allem in den Tropen. Nur der bis zu zwei Meter lange China-Alligator ist im Yangtse-Fluß in China zu Hause.

Rechts: Die Eier des Leistenkrokodils liegen in einem Haufen aus Sand und Pflanzenteilen versteckt.

Unten: Der wenige Wochen alte Nachwuchs des kleinen, harmlosen Australienkrokodils.

Ganz unten: Die Bestände des amerikanischen Mississippi-Alligators haben dank strenger Schutzmaßnahmen wieder zugenommen.

Gaviale *(Gavialidae)* Der Ganges-Gavial in Indien ist die einzige Gavialart, die bis heute überlebt hat. Von den anderen Krokodilen unterscheidet er sich deutlich durch seine sehr lange, schmale Schnauze, die mit über hundert spitzen Zähnen bewaffnet ist. Obwohl der Gavial mit bis zu sieben Metern Länge zu den Riesen unter den Krokodilen gehört, ist er harmlos. Mit seinem «Pinzettenmaul» kann er gar keine größeren Beutetiere packen. Er lebt fast ausschließlich von Fischen und Fröschen, die er durch schnelle Seitwärtsbewegungen des Kopfes fängt. Obwohl der Ganges-Gavial bei den Indern als

heilig gilt, geht es ihm nicht viel besser als anderen Krokodilen: Auch er wird wegen seiner Haut gejagt und getötet.

Echsen *(Sauria)*
Alle Echsen sind Landtiere, auch wenn einige Arten häufig ins Wasser gehen und ausgezeichnet schwimmen können. Sie haben in der Regel vier Beine mit jeweils fünf Zehen. Bei verschiedenen Echsen sind die Beine zurückgebildet, das heißt, sie sind nur noch kleine Anhängsel, die bei schnellen Bewegungen des Tieres an den Körper angelegt werden. Manchmal fehlen sie sogar völlig, wie zum Beispiel bei unserer Blindschleiche. Aber selbst bei den beinlosen Arten hat das Skelett immer noch Überreste der Schulter- und Beckenknochen, die bei den Schlangen dagegen meist völlig fehlen.
Viele Echsen, darunter auch alle bei uns heimischen Arten, haben eine ebenso merkwürdige wie wirkungsvolle Einrichtung, um sich vor Feinden zu schützen: Sie können ihren Schwanz abwerfen! Zu diesem Zweck haben sie eine vorgebildete Bruchstelle, die bricht, wenn die Echse

am Schwanz gepackt wird. Sie kann ihn bei Gefahr aber auch durch ruckartiges Krümmen selbst abtrennen. Das abgebrochene Ende zappelt durch Nervensignale noch eine Zeitlang heftig herum und zieht damit die Aufmerksamkeit des Feindes meist so lange auf sich, daß sich die Echse in Sicherheit bringen kann. Der geretteten Echse wächst in den kommenden Monaten ein neuer Schwanz, der jedoch kürzer bleibt als der alte.
Die kleinsten Echsen gehören zu den Chamäleons und Geckos, von denen manche nur etwa vier Zentimeter lang werden und damit die

kleinsten Reptilien der Welt sind. Daneben gibt es aber auch Riesenformen. Der Komodo-Waran gilt mit bis zu drei Metern Körperlänge allgemein als die größte Echse. Er wurde erst 1912 auf einer kleinen Inselgruppe bei Java entdeckt und ist imstande, selbst kleinere Hirsche und Wildschweine zu überwältigen. Auf Neuguinea wurde kürzlich eine Waranenart entdeckt, die noch bedeutend größer sein soll.
Die mitteleuropäischen Echsen sind allesamt Fleischfresser, auch wenn einige Arten gelegentlich Beeren verspeisen. Es gibt aber auch zahlreiche pflanzenfressende Arten, vor allem unter den Leguanen, die in Europa jedoch nicht vorkommen. Außer in den Polargebieten findet man Echsen in den verschiedensten Lebensräumen der Erde: in öden Wüsten ebenso wie im tropischen Regenwald, aber auch im Gebirge und an den Meeresküsten. Manche leben unterirdisch, andere verlassen kaum einmal die Baumkronen. Weitaus die meisten Arten findet man in den wärmeren Gebieten der Erde. Mit Ausnahme der Krustenechsen aus Nord- und Mittelamerika sind alle Echsen ungiftig.

Geckos *(Gekkonidae)* Während die meisten übrigen Reptilien stumm sind oder nur schwache Laute hören lassen, haben die Geckos richtig auffallende Stimmen und können laute zirpende, quakende oder bellende Töne von sich geben. Typisch für die meisten Geckos sind die verbreiterten Haftzehen mit feinen Haftlamellen und vielen winzigen Häkchen an der Unterseite. Damit finden sie auch an den kleinsten Unebenheiten Halt: Sie können zum Beispiel mühelos an Zimmerdecken herumspazieren und

Linke Seite, von oben nach unten: Eine merkwürdige Echse ist der australische Keulenschwanzgecko, der wie die meisten Geckos nachts munter ist. Tagaktive Arten sind die Taggeckos von Madagaskar und den Seychelleninseln. Ebenfalls tagaktiv ist der mittelamerikanische Gelbkopfgecko. Beim Nachtgecko der Seychelleninseln sind die typischen scheibenförmigen Finger gut zu sehen. Nachtaktive Arten sind meist unscheinbar tarnfarbig.

Oben: Die männlichen Anolis-Echsen stülpen bei Erregung ihre bunte Kehlhaut vor.

Links: Die Boyds Winkelkopfagame ist in Nordaustralien zu Hause.

Rechts: Die afrikanische Siedleragame lebt gern in der Nähe von menschlichen Behausungen

Unten: Die australische Kragenechse spannt zur Abschreckung eine riesige Halskrause auf.

sogar auf Glas laufen. Die meisten Arten sind Nachttiere mit unauffälligen Farben und großen Augen. Viele kommen gern in Häuser und machen Jagd auf Insekten, die vom Licht angelockt werden. In den Mittelmeerländern lebt der etwa 15 Zentimeter lange Mauergecko, der nachts «Gecko» ruft. Die meisten Arten leben in Afrika und Asien.

Flossenfüße *(Pygopodidae)* Die schlangenähnlichen, zwischen 15 und 80 Zentimeter langen Flossenfüße leben in rund 20 Arten in Australien und Neuguinea. Sie haben keine Vorderbeine mehr, und auch die winzigen Überreste der Hinterbeine werden zur Fortbewegung nicht mehr gebraucht.

Agamen *(Agamidae)* Die über 300 Arten der Agamen leben zum größten Teil in Afrika, Südasien und Australien. Die meisten sind mittelgroß und sehen aus wie typische Echsen. Manche haben jedoch auffallende Rückenkämme oder stachelige Schwänze und aufrichtbare Kehlsäcke oder Halskrausen. Einige Arten sind außerordentlich farbenprächtig.

Chamäleons *(Chamaeleonidae)* Die meisten der rund 100 Chamäleonarten leben auf Madagaskar und in Afrika, einige wenige in Asien und eine Art auch in Spanien. Fast alle Arten sind busch- und baumbewohnende Lauerjäger, die sich nur sehr langsam und selten bewegen. Die Zunge der Chamäleons hat ein keulenartig verdicktes Ende und ist etwa so lang wie der ganze Körper mitsamt dem Schwanz. Kommt ein Insekt in ihre Reichweite, schleudern sie die Zunge blitzschnell und zielsicher vor

und schnappen die Beute. Die Augen können unabhängig voneinander in alle Richtungen bewegt werden, was recht merkwürdig aussieht. Berühmt sind die Chamäleons jedoch für ihre Fähigkeit, die Farbe zu wechseln. Normalerweise sind sie ihrer Umgebung angepaßt und daher meistens grün gefärbt. Bei Erregung können sie aber ganz verschiedene Farben und Muster annehmen.

Oben: Chamäleons haben eine körperlange Zunge, die sie blitzschnell und gezielt vorschnellen lassen, um damit Beutetiere zupacken.

Rechts: Chamäleons können ihre Augen unabhängig voneinander in verschiedene Richtungen bewegen.

Leguane *(Iguanidae)* Fast alle der zahlreichen Leguan-Arten leben in Süd-, Mittel- und Nordamerika. Je nach Art werden sie zwischen 10 Zentimetern und 2,20 Meter lang. Leguane können ebensogut schwimmen wie klettern, und man findet sie von der Wüste bis ins Hochgebirge in den verschiedensten Lebensräumen. Zu den Leguanen gehört auch die merkwürdige Meerechse der Galapagosinseln, die ins Meer taucht, um Algen von den Felsen zu schaben und zu fressen.

Nachtechsen *(Xantusiidae)* In Nord- und Mittelamerika leben die insgesamt 12 Arten der kleinen Nachtechsen, die – der Name sagt es – nachts auf Insektenjagd gehen. Sie bringen lebende Junge zur Welt.

Skinke oder Glattechsen *(Scincidae)* Die rund 600 Skinkarten sind sehr schlanke Echsen mit kurzen Beinen und einem glatten, glänzenden, manchmal auch farbenprächtigen Schuppenkleid. Einige von ihnen haben große Ähnlichkeit mit Schlangen. Die meisten Arten leben in Südasien, Australien und Afrika, wenige in Amerika und Südeuropa. Fast alle sind Bodenbewohner, die kaum klettern. Viele leben in

Wüsten und sind die meiste Zeit im Sand verborgen.

Schlangenechsen *(Anelytropsidae)* Diese Echsen sehen Schlangen noch ähnlicher als die Skinke. Sie haben keine Augen und keinc Gliedmaßen – höchstens einmal winzige Hinterbeine. Sie werden nicht mehr als 30 Zentimeter lang und leben stets unterirdisch. Man findet sie deshalb auch nur selten.

Gürtelechsen *(Cordylidae)* In Afrika gibt es etwa 25 Arten der mittelgroßen Gürtelechsen. Sie haben auf der Körperoberseite und am Schwanz zahlreiche spitze Dornen, die sie vor Feinden beschützen.

Schildechsen *(Gerrhosaurinae)* Ebenfalls in Afrika und auf Madagaskar leben die rund 25 Arten der 20 bis 65 Zentimeter langen Schildechsen. Sie haben reihenförmig angeordnete Hornschilde am Körper, die einen starken, schützenden Panzer bilden. Insekten und andere Kleintiere sind die Nahrung der kräftig gebauten und nicht sehr flinken Bodenbewohner.

Tejus oder Schienenechsen *(Teiidae)* Die zwischen acht und 100 Zentimeter großen Tejus leben nur in Amerika und besiedeln dort mit etwa 200 Arten dic verschiedensten Lebensräume. Einige der großen südamerikanischen Tejus sind sehr unbeliebt, weil sie gerne in Hühnerställe eindringen und Eier und Küken rauben.

Links: Die Meerechsen auf den Galapagosinseln sind große Leguane, die am Ufer leben und zur Nahrungssuche ins Wasser tauchen, um Wasserpflanzen abzuweiden.

Rechts: Über 2 Meter lang wird der Grüne Leguan, der von Mexiko bis hinunter nach Mittelbrasilien verbreitet ist.

Eidechsen *(Lacertidae)* Außer in Amerika kommen die rund 150 Arten der Eidechsen in fast allen gemäßigt-warmen bis warmen Ländern vor. Zu ihnen gehören auch die meisten europäischen Echsen, zum Beispiel Zaun-, Wald-, Mauer-, Smaragd- und Perleidechse. Außer der Waldeidechsc, dic lebende Junge zur Welt bringt, legen wahrscheinlich alle Arten Eier, und alle leben vorwiegend räuberisch von kleineren Tieren. Typisch für die Eidechsen ist auch, daß sie bei Gefahr sehr leicht den Schwanz abwerfen und damit den Feind ablenken.

Zu den Glattechsen gehört dieser Skink von den Kanarischen Inseln. Manche Arten der glatten, glänzenden Skinks sind sehr farbenprächtig.

Links: Sie hat gleich drei deutsche Namen: die Wald-, Berg- oder Mooreidechse Mitteleuropas. Sie legt keine Eier wie die anderen Eidechsen, sondern bringt lebende Junge zur Welt.

Rechts: Sie ist sicherlich auch dir bekannt, die weit über Europa verbreitete Zauneidechse.

Doppelschleichen *(Amphisbaenidae)* Die nur 30 bis 70 Zentimeter langen Doppelschleichen, die vor allem in Afrika und im südlichen Amerika zu Hause sind, haben einen wurmförmigen Körper und keine sichtbaren Augen oder Ohröffnungen. Da sie vorn und hinten gleich aussehen, kann man nicht erkennen, wo ihr Kopf ist. Sie leben mit Vorliebe in Termiten- und Ameisenbauten und ernähren sich auch von diesen Insekten.

Schleichen *(Anguidae)* Zu den etwa 60 Schleichenarten gehören völlig beinlose Tiere wie unsere Blindschleiche, aber auch Arten mit vier Beinen, die fast wie Eidechsen aussehen. Manche legen Eier, andere – zum Beispiel die Blindschleiche – bringen lebende Junge zur Welt. Sie alle fressen kleinere Tiere wie Spinnen, Würmer und andere Kleintiere. Die Blindschleiche hat eine Vorliebe für Nacktschnecken und ist daher ein wichtiger Gartennützling.

Mitte: In Mittel- und Südeuropa und im gesamten Balkan ist die Mauereidechse verbreitet.

Links: Auch wenn es so aussieht, dies ist kein Kampf, sondern der sogenannte Paarungsbiß der Smaragdeidechsen! Dabei packt das Männchen das Weibchen vor der Paarung oft mit dem Maul und hält es minutenlang fest.

Ringelschleichen *(Anniellidae)* Zur Familie der Ringelschleichen gehören zwei beinlose, etwa 20 Zentimeter lange Echsenarten. Sie leben nur in Kalifornien und ernähren sich von Insektenlarven und Würmern, nach denen sie im Boden wühlen.

Höckerechsen *(Xenosauridae)* Von den Höckerechsen leben drei Arten in Mittelamerika und eine vierte, sehr eigenartige in China. Sie alle haben große, höckerförmige Schuppen. Die drei mittelamerikanischen Arten sind vorwie-

Taubwaran *(Lanthanotidae)* Der etwa 40 Zentimeter große Taubwaran hat zwar Ähnlichkeit mit den Waranen und wird deshalb auch so genannt, er ist aber nicht näher mit ihnen verwandt. Der Taubwaran hat keine äußeren Ohröffnungen und nur winzig kleine Augen. Seine Zähne verraten, daß er sich räuberisch ernährt, aber welche Beute er fängt, ist nicht genau bekannt. Taubwarane leben versteckt in feuchtem Gelände und auch im Wasser. Sie sind äußerst selten, und nur auf der Insel Borneo hat man bisher einige wenige Exemplare dieser Tiere gefunden.

gend Insektenfresser, während die chinesische Krokodilschwanz-Höckerechse lieber in Gewässern nach Fröschen und Kaulquappen taucht.

Krustenechsen *(Helodermatidae)* Die zwei Arten der bis zu 50 Zentimeter langen, kräftigen Krustenechsen leben in den Wüstengebieten der südwestlichen USA bis nach Mexiko. Die gelbschwarz bis rosarot gefärbten Tiere sind die einzigen giftigen Echsen der Welt. Beim Zubeißen gelangt ihr giftiger Speichel in die Bißwunde und tötet kleinere Tiere sehr schnell. In seltenen Fällen können sogar Menschen an ihrem Biß sterben.

Warane *(Varanidae)* Die rund 25 Arten der über Afrika, Südasien und Australien verbreiteten Warane sind sehr bewegliche, räuberische Echsen. Obwohl die kleinsten nur 20 Zentimeter, die größten aber über drei Meter lang werden, sind alle an der typisch langgestreckten Gestalt zu erkennen. Verschiedene Körpermerkmale deuten auf eine nahe Verwandtschaft mit den Schlangen hin, zum Beispiel die sehr lange, gespaltene Zunge und der sehr dehnbare Schlund, der es diesen Echsen erlaubt, erstaunlich große Nahrungsbrocken am Stück zu verschlingen. Alle Warane sind schnelle Läufer, gute Kletterer und ausgezeichnete Schwimmer. Berühmt ist der Komodo-Waran, der nur auf der kleinen Insel Komodo in Indonesien und auf zwei Nachbarinselchen lebt. Er wird über drei Meter lang und gilt als die größte Echse der Welt. Er erbeutet Tiere bis zur Größe von Hirschen und Wildschweinen.

Oben: Junge Blindschleichen schlüpfen nicht aus Eiern, sondern kommen lebend zur Welt und machen sich sofort nach der Geburt selbständig.

Rechts: Bis zu 1,30 Meter lang wird der Gouldwaran, der weit über Australien verbreitet ist. Für einen besseren Überblick stellt er sich auch schon einmal auf seine Hinterbeine.

Schlangen *(Serpentes)*

Schlangen sind nicht etwa besonders «alte» Kriechtiere, sondern die «modernsten». Man kennt etwa 2 500 verschiedene Arten. Sie alle stammen von Echsen mit Beinen ab und entwickelten sich im Laufe der Zeit zu beinlosen Reptilien weiter. Bei einigen urtümlichen Schlangenformen findet man am Skelett noch Überreste der Beckenknochen und der Hinterbeine. Bei gewissen Riesenschlangen kann man sogar hinten am Bauch, nahe der Afterspalte, zwei dornenartige, sogenannte Aftersporne erkennen: die Überreste der Füße.

Die kleinsten Schlangen werden kaum 20 Zentimeter lang. Die Länge der größten Schlangen wird oft maßlos übertrieben, obwohl sie in seltenen Fällen schon einmal mehr als 10 Meter lang werden können. Rund ein Drittel aller Arten zählt man zu den Giftschlangen. Ihr Biß ist unangenehm, meistens schmerzhaft und manch-

Oben: Der Olivpython gehört zu den größten Schlangen Australiens. Es wurden schon Exemplare mit 5,50 Metern Länge gefunden. Diese harmlose Riesenschlange ist vor allem in Nordaustralien verbreitet.

Rechte Seite: Weit über Australien verbreitet ist der bis über 4 Meter lange Teppichpython (links). Die bis zu 2 Meter lange Regenbogenboa (rechts) lebt in Südamerika. Ihre Haut schillert in allen Regenbogenfarben.

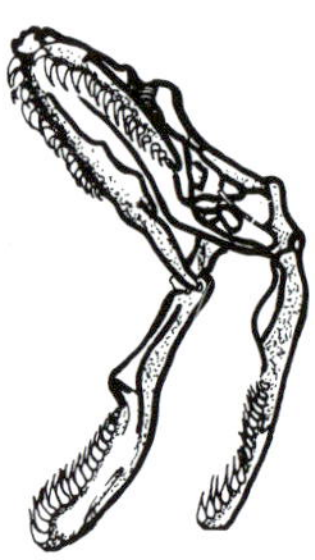

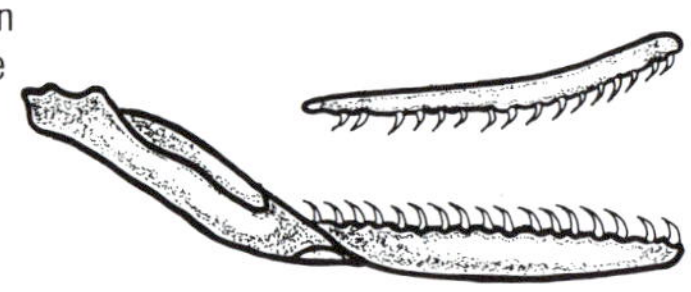

Links und rechts: Ungiftige Schlangen haben zahlreiche Zähne ohne Giftkanäle.

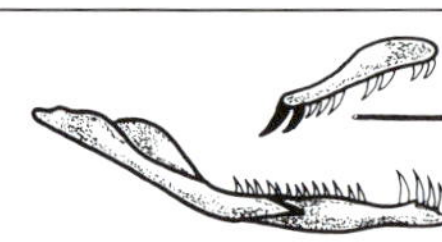

Rechts: Trugnattern haben ihre Giftzähne weit hinten im Oberkiefer.

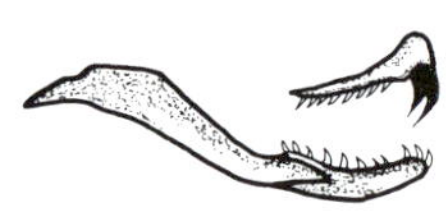

Oben: Bei den Giftnattern befinden sich vorn im Oberkiefer festsitzende Giftzähne.

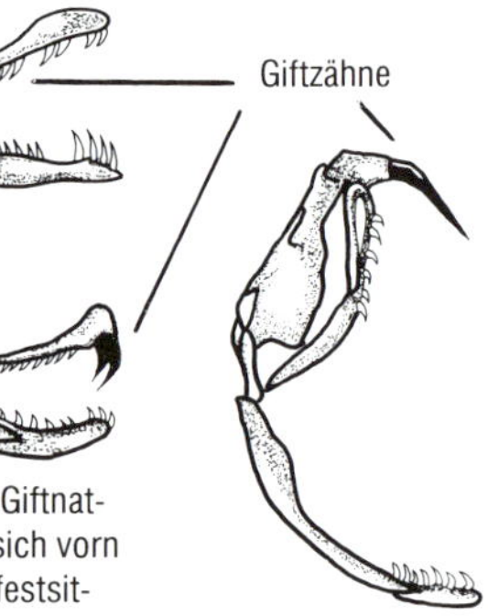

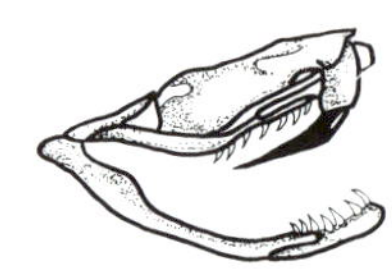

Oben und links: Vipernartige haben lange Giftzähne, die im geschlossenen Maul zurückgeklappt sind und sich beim Zubeißen aufrichten.

mal auch tödlich für den Menschen. Relativ harmlos sind die europäischen Giftschlangen. In der Schweiz zum Beispiel, wo sie in manchen Gegenden durchaus nicht selten sind, hat es seit über 30 Jahren keinen tödlichen Unfall mehr durch eine einheimische Giftschlange gegeben.

Obwohl fast alle Echsen ein Trommelfell haben, sind die Schlangen völlig gehörlos. Sie haben dafür einen sehr gut ausgebildeten Geruchssinn mit einem speziellen Sinnesorgan im Gaumen (Jacobsonsches Organ). Beim Züngeln nehmen sie mit der gespaltenen Zunge Duftstoffe auf, die in diesem Organ entschlüsselt werden. Außerdem haben sie sehr gute Augen, die hauptsächlich auf Bewegung reagieren. Schlangen besitzen keine beweglichen Augenlider und haben dadurch den berüchtigten «starren Schlangenblick». Als Schutz sitzt über jedem Auge eine uhrglasförmige, klare Hornschuppe. Sie wird beim Häuten zusammen mit der ganzen Haut abgestreift und durch eine neue ersetzt. Die Schlangenhaut wächst ja nicht mit dem Körper mit und muß deshalb mehrmals im Jahr abgestreift und erneuert werden. Gelegentlich kannst du in der Natur solche abgestreiften «Schlangenhemden» finden.

Schlangen reagieren sehr empfindlich auf Bodenerschütterungen. Meistens «fühlen» sie, daß ein Mensch daherkommt, und verschwinden, bevor man sie sieht. Manche Arten, wie zum Beispiel die Klapperschlangen, haben zwischen Auge und Nasenloch eine Sinnesgrube,

die sehr wärmeempfindlich ist. Damit können sie auch bei völliger Dunkelheit warmblütige Beutetiere wahrnehmen. Wegen dieser Sinnesgrube nennt man diese Schlangen auch Grubenottern.
Schlangen bewohnen die verschiedensten Lebensräume der gemäßigten und vor allem der warmen Zonen der Erde. Außerdem gibt es auch Schlangen, die in den tropischen Meeren leben (Seeschlangen).

Riesenschlangen *(Boidae und Pythonidae)*
Die Riesenschlangen werden in zwei Familien aufgeteilt, in Boas und Pythons. Die Boas bewohnen die warmen bis tropischen Gebiete Amerikas und Madagaskars und bringen lebende Junge zur Welt. Die Pythons leben in Afrika, im südlichen Asien und in Australien und legen Eier. Pythonmütter rollen sich um ihre Eier und verharren wochenlang in dieser Stellung. Sie können dabei ihre Körpertemperatur erhöhen und sind damit die einzigen Reptilien, die ihre Eier ausbrüten.
Riesenschlangen können besonders lange fasten, mitunter sogar mehrere Jahre. Die kleinsten Arten werden nur rund 60 Zentimeter lang. Die größten erreichen etwa neun (Tigerpython, Anakonda), manche sogar über zehn Meter Länge (Netzpython). Große Riesenschlangen können Beutetiere bis zur Größe eines Schweins oder kleineren Hirsches verschlingen. Die südamerikanische Anakonda, der afrikanische Felsenpython und die südasiatischen Tiger- und Netzpythons können mit ihrer großen Würge-

kraft in seltenen Fällen auch Menschen gefährlich werden.
Alle Riesenschlangen sind ungiftig! Sie packen ihre Beutetiere mit den scharfen, nach hinten gerichteten Zähnen, umschlingen sie mit dem Körper und erdrosseln oder erdrücken sie. Manche kleinere Riesenschlangen sind ausgesprochene Baumbewohner, andere leben unterirdisch, und einige schwimmen gut und sehr oft. Weitaus die meisten sind Bodenbewohner, die vor allem nachts aktiv werden. Viele Riesenschlangen sind ausgesprochen schön gefärbt und gezeichnet.
Manche Arten sind als Terrarientiere beliebt, nicht zuletzt, weil sie sehr zutraulich werden können. Bei richtiger Pflege in einem guten Terrarium leben Riesenschlangen oft viele Jahre.

Blindschlangen *(Typhlopidae)* Die etwa 200 Arten der Blindschlangen sind nur 20 bis 75 Zentimeter lang und in den Tropen und Subtropen rund um die Erde verbreitet. Ihre winzigen Augen werden von einem trüben Hornschild bedeckt; sie können daher nur hell und dunkel unterscheiden. Sie leben unterirdisch und ernähren sich hauptsächlich von Ameisen und Termiten.

Wühlschlangen *(Aniliidae)* Die Wühlschlangen sind grabende Erdbewohner mit einem wurmförmigen Körper, ähnlich den Blindschleichen, einem recht kurzen, stumpfen Schwanz und einem kleinen, aber robusten Kopf, mit dem sie sich gut ins Erdreich einwühlen können. Wie die Blindschlangen bekommt man sie kaum einmal zu sehen.

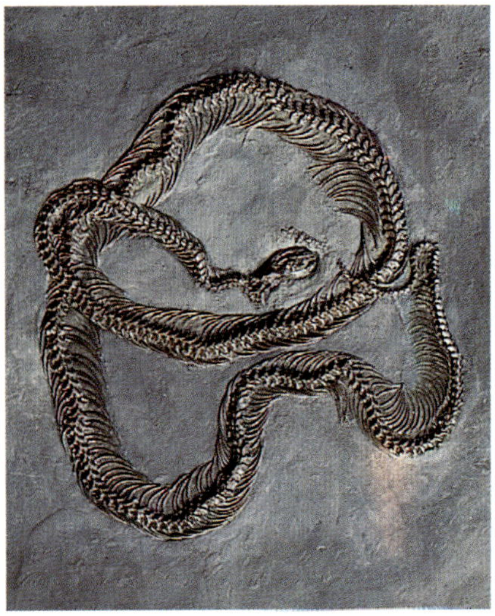

Oben: Ein seltenes blaugefärbtes Exemplar der Grünen Baumnatter Australiens.

Oben rechts: Die europäische Äskulapnatter galt bei den alten Römern als heilig.

Links: Hier siehst du die Versteinerung einer Boaschlange, die vor etwa 50 Millionen Jahren in Mitteleuropa gelebt hat.

Rechts: Die europäische Schlingnatter wird oft für eine Blindschleiche gehalten.

Warzenschlangen *(Acrochordidae)* Die Warzenschlangen Südostasiens und Australiens haben höckerige, warzenähnliche Schuppen und sind ausgesprochene Wasserbewohner. Sie leben vor allem im salzigen Wasser von Flußmündungen (Brackwasser) und werden höchstens zwei Meter lang. Ihre bis zu 30 Jungen bringen sie lebend und unter Wasser zur Welt.

Nattern *(Colubridae)* Die Nattern bilden die weitaus größte Schlangenfamilie. Über die Hälfte aller Schlangenarten gehört dazu. Nattern sind schlank und langgestreckt. Der Kopf, der mit großen Schilden bedeckt ist (während die Vipern zum Beispiel kleine Schuppen haben), ist schmal und nur wenig vom Hals abgesetzt. Der lange Schwanz läuft allmählich spitz aus. Manche baumbewohnende Arten sind besonders langgestreckt und dünn. Wassernattern dagegen sind etwas plumper gebaut und erinnern dadurch manchmal an Vipern.

Nattern sind meistens recht lebhaft und vorwiegend am Tag aktiv. Sie haben gute Augen, fast immer mit runden Pupillen. In der Regel lauern sie nicht auf Beute, sondern suchen und verfolgen sie. Dabei können sie erstaunlich schnell sein. Manche Arten entwickeln eine Geschwindigkeit von etwa sechs Stundenkilometern! Fast alle können gut klettern und ausgezeichnet schwimmen und tauchen. Nattern findet man in fast allen Gegenden, wo Reptilien überhaupt vorkommen können. Auch die meisten europäischen Schlangen sind Nattern, zum Beispiel die Schling-, Äskulap-, Ringel-, Viper-, Würfel- oder Zornnatter.

Die meisten Nattern legen Eier, einige wenige Arten bringen lebende Junge zur Welt. Die Hauptnahrung besteht aus Mäusen, Echsen und anderen Schlangen, bei den Wassernattern aus Fischen und Fröschen. Zu den Spezialisten gehören die Schneckennattern, die mit ihren ungewöhnlich langen Vorderzähnen Schnecken aus ihren Häuschen «angeln»; oder die Eierschlangen, die mit ihrem besonders dehnbaren Maul unglaublich große Vogeleier verschlingen.

Fast alle Nattern sind für den Menschen ganz harmlos. Manche haben zwar Giftstoffe im Speichel, doch können nur geringe, ungefährliche Mengen davon in die Bißwunden gelangen, weil die Zähne glatt sind und keine Vorrichtung zur Weiterleitung von Gift haben. Eine kleine Gruppe der Nattern nennt man Trugnattern. Sie haben weit hinten im Kiefer Zähne mit Furchen, durch die das Gift in die Bißwunden gelangt. Für kleinere Beutetiere ist ein Trugnatternbiß meist tödlich, für Menschen allerdings fast immer harmlos. Nur durch eine Trugnatternart, die Boomslang (= «Baumschlange») aus dem südlichen Afrika, sind schon Menschen gestorben. Bemerkenswert sind auch die Wassertrugnattern, die an den Küsten Südostasiens leben und sich hauptsächlich von Krabben ernähren.

Links und rechts: Die bis zu 1,50 Meter, im Süden sogar bis 2 Meter lange Ringelnatter gehört zu den Wassernattern und ist die bekannteste Schlange Europas. Ihre Hauptnahrung besteht aus Fröschen und Molchen.

Unten: Im Südwesten Europas ist die Vipernatter verbreitet. Sie hat zwar Ähnlichkeit mit einer giftigen Viper, ist aber eine ganz harmlose Wassernatter.

Links: Die australische Katzenaugen-Nachtbaumnatter ist eine Trugnatter mit kleinen, weit hinten im Oberkiefer sitzenden Giftzähnen.

Unten: Bis zu 4 Meter lang wird der australische Taipan. Er ist eine der giftigsten Schlangen der Welt. Er greift zwar nur an, wenn er sich bedroht fühlt; wenn er aber einmal zubeißt, kann ein Mensch innerhalb weniger Minuten sterben.

Ganz unten: Das Gift der farbenprächtigen südamerikanischen Korallenotter ist zwar gefährlich, da die Schlange aber überhaupt nicht angriffslustig ist, sind Unfälle ganz selten.

Giftnattern *(Elapidae)* Giftnattern sind äußerlich oft kaum von den harmlosen Nattern zu unterscheiden. Sie besitzen vorne im Oberkiefer verlängerte Zähne mit Längsfurchen, durch welche das Gift von den Giftdrüsen in die Bißwunde gelangt. Die Natterngifte haben vor allem eine nervenlähmende und daher sehr schnelle Wirkung. Allerdings unterscheiden sich die Giftnattern stark in der Gefährlichkeit ihrer Gifte. Einige gehören zu den gefährlichsten Schlangen überhaupt: zum Beispiel der Taipan, die Todesotter, die Mambas und einige Kobras. Die weltbekannte Königskobra ist mit über fünf Metern Länge die größte Giftschlange der Erde.

Seeschlangen *(Hydrophiidae)* Die rund 50 Seeschlangenarten leben an den warmen Küsten des Indischen und Pazifischen Ozeans. Sie haben lange, gefurchte Giftzähne wie die Giftnattern. Viele verfügen über ein sehr starkes Gift, mit dem sie Aale und andere Fische töten. Allerdings sind sie überhaupt nicht angriffslustig, und die Fischer holen sie bedenkenlos mit bloßen Händen aus den Netzen. Sie leben praktisch immer im Wasser, und die meisten Arten bringen dort lebende Junge zur Welt. Andere Arten legen an Land Eier ab.

Oben: Die Kreuzotter kommt von Nordeuropa bis hoch zum Polarkreis vor und lebt damit weiter nördlich als jede andere Schlange. Ihr Giftbiß ist für den Menschen selten tödlich.

Oben rechts: Die Aspisviper ist im Südschwarzwald, in der Schweiz und in Italien und Frankreich zu Hause.

Unten: Die asiatischen Lanzenottern gehören zu den Grubenottern und haben eine wärmeempfindliche Sinnesgrube.

Ganz unten: Die Hornrassel am Schwanz der amerikanischen Klapperschlange fängt bei Beunruhigung an zu klappern.

Vipern *(Viperidae)* Der Name Vipera ist von «vivipara» abgeleitet, und das bedeutet lebendgebärend. Fast alle Vipern bringen nämlich lebende Junge zur Welt. Alle Vipernarten sind giftig und haben verhältnismäßig große, hohle Giftzähne, die sie im geschlossenen Maul nach hinten geklappt tragen und beim Aufreißen des Mauls aufrichten.
Typisch für die Vipern sind der eher plumpe Körper mit dem kurzen Schwanz, ein breiter, deutlich vom Hals abgesetzter Kopf und die Augen mit den senkrechten Schlitzpupillen. Zu den rund 50 Vipernarten zählen auch die meisten europäischen Giftschlangen, wie die Kreuzotter, Aspisviper, Wiesenotter und Sandotter. Sie alle werden dem Menschen nur selten lebensgefährlich. Einige afrikanische und asiatische Arten dagegen – zum Beispiel die Kettenviper, die Sandrasselotter und die Puffotter – gehören zu den gefürchtetsten Schlangen überhaupt. Das Gift der Vipern wirkt vor allem blutzersetzend und nicht sehr schnell.

Grubenottern *(Crotalidae)* Die Grubenottern gleichen den Vipern und haben ebenfalls zurückklappbare, hohle Giftzähne. Zusätzlich besitzen sie jedoch zwischen Auge und Nasenlöchern eine deutlich sichtbare Sinnesgrube; ein Organ, mit dem sie sehr empfindlich auf Wärme reagieren und auch bei völliger Dunkelheit warmblütige Beutetiere wahrnehmen können. Die bekanntesten Arten sind die amerikanischen Klapperschlangen. Auch die Lanzenottern in Südasien sowie Süd- und Mittelamerika gehören zu den Grubenottern.

Vögel

Die Vorfahren der Vögel *(Aves)* waren Echsen. Die älteste Vogelform, die man kennt, der Urvogel Archäopteryx, lebte vor etwa 140 Millionen Jahren. Sein Knochenbau zeigte noch viele Reptilienmerkmale, aber er hatte ein eindeutiges Vogelmerkmal: das Federkleid.
Die Federn waren eine entscheidende «Erfindung» in der Entwicklungsgeschichte der Vögel; denn sie haben ganz verschiedene wichtige Funktionen: Sie verleihen dem Körper die glatte, aerodynamische (luftschlüpfrige) Form, sie schützen die Haut vor Verletzungen, dienen als Tragflächen und Steuerruder, tarnen oder schmücken den Vogel je nach Bedarf und helfen ihm, in jedem Klima eine gleichmäßig warme Körpertemperatur von rund 41 Grad zu halten.

Vogelfedern sind gleichzeitig erstaunlich stabil und «federleicht». Durch sie sind die meisten Vögel hervorragende Flieger und können jeden Lebensraum der Erde, von den Polen bis zu den Tropenwäldern, bewohnen. Das Federkleid wird regelmäßig gewechselt: Die alten Federn fallen aus, und neue wachsen nach. Diese Zeit nennt man Mauser. Die meisten Vögel mausern zweimal im Jahr, vor und nach der Fortpflanzungszeit.
Die Vordergliedmaßen der Vögel sind Flügel, die bei den meisten Arten flugtauglich sind. Bei einigen Laufvögeln sind sie jedoch verkümmert und nicht mehr zum Fliegen zu gebrauchen, und bei gewissen Wasservögeln sind sie zu Rudern umgestaltet.
Rund 8600 Vogelarten sind heute bekannt. Die kleinsten sind die gerade hummelgroßen Kolibris, der größte ist der bis 2,50 Meter hohe und 150 Kilogramm schwere afrikanische Strauß.

Linke Seite: Der Baßtölpel ist ein gänsegroßer nordischer Meeresvogel.

Links: Der Archäopteryx war ein taubengroßes Tier, das vor etwa 140 Millionen Jahren lebte und Merkmale von Echsen wie auch von Vögeln besaß.

Rechts: Das südamerikanische Perlsteißhuhn gehört zu den urtümlichsten lebenden Vogelarten.

Die größte Flügelspannweite (bis über drei Meter) haben Kondore und Albatrosse. Alle Vögel legen Eier, und fast alle brüten diese mit der eigenen Körperwärme aus. Die meisten Arten leben während der Brutzeit in Paaren zusammen, die bei vielen Arten zeitlebens zusammenbleiben.
Wegen der gleichmäßig hohen Körpertemperatur haben die Vögel einen hohen Energieverbrauch und einen entsprechend großen Nahrungsbedarf. Sie ernähren sich von den verschiedensten pflanzlichen und tierischen Stoffen, wobei die vielfältigen Schnabelformen der jeweiligen Nahrung oft wunderbar angepaßt sind.

Die meisten Vögel sind sehr stimmbegabt. Vor allem Singvögel können neben Warn-, Kontakt-, Bettelrufen und ähnlichem oft herrliche, variationsreiche Gesänge anstimmen.

Tinamus *(Tinamiformes)* Die Tinamus oder Steißhühner leben in 33 Arten von Mexiko bis unten im Süden Südamerikas. Die meisten Arten bevorzugen offene Graslandschaften. Ihre Gestalt und das tarnfarbene Gefieder erinnert an unsere Wachteln und Rebhühner. Sie sind aber mit den Hühnern überhaupt nicht verwandt, sondern stehen den Nandus, den südamerikanischen Straußen, nahe. Tinamus ernähren sich von Samen und anderen Pflanzenteilen, von verschiedenen Insekten und weiteren Kleintieren.

Interessant ist das Brutverhalten der Tinamus. Das Männchen legt eine am Boden versteckte Nestmulde an und lockt mit Rufen ein Weibchen zu sich. Das Weibchen legt nun seine Eier hinein und kümmert sich nicht weiter darum. Die Eier werden vom Männchen ausgebrütet; und es ist auch der Vater, der die Küken beschützt und führt. Bei Gefahr warnt er seine Brut, woraufhin sich die Küken reglos an den

Oben: Der südamerikanische Nandu gleicht zwar dem afrikanischen Strauß, ist aber mit ihm nicht näher verwandt.

Links und unten: Bis zu 150 Kilogramm schwer wird der afrikanische Strauß, der seinen Kopf nicht selten 2,50 Meter hoch trägt. Er ist damit der weitaus größte lebende Vogel der Welt.

Boden drücken. Nun humpelt der Vater mit hängenden Flügeln herum, stellt sich verletzt und versucht so, den Feind von den Jungen abzulenken. Diesen Trick des Flügellahmstellens kennen wir auch von anderen Vögeln, zum Beispiel den Regenpfeifern.
Bei verschiedenen Arten gibt es etwa viermal mehr Männchen als Weibchen. Daher läßt sich das Weibchen der Reihe nach von mehreren Männchen anlocken und legt jedem bis zu 12 Eier ins Nest.

Laufvögel *(Struthioniformes)*
Strauß, Nandus, Emu und Kasuare werden als Ordnung der Laufvögel zusammengefaßt. Sie sind aber nicht näher miteinander verwandt, sondern haben durch die gleiche Lebensweise fast die gleichen Körpermerkmale entwickelt.

Strauß *(Struthio camelus)* Der afrikanische Strauß ist der größte heute noch lebende Vogel. Die Männchen können 2,50 Meter hoch und etwa 150 Kilogramm schwer werden. Obwohl sie nicht fliegen können, haben sie wenig zu befürchten, wenn sie einmal ausgewachsen sind. Sie können ausdauernd laufen, mit jedem Schritt bis zu vier Meter zurücklegen und Spitzengeschwindigkeiten von etwa 50 Stundenkilometern erreichen. Notfalls können sie mit ihren Beinen so kraftvoll zuschlagen, daß sie selbst Lowen töten.
Oftmals hat ein erwachsener Straußenhahn mehrere Hennen. Alle Weibchen legen ihre Eier in die gleiche, vom Männchen angelegte Bodenmulde, und zwar jedes bis zu 20 Stück. Die Hauptaufgabe beim Brüten und bei der Aufzucht übernimmt auch hier das Männchen.

Nandus *(Rheidae)* Zwei Nandu-Arten bewohnen die offenen Graslandschaften Südamerikas: der bis etwa 1,40 Meter hohe und rund 20 Kilogramm schwere Gewöhnliche Nandu und der etwas kleinere Darwin-Nandu. Beide haben große Ähnlichkeit mit dem afrikanischen Strauß, sind aber bedeutend kleiner und haben statt zwei Zehen drei Zehen an jedem Fuß. Der Strauß ist der einzige Vogel mit nur zwei Zehen. Auch bei den Nandus sind es die Männchen, die sich um die Eier und die Jungen kümmern.

Oben: Mit scharfen Augen überblickt der Emu das australische Grasland.

Rechts: In den Regenwäldern Nordostaustraliens und Neuguineas führt der Helmkasuar ein sehr verborgenes Leben.

Unten: Die straußenähnlichen australischen Emus sind in weiten Gebieten von Viehzüchtern ausgerottet worden.

Emu *(Dromaius novaehollandiae)* Der Emu ist gewissermaßen die australische Version des Straußes, aber ebenfalls nicht näher mit dem echten Strauß verwandt. Er ist nur wenig größer als der Nandu, wird jedoch bis zu 50 Kilogramm schwer. Auch hier besorgt der Hahn das Brutgeschäft. Die Emus sind bei den Farmern als große

Schädlinge verschrien und werden deshalb rücksichtslos verfolgt. In weiten Gebieten wurden sie bereits ausgerottet.

Kasuare *(Casuariidae)* Die Kasuare sind enge Verwandte der Emus und gleichen ihnen sehr. Sie sind aber noch bedeutend kräftiger gebaut und werden etwa 100 Kilogramm schwer. Ihr Gefieder ist fast schwarz, und auf dem Kopf haben sie einen merkwürdigen, mit Horn überzogenen Knochenkamm. Sie leben nicht in offenen Graslandschaften, sondern in dichten Regenwaldgebieten. Die sechs Kasuar-Arten kommen im Nordosten Australiens, auf Neuguinea und auf den umliegenden Inseln vor.

Kiwis *(Apterygidae)* Die etwa hühnergroßen, bis 2,5 Kilogramm schweren Kiwis gehören zu den seltsamsten Vögeln. Sie können nicht fliegen, und ihre nur etwa fünf Zentimeter langen Flügel verschwinden völlig unter dem dunklen Gefieder, das wie ein zerzauster Mantel herabhängt. Sie leben im Wald, verstecken sich tagsüber in Erdhöhlen und spazieren nachts auf Nahrungssuche umher. Dabei stochern sie mit ihren langen Schnäbeln im Boden nach Würmern und Insektenlarven. Das Kiwiweibchen legt nur ein Ei, das aber riesengroß und etwa 600 Gramm schwer ist – der ganze Vogel ist nur etwa viermal schwerer!
Die Heimat der Kiwis ist Neuseeland. Die weißen Siedler machten lange Zeit rücksichtslos Jagd auf diese merkwürdigen Vögel und brachten außerdem Hunde, Katzen, Iltisse und Wiesel ins Land, die die wehrlosen Kiwis ebenfalls massenhaft töteten. Als man den Kiwi schon fast ausgerottet hatte, wurde er endlich unter Schutz gestellt, zum Wappentier Neuseelands erklärt und als Motiv auf vielen Geldscheinen und Münzen abgedruckt.

Lappentaucher *(Podicipediformes)* Die 18 Arten dieser weit über die Erde verbreiteten Wasservögel haben keine Schwimmhäute zwischen den Zehen, sondern verhornte Lappen, die ihre Füße zu Rudern umformen. An Land sind sie sehr unbeholfen, aber sie schwimmen vorzüglich und können lange und schnell tauchen. Sie bewohnen Seen, Teiche und ruhige Flüsse. In Europa sind vor allem Hauben- und Zwergtaucher verbreitet.

Linke Seite: Die Kiwis (links) sind merkwürdige flugunfähige Vögel in Neuseeland, die nachts mit ihrem langen Schnabel im Boden nach Würmern, Insektenlarven und anderer Nahrung stochern. Der Haubentaucher (rechts) brütet seine Eier in einem schwimmenden Nest aus Pflanzenteilen aus. Der Prachttaucher (Mitte) gehört zu den Seetauchern, die an Binnenseen rings um den Nordpol brüten, nach der Brutzeit aber auch im Meer nach Fischen tauchen.

Rechts: Der prächtige, etwa 1 Meter große Königspinguin brütet auf Inseln am Rande der Antarktis, während der noch etwas größere, ähnliche Kaiserpinguin auf dem antarktischen Kontinent zu Hause ist.

Seetaucher *(Gaviiformes)* Die Seetaucher gleichen den Lappentauchern, haben aber Schwimmhäute, ähnlich wie die Enten. Sie brüten meist an Binnenseen hoch im Norden, ziehen im Herbst südwärts und sind dann oft auch an den Meeresküsten in Mitteleuropa zu Gast.

Pinguine *(Sphenisciformes)* Pinguine stammen von flugfähigen Vögeln ab. Sie haben aber das Fliegen längst aufgegeben und sind zu Meeresbewohnern geworden. Ihre Flügel sind zu schmalen Rudern umgestaltet, die bei den großen Arten im Wasser etwa 100mal, bei den kleinen bis zu 200mal in der Minute schlagen. Dabei erreichen die torpedoförmigen Vögel Geschwindigkeiten von über 35 Stundenkilometern. Die Füße dienen nur als Steuerruder. An Land haben die Pinguine einen komisch watschelnden Gang; sie sind aber durchaus nicht unbeholfen und können notfalls viele Kilometer weit zu ihren Brutplätzen wandern.

Die ursprüngliche Heimat der Pinguine liegt wohl in den kalten Gewässern um den Südpol. Verschiedene Arten sind aber von dort aus kühlen Meeresströmungen gefolgt und haben sich in wärmeren Gegenden angesiedelt. Der nur 40 Zentimeter große Zwergpinguin brütet in Neuseeland, Tasmanien und Südaustralien; der Brillenpinguin an der Südwestküste Afrikas; der Magellanpinguin an der Südostküste Südamerikas; der Humboldtpinguin an der Westküste Südamerikas bis nach Peru und der Galapagos-

Links: Die etwa 70 Zentimeter großen Schopfpinguine fallen durch ihre prächtigen gelben Federschöpfe auf.

pinguin sogar auf den Galapagosinseln in Ecuador, also direkt unterhalb des Äquators. Auf der nördlichen Erdhalbkugel gibt es keine Pinguine.
Zur Fortpflanzung suchen die Pinguine mit Vorliebe Inseln oder möglichst ungestörte Strände auf. Sie bilden gerne Kolonien, die oft aus Tausenden von Vögeln bestehen. Während der Balz führen sie paarweise merkwürdige Tänze auf, die von lauten, oft trompetenden Schreien begleitet werden. Manche Arten suchen sich zum Brüten Höhlen oder Felsspalten, andere buddeln Löcher in den Boden, und wieder andere begnügen sich mit Bodenmulden, die sie gern mit einigen Steinen kennzeichnen.
Insgesamt unterscheidet man 18 Pinguinarten, die in mehrere Gruppen aufgeteilt werden. Zu den rund 75 Zentimeter langen Adeliepinguinen gehört der Eselspinguin, dessen Rufe an das laute Schreien von Eseln erinnern. Besonders hübsch sind die meist etwas kleineren Schopfpinguine, die über den Augen Schöpfe aus goldgelben Federn tragen.

Zwei Arten, die sich sehr ähnlich sind, nennt man Großpinguine. Knapp einen Meter erreicht der Königspinguin, der auf Inseln südlich von Südamerika, Südafrika und Neuseeland brütet.
Der bis zu 1,20 Meter lange Kaiserpinguin, der größte der ganzen Sippschaft, brütet in der Antarktis, und zwar mitten im unvorstellbar harten und dunklen antarktischen Winter. Zu dieser Zeit ist er den oft grausamen Schneestürmen ungeschützt ausgesetzt. Etwa zwei Monate dauert die Balz. Dann legt das Weibchen ein Ei, das

Rechts: Der Humboldtpinguin leitet seine Balzzeit mit langen, lustigen Paarungstänzen ein. Er brütet auf Inseln und an stillen Küsten im Süden Südamerikas.

Rechts: Nur 40 Zentimeter groß wird die kleinste Pinguinart, der Zwergpinguin, der vor allem an Küsten und auf Inseln in Südaustralien und Neuseeland brütet.

vom Männchen auf die Füße genommen und mit einer schützenden Hautfalte bedeckt wird. Nun marschiert das Weibchen oft viele Kilometer weit zurück über das Eis zum Meer. Erst zwei Monate später, wenn das Junge geschlüpft ist, kehrt es zurück und bringt im Kropf etwa drei Kilogramm Fisch als Nahrung für das Kleine mit. Jetzt wandert der Vater, der nun etwa vier Monate gefastet und ein Drittel seines Gewichts verloren hat, zum Meer, um sich ebenfalls gründlich satt zu fressen. Drei bis vier Wochen später kehrt auch er wieder mit Nahrung für das Junge zurück.

Röhrennasen *(Procellariiformes)*
Die Röhrennasen sind zwar, wie die Pinguine, ausgesprochene Meeresvögel, leben aber vorwiegend über dem Meer, also in der Luft. Außerdem gehören sie zu den besten und ausdauerndsten Segelfliegern. Ihren etwas merkwürdigen Namen haben sie von den röhrchenartigen Nasenlöchern, die auf der hakenförmigen Schnabelspitze sitzen. Zu den Röhrennasen gehören die Albatrosse, die Sturmvögel, die Sturmschwalben und die Tauchsturmvögel.

Rechts: Rings um den Nordpol ist der Eissturmvogel zu Hause, ein wundervoller Segelflieger.

Unten links: Der Galapagos-Albatros brütet nur auf der südlichsten Galapagosinsel.

Unten: Keilschwanz-Sturmtaucher leben auf dem Meer und kommen nur zum Brüten auf ihre Brutinseln.

Albatrosse *(Diomedeidae)* Die 13 Albatrosarten sind gänse- bis schwanengroße Vögel mit außergewöhnlich langen und schmalen Flügeln. Der größte ist der rund sieben Kilogramm schwere Wanderalbatros, dessen Flügelspannweite über 3,50 Meter betragen kann – mehr als bei jedem anderen Vogel! Vor rund 50 Millionen Jahren gab es sogar eine Albatrosart mit etwa 6,50 Meter Spannweite!
Die Albatrosse leben auf der südlichen Erdhalbkugel. Zum Brüten versammeln sie sich auf Inseln, wo das Weibchen nach langen, komplizierten Balztänzen ein Ei legt, aus dem erst nach etwa 80 Tagen ein Junges schlüpft. Die Aufzucht des Kleinen beträgt oft mehr als acht Monate. Um sich danach erholen zu können, brüten die Eltern deshalb gewöhnlich nur jedes zweite Jahr. In der Zwischenzeit machen sie riesige Wanderungen, oft um die ganze Erde herum. Albatrosse sind einzigartige Segler und können tagelang ohne Unterbrechung in der Luft bleiben. Sie ernähren sich von Tintenfischen, Fischen und anderen Meerestieren, gelegentlich auch von Schiffsabfällen.

Sturmvögel *(Procellariidae)* Die 53 Arten der Sturmvögel ähneln den Albatrossen, sind aber mit Ausnahme des antarktischen Riesensturmvogels nur etwa so groß wie Möwen. Die hervorragenden Segler sind auf der ganzen Welt verbreitet und unternehmen riesige Wanderungen. Zum Brüten kehren sie aber stets zu den gleichen Inseln zurück.

Sturmschwalben *(Hydrobatidae)* Die 23 Arten der Sturmschwalben sind ebenfalls auf allen Meeren verbreitet. Sie werden nur etwa spatzen- bis amselgroß. Auch sie sind unermüdliche Wanderer. Auf ihren Brutinseln graben sie Erdhöhlen zum Brüten.

Tauchsturmvögel *(Pelecanoididae)* Etwa so groß wie Amseln sind die fünf Tauchsturmvogelarten. Sie leben alle auf der südlichen Erdhalbkugel. Die ausgezeichneten Schwimmer und Taucher gehen nachts auf Nahrungssuche und benutzen unter Wasser ihre Flügel als Ruder.

Ruderfüßer *(Pelecaniformes)*
Die Ruderfüßer sind tauben- bis pelikangroße Vögel, die trotz ihrer Verwandtschaft zum Teil sehr verschieden aussehen. Alle sind Wasservögel, deren Hauptnahrung aus Fischen besteht. Manche leben an Binnengewässern, die meisten jedoch am Meer. Ruderfüßer haben vier Zehen, die durch Schwimmhäute miteinander verbunden sind. Viele tauchen ausgezeichnet, einige andere gar nicht. Die meisten fliegen sehr gut, aber eine Art, der Stummelkormoran auf den Galapagosinseln, kann überhaupt nicht fliegen. Zu den Ruderfüßern gehören die Tropikvögel, Pelikane, Tölpel, Kormorane, Schlangenhalsvögel und Fregattvögel.

Rechte Seite: Die braunen Meerespelikane findet man an Küstengewässern Nord- und Südamerikas.

Oben: Der Rotschnabel-Tropikvogel gehört in die Verwandtschaft der Pelikane.

Links: In Australien ist der Brillenpelikan zu Hause.

Unten: Der Rötelpelikan lebt an Gewässern südlich der Sahara.

Tropikvögel *(Phaëthontidae)* Den drei Tropikvogelarten sieht man die Verwandtschaft mit den Pelikanen kaum an. Charakteristisch für diese Vögel sind die sehr langen mittleren

Schwanzfedern. Die Tropikvögel bewohnen die tropischen Meere und brüten am liebsten auf stillen, abgelegenen Inseln.

Pelikane *(Pelecanidae)* Die acht Pelikanarten leben an Meeresküsten und Binnengewässern in den wärmeren bis tropischen Regionen der Erde. Typisch für diese großen Vögel ist ihr Schnabel. Der sehr lange Oberschnabel hat ein hakenförmiges Ende, und am Unterschnabel befindet sich ein stark dehnbarer Hautsack. Er dient beim Beutefang als riesige Kelle, mit der die Fische aus dem Wasser geschöpft werden. Trotz ihrer plumpen Gestalt sind die Pelikane gute Flieger und können auch mühelos segeln. Sie haben nämlich Luftsäcke unter der Haut sowie hohle, mit Luft gefüllte Knochen, wiegen also relativ wenig.
Pelikane jagen meistens gemeinsam. Sie bilden schwimmende Ketten und treiben Fischschwärme ins seichte Uferwasser, um sie dort zu fangen. Nur der bräunliche Meerespelikan jagt anders. Er fliegt einige Meter über dem Meer und späht nach Fischen. Dann stürzt er sich kopfüber ins Wasser und taucht nach der Beute.
Pelikane brüten gern auf Bäumen und bauen dort ziemlich grobe Nester aus Zweigen. Da aber in vielen ihrer Brutgebiete keine oder zu wenig Bäume vorhanden sind, legen sie ihre Eier oft auch auf den Boden. Sie bilden Brutkolonien, die manchmal aus mehreren tausend Paaren bestehen.
Zwei Arten, der Rosa- und der Krauskopfpelikan, kommen in Südosteuropa vor, außerdem auch in Asien und Afrika.

Tölpel *(Sulidae)* Der gänsegroße, weiße Baßtölpel mit den schwarzen Flügelspitzen und dem gelblichen Kopf brütet in oft riesigen Kolonien von Nordfrankreich über England bis nach Kanada. Seinen Namen verdankt er der Felseninsel «Bass Rock» vor der Nordostküste Schottlands, wo jährlich etwa 10000 Tölpelpaare brüten. Die übrigen sechs Arten sind vor allem an den tropischen Küsten und auf Inseln rund um die Erde zu finden.

Tölpel haben einen kräftigen, keilförmigen Schnabel und lange, schmale Flügel. Sie sind ausgezeichnete Flieger mit ungemein scharfen Augen. Aus etwa 20 bis 40 Metern Höhe suchen sie einzeln oder in Schwärmen nach Fischen, schießen dann in jähem Sturzflug hinunter und verfolgen die Beute notfalls bis in 20 Meter Tiefe. Unter Wasser rudern sie mit den Flügeln und den großen Schwimmfüßen.
Zu Beginn der Brutzeit führen die Tölpel lange, komisch wirkende Balztänze auf. Baßtölpel bauen sich aus Seetang Nester auf Felseninseln. Andere Arten brüten auf kahlem Boden, und zwei Arten bauen Nester auf Büschen und Bäumen.

Kormorane *(Phalacrocoracidae)* Kaum ein anderer Vogel Mitteleuropas ist so unerbittlich verfolgt worden wie der Kormoran. Die Fischer, die ihn als Konkurrenten betrachten, haben ihn

Rechts: Der europäische Kormoran brütet im nördlichen Europa und sucht zum Überwintern gern südlichere Binnengewässer auf.

Unten: Die tropischen Blaufußtölpel legen zwar zwei Eier, ziehen aber meistens nur ein Junges auf.

weitgehend ausgerottet. Heute ist er geschützt und kann sich wieder vermehren. So ist er im Winter wieder in zunehmender Zahl als Gast auf den mitteleuropäischen Binnengewässern zu sehen. Doch von den Fischern droht ihm erneut Gefahr! Man gönnt diesem Vogel nicht die 400 Gramm Fisch, die er täglich braucht, obwohl er hauptsächlich Fischarten fängt, an denen die Fischer gar nicht interessiert sind.
Die Brutkolonien des europäischen Kormorans liegen vor allem in den Küstengebieten Hollands und Norddeutschlands. Anders als bei uns, sind die Kormorane an den Küsten Perus, Chiles und Südafrikas hochwillkommene Vögel. Sie brüten dort zu Millionen und hinterlassen auf ihren Brutplätzen viele Tonnen Kot, den sogenannten Guano, der abgebaut und als wertvoller Pflanzendünger verkauft wird. Alle 30 Kormoranarten sind etwa entengroß. Manche haben ein

Rechts: Zu den schönsten Kormoranarten gehört der Aleutenkormoran, der im Beringmeer bei Alaska lebt.

Unten: Guanokormorane brüten oft zu Tausenden auf Inseln vor Peru und Chile. Hier wird ein toter Kormoran von einem Truthahngeier aufgefressen.

dunkles Gefieder, andere eine dunkle Ober- und eine helle Unterseite. Mit Ausnahme des flugunfähigen Stummelkormorans auf den Galapagosinseln sind sie gute Flieger, die gern gemeinsam auf Nahrungssuche gehen. Von der Wasseroberfläche aus tauchen sie nach Fischen.
Wo den Kormoranen Bäume zur Verfügung stehen, bauen sie dort Nester aus Zweigen. Die meisten brüten aber am Boden: in Nestern aus Seetang oder auch ohne jedes Nistmaterial.

Schlangenhalsvögel *(Anhingidae)* Die Schlangenhalsvögel oder Anhingas gleichen den Kormoranen, sind aber schlanker und haben einen viel längeren Hals. Der lange, schmale Schnabel läuft in einer dünnen, scharfen Spitze aus. Bei der Unterwasserjagd legen sie den Hals wie ein «S» an den Körper an. Kommt ein Fisch in Reichweite, schnellt der Hals blitzartig vor, und der Fisch wird wie mit einer Harpune aufgespießt und an die Oberfläche gebracht. Hier wird die Beute in die Luft geworfen und mit dem Kopf voran verschluckt.
Schlangenhalsvögel liegen beim Schwimmen tief im Wasser, manchmal mit dem ganzen Körper, so daß nur der lange Hals und der Kopf herausragen – das kann tatsächlich wie eine schwimmende Schlange aussehen!
Die Anhingas leben in vier Arten an Binnengewässern in Amerika, Afrika, Asien, Australien, Neuguinea und Neuseeland.

Fregattvögel *(Fregatidae)* Die Fregattvögel sind zwar nur etwa 1,5 Kilogramm schwer, aber ihre schmalen Flügel spannen sich über 2,10 Meter weit. Ihr Gewicht ist damit im Verhältnis zur Spannweite viel geringer als bei jedem anderen Vogel. Sie scheinen schwerelos zu sein und sind die besten Aufwindsegler der Welt!
Die fünf Fregattvogelarten bewohnen Inseln und Küsten der tropischen Meere. Neben anderen Meerestieren fangen sie gern Fliegende Fische, die mit hoher Geschwindigkeit über die Wasseroberfläche segeln. Sehr oft greifen sie in der Luft Tölpel und Kormorane an, wenn diese vom Fischfang heimkehren. Die Angegriffenen erbrechen dann häufig vor Angst ihre Beute, die von den Fregattvögeln meistens noch in der Luft aufgefangen und verschlungen wird.

Rechts: Der Stummelkormoran auf den Galapagosinseln hat verkümmerte Flügel und kann, im Gegensatz zu allen anderen Kormoranen, nicht fliegen.

Mitte: Der in Afrika, Südasien und Australien verbreitete Altwelt-Schlangenhalsvogel brütet auf Bäumen, die im Wasser stehen.

Unten: Fregattvogelmännchen haben in der Balzzeit einen riesigen aufblasbaren Kehlsack.

Stelzvögel *(Ciconiiformes)*
Die Ordnung der Stelzvögel nennt man auch Schreitvögel. Es sind langbeinige Tiere, die aber nicht schnell laufen können wie die Laufvögel, sondern gemessen daherschreiten und daneben

gute Flieger sind. Reiher, Störche und Ibisse sind die bekanntesten Stelzvögel.

Reiher *(Ardeidae)* Der Graureiher, früher auch Fischreiher genannt, ist unsere bekannteste Art und hat ein riesiges Verbreitungsgebiet. Außer in Europa brütet er in Afrika und in vielen Gebieten Asiens. Besonders in Mitteleuropa wurde er als «Fischereischädling» erbittert verfolgt, obwohl er sich zum großen Teil von Weißfischen ernährt, die für die Fischerei wertlos sind. Außerdem fängt er auch Frösche, Insekten und eine Menge Mäuse.

Oben: Der kleine südamerikanische Cayennereiher, hier in Gesellschaft eines Galapagos-Seelöwen, ernährt sich hauptsächlich von Krabben.

Ganz links: Der am weitesten verbreitete Reiher Europas ist der elegante Graureiher.

Links: Der schöne Silberreiher ist in fast allen wärmeren Ländern der Welt zu Hause.

Rechts: Vom australischen Riffreiher gibt es zwei Farbvarianten, eine dunkelblaugraue und eine weiße.

Wie alle Reiher ist er ein Lauerjäger, der oft lange Zeit völlig regungslos im Seichtwasser oder auf einem kahlen Feld steht. Der Hals ist dabei S-förmig angelegt und wird, wenn ein Beutetier in Reichweite kommt, blitzschnell vorgeschleudert; der lange Schnabel packt zu! Auch im Flug ist der Hals angelegt. Fliegende Reiher kann man daher leicht von anderen Stelzvögeln unterscheiden, die ihren Hals und Kopf vorstrecken.

Graureiher brüten gern auf Bäumen und bilden meistens Kolonien. In manchen Gegenden brüten mehrere Reiherarten in derselben Kolonie. Die Männchen besetzen den Nistplatz und lokken laut rufend und mit auffälligen Gebärden Weibchen herbei. Beide Partner bauen dann das Nest, bebrüten etwa vier Wochen lang die bläulichen Eier und ziehen dann weitere zwei Monate lang die Jungen groß.

Rechts: Im tropischen Amerika lebt der Kahnschnabel, ein seltsamer kleiner Reiher, der vor allem nachts auf Nahrungssuche geht.

Unten: Ein merkwürdiger Storchenvogel, der sehr versteckt in einigen wenigen afrikanischen Sumpfgebieten vorkommt, ist der Schuhschnabel.

Der Purpurreiher, der zum Brüten große, ungestörte Schilfgebiete braucht, brütet außer in Südeuropa regelmäßig in Holland, Österreich und der Schweiz, gelegentlich auch in Deutschland.
Im südöstlichen Europa findet man den großen, schneeweißen Silberreiher und in Südeuropa die kleinen Seiden-, Kuh- und Rallenreiher. Dort kann man auch den meist grauen Nachtreiher beobachten, der viel gedrungener gebaut ist und erst in der Abenddämmerung auf Nahrungssuche geht. Zwei weitere europäische Reiherarten sind die nur taubengroße Zwergrohrdommel und die seltene, etwa 75 Zentimeter lange Große Rohrdommel. Beide Arten sind ausgesprochene Schilfbewohner. Die größte Reiherart der Welt ist der afrikanische Goliathreiher, der etwa 1,30 Meter erreicht und damit 40 Zentimeter länger wird als der Graureiher. Weltweit kennt man 64 Reiherarten, doch keine Art ist so weit verbreitet wie der kleine Kuhreiher. Er hat sich von Afrika aus über die wärmeren Länder der ganzen Welt ausgebreitet und lebt mit Vorliebe in der Nähe von Großwild- und Viehherden. Er frißt die von den Herden angelockten oder aufgescheuchten Insekten.

Schattenvogel *(Scopus umbretta)* Der braune, rund 50 Zentimeter lange und unscheinbare Schattenvogel ist schwer einzuordnen, denn er hat Merkmale von Reihern und Störchen. Er lebt in Afrika und auf Madagaskar und baut auf Bäumen ein unglaubliches Nest: ein bis zu zwei Meter großes Gebilde aus Ästen, Grasbüscheln, Erdklumpen und Knochen, in dem er wie in einem Haus wohnt! Mittendrin befindet sich die kleine Brutkammer, die einen nach unten gerichteten Ausgang hat.

Schuhschnabel *(Balaeniceps rex)* Der etwa einen Meter hohe Schuhschnabel erinnert an einen kräftigen Reiher, hat aber einen mächtigen, holzschuhförmigen Schnabel. Er lebt in großen und möglichst ungestörten Schilfgebieten vom oberen Nil in Ägypten bis nach Zentralafrika. Neben Fischen und Fröschen erbeutet der seltsame und selten beobachtete Vogel sogar kleine Krokodile und Wasserschildkröten! Zum Brüten trägt er in unzugänglichen Sumpfgebieten ein etwa ein Meter hohes Nest aus Pflanzenteilen zusammen.

Störche *(Ciconiidae)* Jeder kennt den Weißen Storch, der in Europa bis nach Skandinavien hinauf vorkommt. Er gilt bei uns als Glücksbringer, und kaum jemand tut ihm willentlich etwas zuleide. Dennoch gehen fast überall die Storchenbestände immer weiter zurück, und aus vielen Gegenden ist er bereits ganz verschwunden. Störche brauchen vor allem Feuchtwiesen und Moorgebiete, wo sie nach Fröschen, Fischen, Mäusen und anderen Kleintieren suchen können. Das Trockenlegen von Feuchtgebieten für die Landwirtschaft bedeutet für den Storch also den Verlust von Lebensraum. Viele

Die Marabus sind große Störche mit bis zu 3 Metern Spannweite. Als Aasfresser spielen sie eine wichtige Rolle bei der Beseitigung von toten Tieren. Hier siehst du einen Afrikanischen Marabu.

Störche sterben außerdem durch das Berühren von elektrischen Hochspannungsleitungen.
In der Schweiz waren die Störche schon 1950 ausgestorben. Mit großem Aufwand hat man sie wieder angesiedelt, und 1990 gab es schließlich wieder über 700 Störche. Sie können aber nur überleben, weil sie zusätzlich zur natürlichen Nahrung gefüttert und zum Teil in Stationen gezüchtet werden.
Sehr viel seltener als der Weiße ist der Schwarzstorch, der in feuchten, sumpfigen Waldgebieten Osteuropas brütet. Die größte der insgesamt 17 Storchenarten ist der schöne Afrika-Sattelstorch, der auf seinem riesigen roten Schnabel einen gelben Sattel trägt. Von der Schnabelspitze bis zum Schwanz kann er über 1,50 Meter messen, während der Weiße Storch gut einen Meter lang wird. Ein Riese ist auch der amerikanische Jabiru mit 1,40 Meter Länge, dessen Kopf und Hals nackt und schwarz sind. Ebenfalls nackte, aber fleischfarbene Köpfe und Hälse haben die Marabus, von denen zwei Arten in Asien und eine in Afrika leben. Sie fressen neben Kleintieren auch gerne Aas und sind oft zusammen mit Geiern an Kadavern zu finden.

Rechts: Der Afrikanische Nimmersatt lebt an Flüssen und Seen und ernährt sich hauptsächlich von Fischen. Auf der Nahrungssuche steckt er seinen halbgeöffneten Schnabel bis zu den Augen ins Wasser und tastet so nach Beutetieren.

Oben: Der Weißstorch hat in Europa ein schweres Leben. Es gibt immer weniger Feuchtgebiete, in denen er genügend Nahrung und ungestörte Nistplätze finden kann.

Rechts: Bedeutend größer als sein europäischer Vetter ist der schöne afrikanische Sattelstorch, der wie der Nimmersatt eine Vorliebe für Fische hat.

Ibisse und Löffler *(Threskiornithidae)* Die Ibisse oder Sichler sind mit den Löfflern nahe verwandt. Dabei haben die Ibisse einen langen, dünnen und gebogenen Schnabel, während er bei den Löfflern sehr breit und an der Spitze löffelförmig ist. Der Berühmteste der ganzen Sippe ist der Heilige Ibis, ein weißer Vogel mit schwarzem Kopf. Er wurde von den alten Ägyptern hoch verehrt. Man legte ihn mit in die Gräber der Menschen, weil man glaubte, er trage die Seelen der Toten in den Himmel. Der Heilige Ibis lebt in Afrika und Arabien.

Der Waldrapp hat ein schwarzes Gefieder mit dunkelgrünem Schimmer und lange Schmuckfedern am Hals. Sein Kopf ist rot und nackt. Noch im 16. Jahrhundert brütete er im südlichen Europa bis in die Schweiz hinein; heute kommt er nur noch an wenigen Stellen in Nordwestafrika und Kleinasien vor. Dagegen findet man den eher unscheinbaren Braunen Sichler in fast allen wärmeren Gegenden der Erde. Der Weiße Löffler ist vor allem über Asien verbreitet, brütet aber auch in Südosteuropa und den Niederlanden.

Die meisten Ibisse und Löffler leben in Sumpfgebieten und an Gewässern und suchen dort nach Kleintieren. Die Löffler schwingen dabei ihre leicht geöffneten Schnäbel im Flachwasser hin und her und fangen so ihre Beute.

Flamingos *(Phoenicopteriformes)*

Den Nakurusee in Kenia nennt man bisweilen

Ganz oben: Der Waldrapp ist ein Ibis, der früher auch in Mitteleuropa verbreitet war. Heute lebt er wild nur noch in zwei kleinen Gebieten in Nordafrika und in der Türkei.

Oben: Der prächtigste Ibis ist der südamerikanische Rote Sichler.

Links: Afrikanische Löffler auf der Futtersuche. Mit ihren seltsamen breiten Schnäbeln sieben die Löffler Kleintiere aus dem seichten Wasser.

«das größte Vogelspektakel der Welt». Kein Wunder! Zu gewissen Zeiten versammeln sich hier bis zu eineinhalb Millionen Flamingos – das ist etwa ein Viertel aller Flamingos der Erde! Der Grund für diese unglaubliche Ansammlung ist das Nahrungsangebot. Bei bestimmten Wetterverhältnissen kommt es im Nakurusee zu einer Massenvermehrung von winzigen Salzwasserkrebschen und Blaualgen. Und das ist genau die Nahrung, auf die Flamingos spezialisiert sind. Um diese feinen Nahrungsteilchen aus dem Wasser zu holen, haben die rosaroten Vögel im Schnabel eine raffinierte Filtervorrichtung. Sie besteht aus einer dicken, kolbenförmigen Zunge und zahlreichen dünnen Hornlamellen an den Schnabelrändern. Wird bei leicht geöffnetem Schnabel die Zunge zurückgezogen, strömt Wasser mit Nahrung in die Mundhöhle. Wird die Zunge wieder nach vorn gestoßen, fließt das Wasser aus dem Schnabel heraus. Die Algen und Krebschen aber bleiben am Lamellensieb hängen und werden mit dem nächsten Zurückziehen der Zunge in den Schlund befördert.

Die Flamingos, von denen es insgesamt fünf Arten gibt, sind also Nahrungsspezialisten und können deshalb nur dort existieren, wo diese Nahrung in genügender Menge vorhanden ist. Deshalb findet man sie nur an verhältnismäßig wenigen Orten der Erde, dort aber oft in sehr großer Zahl. In Europa kommen sie in der Camargue (Südfrankreich) und in Südspanien vor. Außerdem leben sie in einigen Gebieten Afrikas und Asiens sowie in den Tropen und Subtropen Amerikas. Einige ihrer Nahrungs- und Brutgebiete liegen in extrem heißen Zonen; in Südamerika fühlen sich Flamingos allerdings auch an Gebirgsseen in über 4000 Meter Höhe wohl, wo die Temperaturen nachts bis weit unter den Gefrierpunkt sinken.

Zum Brüten suchen sich Flamingos am liebsten ungestörte und unzugängliche Salzwassersümpfe. Hier häuft jedes Paar einen Schlammkegel auf, der über den niedrigen Wasserspiegel hinausragt. In die Mulde oben auf dem Nestkegel wird ein Ei gelegt, das beide Eltern abwechselnd bebrüten. Das Kleine wird mit einem vitaminreichen Nahrungssaft aus dem Vormagen der Eltern aufgezogen. Es legt sich in wenigen Wochen ein tüchtiges Fettpolster zu – und das braucht es auch! Es wird nämlich von den Eltern verlassen, lange bevor es flügge ist und sich sein Schnabel zu einem Filterapparat entwickelt hat. Deshalb muß es einige Wochen hungern, bis es sich selbständig ernähren kann.

Gänsevögel *(Anseriformes)*

Zur Ordnung der Gänsevögel zählt man die Schwäne, die Gänse, die Enten und die Wehrvögel. Insgesamt werden etwa 145 Arten unterschieden. Innerhalb dieser großen Verwandt-

Links: Der abgeknickte Schnabel der Flamingos ist eine kompliziert gebaute Filteranlage, um winzige Krebstiere und Algen aus dem Wasser zu sieben.

Unten: Der Rosaflamingo brütet in wenigen, weit verstreuten Salzsumpfgebieten in Südfrankreich, Südspanien, Afrika, Vorderasien und Indien.

schaft sind sich die Schwäne und die Gänse am nächsten. Einige Gänse- und Entenarten sind für den Menschen wichtige Haustiere geworden. Viele Arten sind von alters her ein wichtiges Jagdwild. Außerdem findet man sehr viele Enten, Gänse und Schwäne als Ziergeflügel auf Weihern und in Gehegen. Die Gänsevögel spielen also für den Menschen eine wichtige Rolle.
Fast alle diese Schwimmvögel erkennt man sofort an einigen typischen Merkmalen. Sie haben ziemlich kurze, breite Schnäbel, an deren Rändern sich Hornlamellen befinden. Damit werden Nahrungsteilchen aus dem Wasser gesiebt. Die Beine sind kurz und kräftig. Die drei vorderen Zehen sind mit Schwimmhäuten verbunden, während die vierte, hintere Zehe nur sehr kurz ist. Die Hälse sind verhältnismäßig lang, die Flügel groß und gut ausgebildet. Nahezu alle Arten sind gute und ausdauernde Flieger, und viele machen riesige Wanderungen zwischen ihren Brut- und Winterquartieren.

Rechts: Der große, heute auf vielen europäischen Gewässern wieder häufig anzutreffende Höckerschwan verteidigt sein Nest energisch gegen alle, die ihm zu nahe kommen.

Links: In Nordeuropa und Nordasien lebt der Singschwan, der merkwürdig schöne, langgezogene, posaunenähnliche Rufe ausstößt.

Links: In Australien lebt der Schwarze Schwan oder Trauerschwan, der trotz seines schwarzen Gefieders mit dem weißen Höckerschwan nahe verwandt ist.

Die meisten Gänsevögel brüten am Boden, manche in schwimmenden Nestern und einige in Baumhöhlen oder auf Bäumen in Nestern anderer Vögel. Das Gelege, das aus über 20 Eiern bestehen kann, wird meistens nur vom Weibchen bebrütet. Die Jungen tragen ein dichtes Daunenkleid in Tarnfarben. Sie sind sogenannte Nestflüchter, die schon am crsten Tag laufen und schwimmen können. Sie verlassen das Nest sehr bald, werden aber noch einige Wochen von der Mutter oder von beiden Eltern geführt.
Die Nahrung der Gänsevögel besteht vorwiegend aus pflanzlichen Stoffen, Würmern,

Schnecken und Insekten. Einige haben sich auf Fische, andere auf Muscheln spezialisiert.

Schwäne *(Anserinae)* Die Schwäne sind die größten Gänsevögel. Am bekanntesten ist der Höckerschwan, der auf seinem roten Schnabel einen schwarzen Höcker trägt. Seine Heimat reicht von Zentralasien bis nach Sibirien; er wurde aber schon in früheren Jahrhunderten überall in Europa als Ziervogel angesiedelt. Hier hat er sich in vielen Gegenden stark verbreitet, weil er kaum natürliche Feinde kennt. Ein Schwanenpaar bleibt für das ganze Leben zusammen. Zur Brutzeit baut es gemeinsam im flachen Wasser ein großes Nest, welches das Männchen unerschrocken auch gegen Hunde und Menschen verteidigt. Die Brutzeit der vier bis sieben Eier beträgt gut sieben Wochen. Die Familie bleibt, auch wenn die Jungen flügge sind, noch lange Zeit zusammen.
In Nordeuropa und Nordasien kommt der Singschwan vor, der einen gelbschwarzen Schnabel und einen schönen, wohlklingenden Ruf hat. Ähnlich sieht auch der amerikanische Trompeterschwan aus, von dem es früher Millionen gab, und der bis auf etwa 2000 Tiere ausgerottet wurde. Der ebenfalls gelbschnäbelige Zwergschwan an den nordischen Küsten ist mit fünf

Oben: Bei der schönen, zierlichen Graukopfgans, die im Süden von Südamerika lebt, haben Männchen und Weibchen die gleiche Färbung.

Rechts: In Nord- und Nordosteuropa sowie in Nordasien lebt die Graugans, von der die Hausgänse abstammen.

Links: Die Brandgans lebt an Meeresküsten und Salzseen von Nord- und Osteuropa und Zentralasien, wo sie zum Brüten Erdhöhlen gräbt. Man nennt sie daher auch Erdgans.

Unten: Die aus Nordamerika stammende Kanadagans wurde in verschiedenen Ländern, zum Beispiel in England, Schweden und Neuseeland angesiedelt.

Kilogramm Gewicht nur halb so schwer wie der Höckerschwan.

Gänse *(Anserinae)* Zu den echten Gänsen gehören 15 große Vogelarten, die den Schwänen ähnlich sehen, aber etwas längere Beine und kürzere Hälse haben. Sie halten sich nachts am liebsten auf dem Wasser auf, während sie tagsüber auf Wiesen Gras und andere Pflanzen abweiden. Die Paare bleiben meist das ganze Leben lang zusammen. Sie brüten am liebsten in Kolonien in sumpfigen Wiesen und bilden außerhalb der Brutzeit große Gesellschaften.
Am bekanntesten ist die Graugans, von der die Hausgänse abstammen. Weitere echte Gänse sind die Saat-, Bleß-, Zwerg- und Schneegans. Die aus dem Norden Amerikas stammende Kanadagans wurde in England und Skandinavien als Ziervogel eingeführt und hat sich dort stark vermehrt.
Zu trauriger Berühmtheit ist die Hawaiigans gekommen, die nur auf den Hawaii-Inseln lebt und früher sehr häufig war. Sie wurde bis auf wenige Dutzend Exemplare ausgerottet, bis man sie endlich unter strengen Schutz stellte.
Bemerkenswert sind die Pfeifgänse mit ihren angenehm pfeifenden Rufen. Äußerlich sehen sie eher wie Enten aus, und deshalb nannte man sie früher auch Baumenten. Sie gehören aber in die Verwandtschaft der Gänse. Auch bei ihnen bleiben die Paare ein Leben lang zusammen. Sie bauen ihre Nester meistens am Boden, oft aber auch auf einer Astgabel oder in einer großen Baumhöhle.

Enten *(Anatinae)* Während bei den Schwänen und Gänsen Männchen und Weibchen meist gleich oder sehr ähnlich aussehen, tragen die Entenmännchen (Erpel) oft ein farbenprächtiges Gefieder, die Weibchen jedoch ein unscheinbares Tarnkleid.
Sehr viele Enten, die in den kalten und gemäßigten Zonen leben, «verloben» sich im Herbst. Sie bilden auf Gewässern große Gesellschaften und führen auffallende Schwimmtänze auf. Hat sich ein Paar gefunden, bleibt es nun bis zum Früh-

ling zusammen. Dann erst findet die eigentliche Paarung statt. Meistens verlassen die Männchen bald nach der Hochzeit die Weibchen, die nun allein brüten und die Jungen aufziehen.
In der Gruppe der Schwimmenten finden wir die Stock- und die Krickente, unsere häufigsten Wildenten. Sehr gewandte Taucher sind die Tauchenten. Zu ihnen gehört die hübsche schwarzweiße Reiherente, die ihre nordischen Brutgebiete im Herbst in großen Scharen verläßt, um an mitteleuropäischen Binnengewässern zu überwintern. Die zu den Meerenten gehörenden Eiderenten brüten ebenfalls im Norden. Die Weibchen polstern die Nester mit einer großen Menge feinster Daunenfedern aus, die sie sich am Bauch ausrupfen. Diese Eiderdaunen werden nach der Brutzeit gesammelt und finden als wertvolle Schlafsack- und Bettzeugfüllung Verwendung. Auch die Säger aus dem Norden Europas, Asiens und Amerikas zählen zu den Enten. Sie fangen Fische und haben dazu auffallend schmale, lange Schnäbel mit gezähnten Rändern.

Oben: Die Stockente ist fast über die ganze Erde verbreitet. Das hier abgebildete Männchen trägt sein «Hochzeitskleid».

Mitte: Die Eiderenten sind Meeresvögel des hohen Nordens, die bis zu 30 Meter tief nach Muscheln und Krebstieren tauchen.

Rechts: In Zentralasien und in einigen verstreuten Gebieten Europas brütet die Kolbenente.

Linke Seite: Die Männchen der aus Ostasien stammenden Mandarinenten gehören zu den prächtigsten Wasservögeln.

Wehrvögel *(Anhimidae)* Die südamerikanischen Wehrvögel sehen zwar wie große Hühnervögel aus und suchen gern in offenem Grasland nach Pflanzenteilen und Kleintieren. Sie gehören aber in die Verwandtschaft der Gänsevögel. Zur Abwehr von Feinden haben sie an jedem Flügelansatz zwei lange, scharfe Sporen – Überreste von Zehen.

Greifvögel *(Falconiformes)*
Die Ordnung der Greifvögel, die man früher auch Raubvögel nannte, umfaßt etwa 300 Arten von Vögeln, die zum größten Teil lebende Beute jagen. Es gibt aber auch verschiedene Aasfresser. Die kleinsten Greifvögel sind die nur sperlingsgroßen Zwergfalken, die größten die Kondore mit weit über drei Metern Flügelspannweite.

Typisch für die Greifvögel sind ihre hervorragenden Augen, mit denen sie selbst aus großer Höhe noch über das Feld huschende Mäuschen erspähen können. Alle haben einen hakenförmigen Schnabel mit scharfen Rändern, der sich gut zum Aufreißen und Zerlegen von Tieren eignet. Ebenfalls charakteristisch für die meisten Arten sind die langen, gebogenen, spitzen Krallen, mit denen die Beute ergriffen wird – daher stammt auch der Name Greifvögel.

Wie du auch bei unseren einheimischen Arten beobachten kannst, führen viele Greifvögel im Frühling wunderschöne und von hellen, klingenden Rufen begleitete Flugbalzspiele auf. Die Paare halten oft zeitlebens zusammen. Das Nest wird immer wieder erneuert, und oft wird es viele Jahre hintereinander benutzt. Es befindet sich meistens an schwer zugänglichen Stellen auf einem Baum, in einer Felswand oder auch in einem hohen Gebäude (Turmfalke). Große Greifvögel legen ein bis zwei, kleinere bis zu sieben Eier, die sie vier bis sechs Wochen lang bebrüten. Die Jungen werden von den Eltern mit kleinen, losgerissenen Fleischstücken gefüttert, bis sie die herbeigetragenen Beutetiere selbst zerlegen können. Ausgewachsene Greife schlucken erstaunlich große Beutestücke «mit Haut und Haar» hinunter. Haare, Knochen und andere unverdauliche Teile der Beute werden im Magen zu Klumpen geformt und als «Gewölle» aus dem Schnabel wieder ausgewürgt. Anhand dieser Gewölle, die an Niststellen gefunden und untersucht werden, kann man feststellen, wovon sich gewisse Greifvogelarten ernähren.

Heute werden die Greifvögel meistens in vier Familien eingeteilt: in Neuweltgeier, Sekretäre, Habichtartige und Falkenartige.

Neuweltgeier *(Cathartidae)* Die Neuweltgeier – so nennt man die Geier Amerikas – haben mit den Altweltgeiern aus den übrigen Erdteilen manches gemeinsam, zum Beispiel den ganz oder teilweise kahlen Kopf. Dennoch sind sie nicht näher miteinander verwandt. Ihre äußerliche Ähnlichkeit entstand durch ihre ähnlichen Nahrungsgewohnheiten, die meisten Geier sind nämlich Aasfresser. Die Altweltgeier gehören zur Familie der Habichtartigen, während die Neuweltgeier eine eigene Familie bilden.

Oben, links und rechts: Der Andenkondor ist mit über 3 Metern Flügelspannweite einer der größten flugfähigen Vögel. Der afrikanische Sekretär dagegen fliegt selten (rechts) und zieht es vor, auf seinen langen Beinen auf Nahrungssuche zu gehen.

Die kleinsten der sechs Neuweltgeierarten sind die nur hühnergroßen, schwarzen Raben- und Truthahngeier. Der rotköpfige Truthahngeier kommt von Südamerika bis hinauf nach Südka-

nada vor, der schwarzköpfige Rabengeier von Südamerika bis in die südlichen USA. Überall dort, wo Aas zu finden ist – in freier Wildbahn, aber auch auf Mülldeponien und bei Schlachthöfen –, sieht man sie oft in großer Zahl. Sehr schön ist der etwa 80 Zentimeter große Königsgeier, der einen leuchtend gelbroten Kopf und ein hellgraues Gefieder mit schwarzen Flügel- und Schwanzfedern besitzt. Er kommt von Mittelamerika bis nach Südbrasilien vor und lebt oft in dichten Tropenwäldern. Auch dort findet er tote Tiere, selbst wenn diese im Dickicht praktisch nicht zu sehen sind – und zwar durch den Geruch! Neuweltgeier, und besonders der Königsgeier, haben einen gut ausgebildeten Geruchssinn – im Gegensatz zu den meisten anderen Vogelarten, die Gerüche kaum wahrnehmen können. Der seltenste Neuweltgeier ist der kalifornische Kondor, der früher über ganz Nordamerika verbreitet war und heute bis auf ein paar Dutzend Exemplare ausgerottet ist. Häufiger, aber ebenfalls gefährdet ist der Anden-Kondor. Er hat seine Brutplätze im Andengebirge in Südamerika und fliegt von dort oft zur Küste hinunter, um nach angeschwemmten toten Meerestieren, Fischen, Robben, Walen usw. zu suchen.

Oben: Weit über Nordamerika, Europa, Asien und Nordafrika ist der Steinadler verbreitet.

Mitte: Der afrikanische Schreiseeadler lebt an Gewässern und ernährt sich von Fischen.

Rechts: Ein schneller, wendiger Flieger, der auch andere Vögel im Flug erbeuten kann, ist der Habicht.

Sekretäre *(Sagittariidae)* Der Sekretär hat keine näheren Verwandten und bildet daher eine Vogelfamilie mit nur einer einzigen Art. Dieser Vogel der afrikanischen Steppengebiete fällt vor allem durch seine langen Stelzbeine völlig aus dem Rahmen. Er wird ungefähr einen Meter hoch, hat etwa zwei Meter Flügelspannweite und kann gut fliegen. Er geht jedoch lieber zu Fuß und erhebt sich nur bei unmittelbarer Gefahr in die Luft. Seine Lieblingsnahrung sind Schlangen. Auch an gefährliche Giftschlangen wagt er sich heran und tötet diese mit gezielten Fußtritten. Auf hohen Büschen oder Bäumen baut das Sekretärpaar sein großes Nest.

Habichtartige *(Accipitridae)* In dieser größten Greifvogelfamilie sind rund 200 Arten zusammengefaßt. Zu ihnen gehören die eher kleinen, etwa 20 bis 40 Zentimeter langen Gleitaare. Sie bewohnen die wärmeren bis tropischen Ge-

Links: Der taubengroße Turmfalke hat Beute gemacht.

Links unten: Der afrikanische Gaukler führt in der Paarungszeit akrobatische Flugkunststükke auf.

Unten: Elegante, aber keine sehr schnellen Segler sind die Milane, die neben verschiedenen anderen Kleintieren auch gerne Fische fangen.

Unten: Nur etwa starengroß ist der afrikanische Halsband-Zwergfalke.

biete der Erde und sind sehr gewandte Flugjäger. Einer von ihnen, der Fledermaus-Gleitaar in Afrika und Südostasien, hat sich sogar darauf spezialisiert, in der Dämmerung nach Fledermäusen zu jagen, obwohl diese ebenfalls bewegliche und geschickte Flieger sind.

Mit einem Dutzend Arten fast weltweit verbreitet sind die Wespenbussarde, die gern Insekten, oft aber auch andere kleine Tiere fangen. Der Schopfbussard auf Madagaskar zum Beispiel hat eine Vorliebe für Chamäleons, die er mit seinen scharfen Augen trotz ihrer ausgezeichneten Tarnung findet. Der europäische Wespenbussard aber fängt tatsächlich am liebsten Wespen und Bienen und scharrt auch gern im Boden nach ihren Nestern, um die Larven aus den Waben zu holen.

Von den zehn weltweit verbreiteten Milanarten brüten der Schwarze und der Rote Milan auch in Europa. Sie gehören neben dem Mäusebussard zu unseren bekanntesten Greifvögeln.

Über 50 Greifvogelarten zählt man zu den Habichten. Sie haben verhältnismäßig kurze, breite Flügel und sind daher besonders wendige Flieger. Dadurch können sie vor allem in buschreichen Gegenden Beutetiere im Überraschungsangriff überfallen.

Die größte Gruppe der Habichtartigen bilden die Bussardartigen, zu denen nicht nur die zahlreichen eigentlichen Bussarde, sondern auch die Adler gehören. Die meisten Arten leben vorwiegend von Mäusen und anderen kleinen Nagetieren, die großen Adler erbeuten aber auch Tiere

Oben von links nach rechts: Ohrengeier, Gänsegeier, Bartgeier. Links: Schmutzgeier.

Geier haben verschiedene Freßgewohnheiten: die Schnäbel machen das deutlich.

Schmutzgeier in Südeuropa, Vorderasien und Afrika mit bis zu 1,65 Meter Spannweite. Tote Tiere sind zwar die Hauptnahrung der Geier, aber gerade die kleineren Arten fangen auch Insekten und plündern Vogelnester. Der afrikanische Palmgeier erbeutet Fische und Krabben, ernährt sich aber zur Hauptsache von den Früchten der Ölpalmen, also von Pflanzen – was für Greifvögel ganz ungewöhnlich ist!

Fischadler *(Pandioninae)* Der Fischadler stellt eine besondere Vogelfamilie dar und unterscheidet sich von den echten Adlern durch

Oben: In Europa, Asien und Afrika ist der Gänsegeier verbreitet.

Links: Quer durch das mittlere Afrika zieht sich die Heimat des Sperbergeiers.

Rechts: Der kleine Schmutzgeier muß sich oft mit den Resten der Mahlzeiten großer Geier begnügen.

Unten: Der Kappengeier ist vor allem an den Küsten Afrikas verbreitet.

bis zur Größe von jungen Hirschen. Adler in Tropenwäldern jagen Affen, Seeadler töten Fische und Wasservögel. Der stärkste Greifvogel in Europa ist der Steinadler, der, wie so viele andere Greifvögel auch, in weiten Gebieten ausgerottet wurde. Früher hielt man alle Greifvögel für schädlich und verfolgte sie unerbittlich. Heute wissen wir, daß sie eine wichtige Rolle im Haushalt der Natur spielen und diese als «Müllabfuhr» und «Gesundheitspolizei» im Gleichgewicht halten.

Nicht viel besser als dem Steinadler erging es dem amerikanischen Weißkopf-Seeadler, obwohl dieser prächtige Vogel das Wappentier der Vereinigten Staaten ist.

Zu den Habichtartigen gehören schließlich auch die 16 Arten der Altweltgeier. Der größte von ihnen ist der in Südeuropa und Asien lebende Mönchsgeier mit einer Flügelspannweite von fast drei Metern. Der kleinste ist der weiße

seine nach hinten gerichtete Wendezehe, die er vor- und rückwärtsdrehen kann. Er ist fast auf der ganzen Welt verbreitet und brütet auch in Mitteleuropa. Beim Fischfang taucht er oft aus großer Höhe ins Wasser ein und packt die Beute mit seinen Krallen.

Falken *(Falconidae)* Die rund 60 Falkenarten sind weltweit verbreitete, schnelle und gewandte Flieger, von denen manche sogar andere Vögel im Flug fangen. Die kleineren Arten erbeuten hauptsächlich Insekten. Falken haben am Rand des Oberschnabels eine zahnähnliche Kerbe, den «Falkenzahn», mit dem die Beute totgebissen wird. Die bekanntesten Arten in Europa sind der Turm-, der Baum- und der Rötelfalke. Beinahe ausgerottet hat man den Wanderfalken, den schnellsten Vogel der Welt, der im Angriffsflug Geschwindigkeiten von bis zu 320 Stundenkilometern erreicht.

Hühnervögel *(Galliformes)*
Die Ordnung der Hühnervögel ist mit rund 265 Arten fast überall verbreitet. Hühner leben in Wüsten und Steppen, in Wäldern und im Gebirge bis in 6000 Metern Höhe. Sie sind Bodenbewohner, die in der Erde nach Pflanzenteilen und Kleintieren scharren. Als Nahrungsspeicher dient ihnen der Kropf. Zum Zerkleinern von Körnern und anderen festen Pflanzenteilen haben sie im Magen starke Muskelplatten und Steinchen, die sie zu diesem Zweck verschlucken.

Oben: Das Alpenschneehuhn hat im Sommer ein bräunlichgraues und im Winter schneeweißes Gefieder.

Rechts: Ein rebhuhnähnlicher Vogel aus Afrika: der Gelbkehlfrankolin.

Unten links und rechts: Der männliche Pfau zeigt seine prächtigen Rückenfedern.

Bei vielen Hühnervögeln lebt ein Hahn mit mehreren Hennen zusammen und kümmert sich nicht um die Brut. Andere Arten leben in sogenannter Einehe, und die Partner teilen sich die Arbeit. Wieder andere treffen sich nur zur Paarung und leben sonst einzeln. Die Hähne vieler Hühnervögelarten sind sehr farbenprächtig, während die Hennen fast immer Tarnfarben tragen. Die oft zahlreichen Eier werden meistens am Boden bebrütet, und die Küken verlassen häufig schon am ersten Lebenstag das Nest. Für

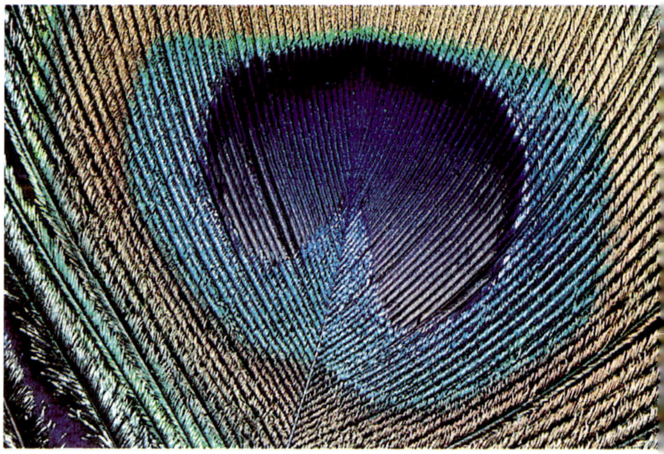

Links: Der schöne Jagdfasan stammt aus Asien, wurde aber in Europa, Nordamerika und anderen Ländern als Jagdwild angesiedelt.

Rechts: Prächtige Wildhühner sind die afrikanischen Geierperlhühner.

den Menschen sind die Hühnervögel besonders wichtig. Vor allem das Haushuhn, das vom asiatischen Bankivahuhn abstammt, ist heute in zahlreichen Rassen auf der ganzen Erde verbreitet und wird wegen des Fleisches und der Eier millionenfach gezüchtet. Auch als Jagdwild hat man Hühnervögel, zum Beispiel Rebhühner, Steinhühner und vor allem Fasane, in vielen Teilen der Welt angesiedelt. So ist heute der asiatische Jagdfasan fast weltweit verbreitet. Allein in den USA werden jährlich rund 20 Millionen

Links: Vom asiatischen Bankivahuhn stammen alle unsere Haushühner ab.

Rechts unten: Im Süden der USA und in Mexiko ist das Wildtruthuhn verbreitet, das in Freiheit allerdings selten geworden ist.

Fasane geschossen. Schließlich spielen Hühnervögel, vor allem die prächtigen Fasane und Pfauen, als Ziergeflügel eine große Rolle.

Rauhfußhühner *(Tetraoninae)* Die Rauhfußhühner, die in 18 Arten die gemäßigten bis kalten Zonen Europas, Asiens und Nordamerikas bewohnen, haben stets mit Federn bedeckte Beine und oft auch befiederte Zehen. Viele leben in schneereichen Gebieten, in den Bergen oder hoch im Norden. Wie Schneeschuhe verhindern die Federn an den Füßen das Einsinken im Schnee. Rauhfußhühner können nur in ungestörten Naturlandschaften überleben. Wo das Land vom Menschen bewirtschaftet wird, verschwinden sie. Manche Arten sind daher stark gefährdet.

Die bekanntesten europäischen Arten sind das Auerhuhn, das Birkhuhn, das Haselhuhn und die Schneehühner. Zur Paarungszeit versammeln sich bei den Birkhühnern die schwarzen Hähne in Gruppen auf den Balzplätzen und führen den Hennen turnierartige, kämpferische Balzspiele vor. Ähnliche Balzspiele veranstalten auch die amerikanischen Präriehühner.

Fasanen *(Phasianinae)* Zur Unterfamilie der Fasanen mit ihren etwa 170 Arten gehören nicht nur die eigentlichen Fasanen, sondern auch die Wildhühner, Feldhühner, die Pfauen und die amerikanischen Zahnwachteln. Diese Vögel können sich im Aussehen stark unterscheiden. Die kleinste Art ist die nur etwa 12 Zentimeter große Chinesische Zwergwachtel, die größte ist der Pfau mit bis zu zwei Metern Länge.

Die echten Fasanen stammen fast alle aus Zentral- und Südasien. Die Männchen einiger Arten gehören zu den farbenprächtigsten Vögeln überhaupt. Besonders die Gold-, Silber-, Amherst- und Blutfasanen sind deswegen sehr begehrte Ziervögel.
Die vier Arten der eigentlichen Wildhühner leben in Südasien. Sie sind so groß wie Zwerghühner und tragen rote Kämme und Kehllappen wie unsere Haushühner. Die Hähne sind sehr farbenprächtig. Aus einer dieser Arten, dem Bankivahuhn, wurde wahrscheinlich schon vor etwa 5000 Jahren das Haushuhn gezüchtet, das vor 2500 Jahren nach Europa gebracht wurde.
Rund 130 Fasanenarten gehören zu den sogenannten Feldhühnern. Diese kleinen, rundlichen Vögel haben kurze Schnäbel und Schwänze und sind nicht sehr auffällig gefärbt. Meistens tragen sie sogar ausgesprochene Tarnfarben. Sie sind Bodenbewohner in offenen Landschaften wie Feldern, Mooren und Halbwüsten. Typische Feldhühner sind die Wachteln, die Rebhühner und die Stein- und Felsenhühner.
Von einzigartiger Schönheit ist der männliche Pfau, wenn er balzend sein Rad schlägt. Er stammt aus Indien und Sri Lanka, wurde aber schon vor langer Zeit in andere Länder gebracht.

Ganz oben: Der australische Thermometerhahn baut und pflegt mit viel Geduld einen «Brutapparat», in dem die Eier seiner Hennen ausgebrütet werden.

Oben: Das australische Buschhuhn scharrt zum Ausbrüten der Eier einen Haufen verrottendes Laub zusammen.

Links: Zum erstenmal fotografiert: Ein Buschhuhn-Küken ist geschlüpft und hat sich aus dem Bruthaufen gebuddelt. Es kann schon am ersten Lebenstag fliegen!

Perlhühner *(Numidinae)* Die sechs Arten der Perlhühner kommen aus Afrika und Madagaskar. Ihr blaugraues Gefieder ist mit hübschen perlweißen Tupfen übersät. Meist sieht man sie in Gruppen, in denen die einzelnen Paare aber fest zusammenhalten. Auch Perlhühner werden schon seit Jahrtausenden in vielen Ländern als Haustiere gehalten.

Truthühner *(Meleagridinae)* In Nord- und Mittelamerika lebt das große Wildtruthuhn, das von den Mexikanern zum Haustier gemacht und von den Spaniern vor etwa 450 Jahren nach Europa gebracht wurde. In Nordamerika wurden diese Vögel von den weißen Siedlern in den meisten Gegenden ausgerottet.
In Mittelamerika lebt das Pfauentruthuhn, bei dem der Hahn auf den Rücken- und Schwanzfedern Pfauenaugenflecken trägt.

Großfußhühner *(Megapodiidae)* In Australien, auf Neuguinea und einigen südostasiatischen Inseln leben die Großfußhühner, ein Dutzend Vogelarten mit ganz ausgefallenen Brutgewohnheiten. Im Gegensatz zu allen anderen Vögeln, die ihre Eier mit der Körperwärme ausbrüten, nutzen sie dazu vulkanische Wärme, Sonnenenergie oder die Gärungswärme verfaulender Pflanzen. Das Hammerhuhn, das in den Regenwäldern der Insel Celebes lebt, kommt in der Brutzeit aus dem Dickicht an den Strand, gräbt ein armtiefes Loch in den Sand und legt ein Ei hinein. Dasselbe wiederholt es alle paar Tage, bis etwa zehn bis zwanzig Eier im Sand vergraben sind, die nun durch die Sonnenwärme ausgebrütet werden. Die Küken müssen sich selbst an die Oberfläche buddeln und sind sofort selbständig. Sie können vom ersten Lebenstag an fliegen und sich schon für die erste Nacht auf einem Baum in Sicherheit bringen.
Das Freycinet-Großfußhuhn lebt auf Inseln, auf denen der Boden an manchen Stellen durch vulkanische Herde und heiße Quellen erwärmt wird. Zur Eiablage sucht es sich solche Stellen, an denen die Temperatur etwa 33 Grad beträgt. Dies kann es mit einem temperaturempfindlichen Organ im Schnabel prüfen – eine Art Thermometer, das erstaunlich genau funktioniert! Eine Großfußhuhnart heißt deshalb Thermometerhuhn.
Das Thermometerhuhn lebt in Trockenbuschgebieten Südaustraliens. Der Hahn scharrt dort am Ende der Trockenzeit eine tiefe Grube in den Boden und füllt sie mit Pflanzenteilen, die er in weitem Umkreis sammelt. Sobald sie vom Regen durchnäßt sind, scharrt er einen Haufen Sand darüber und lockt Hennen an, die ihre Eier in den «Brutapparat» legen. Durch das Faulen der Pflanzen entsteht Gärungswärme, die vom Hahn durch Lüftungskanäle und Sandumschichtungen so lange reguliert wird, bis die

Der tropische Regenwald in Südamerika ist die Heimat der Schopfhühner (rechts). Sie bauen ihre Nester auf Baumästen, die über das Wasser ragen. Die Jungen lassen sich bei Gefahr ins Wasser fallen und klettern später mit Hilfe ihrer Flügelfinger zurück ins Nest (links).

Links: Der Kronenkranich lebt vor allem in den Graslandschaften Afrikas und erbeutet mit Vorliebe Heuschrecken.

Rechts: Der Graukranich braucht zum Brüten große, ruhige und sumpfige Gebiete. Da diese bei uns immer seltener werden, ist er in den meisten mitteleuropäischen Ländern ausgestorben.

Unten rechts: Die Heimat des scheuen, versteckt lebenden Rallenkranichs erstreckt sich von den südlichen USA bis nach Südamerika.

Küken geschlüpft sind. Großfußhühner in tropischen Wäldern scharren Laubhaufen zu ähnlich funktionierenden Brutöfen zusammen.

Schopfhühner *(Opisthocomidae)* Das haushuhngroße Schopfhuhn oder Hoatzin lebt an Flußufern in südamerikanischen Regenwäldern. Diese Vögel bauen ihre Nester in Büschen über dem Wasser. Bei Gefahr lassen sich die Jungen ins Wasser fallen und flüchten schwimmend und tauchend. Das können andere Hühnerküken nicht! Später klettern sie auf den Nestbusch zurück. Dabei helfen ihnen die beiden Finger mit Krallen, die sie an jedem Flügel haben. Diese sogenannten «Flügelhändchen» sind Zeichen ihrer uralten Verwandtschaft mit den Echsen.

Kranichvögel *(Gruiformes)*
Die kleinsten Kranichvögel sind nur 10 Zentimeter lang und fünf Gramm leicht. Die größten werden 1,50 Meter lang und bis zu 22 Kilogramm schwer. Obwohl sie alle zur selben Verwandtschaft gehören und viele gemeinsame Merkmale haben, sehen sie zum Teil sehr verschieden aus. Die meisten Arten lieben feuchte, sumpfige Gebiete, einige ziehen jedoch Trockensteppen vor. Von den insgesamt elf Familien, die man heute unterscheidet, wollen wir hier die wichtigsten etwas näher anschauen.

Kraniche *(Gruidae)* Die Kraniche leben weit über die Erde verbreitet. Mit ihren langen Hälsen und Beinen erinnern sie an Störche. Der Graukranich war früher auch in Europa ein

häufig anzutreffender Brutvogel. Zum Brüten braucht er jedoch ausgedehnte und möglichst ungestörte Feuchtgebiete, in denen er nach der Rückkehr aus dem Winterquartier wundervolle Balztänze aufführt. Leider werden solche Gebiete immer seltener, und daher ist der europäische Kranich aus vielen Ländern verschwunden und vom Aussterben bedroht.
Anderen Kranichen geht es nicht besser! Von den 13 noch lebenden Arten sind bereits fünf sehr selten geworden. Vom einst sehr zahlreichen amerikanischen Schreikranich lebten 1957 noch ganze 24 Tiere! Nur durch strengste

Schutzmaßnahmen konnte sich dieser klägliche Rest bis heute wieder etwas vermehren.
Kraniche lieben offene Landschaften mit Sümpfen und Gewässern, manche findet man auch in Steppen. Außer dem afrikanischen Kronenkranich, der sein Nest auf Bäumen baut, brüten alle am Boden. Die Jungen sind Nestflüchter und gehen sofort auf Entdeckungsreise. Alle in den gemäßigten und kühlen Zonen lebenden Kraniche fliegen zum Überwintern in schönen Keilformationen nach Süden.

Riesenralle *(Aramus guarauna)* Die Riesenralle nennt man auch Rallenkranich; und tatsächlich hat dieser Vogel Merkmale von Kranichen und Rallen. Er lebt in offenen Sumpfgebieten und sumpfigen Regenwäldern der südlichen USA bis weit hinunter nach Südamerika. Obwohl dieser Vogel weder besonders selten noch außergewöhnlich scheu ist, weiß man recht wenig über sein Leben. Er ernährt sich hauptsächlich von Gehäuseschnecken, die er vermutlich mit den Füßen festhält und mit dem spitzen Schnabel aus dem Gehäuse holt – aber genau weiß man das noch nicht! Die Jungen werden offenbar mit unversehrten Schnecken gefüttert: Sie verschlucken die Beute mitsamt dem Häuschen! Das Nest baut dieser Vogel meistens auf sumpfigem Boden, manchmal aber auch auf einem Baum. Wegen seiner sehr lauten, klagenden Rufe nennt man ihn auch «Jammervogel» oder «Jammernde Witwe».

Links: Außer in den nordischen Ländern ist das Teichhuhn fast über die ganze Erde verbreitet.

Rechts: Eine der farbenprächtigsten Rallen ist das Smaragdhuhn, das in Sumpfgebieten Afrikas und auf Madagaskar lebt.

Rallen *(Rallidae)* Sicher ist dir das dunkle, schiefergraue Bläßhuhn mit der weißen Stirn bekannt, das in großer Zahl auf unseren Gewässern herumschwimmt. Es ist zwar unsere bekannteste, aber eigentlich gar keine typische Ralle. Normalerweise sind Rallen schmaler gebaut, haben längere Beine und Zehen und schwimmen selten auf dem offenen Wasser. Meist schlüpfen sie schreitend und kletternd

Außer in Afrika und den nordischen Ländern ist das Bläßhuhn (rechts) fast über die ganze Erde verbreitet. Wie andere junge Rallen können auch die Bläßhuhnküken (links) schon wenige Stunden nach dem Schlüpfen schwimmen und tauchen, kehren aber zum Ausruhen oft ins Nest zurück.

durch die Sumpfpflanzen und führen ein verborgenes Leben. Ihre seltsam krächzenden, quietschenden, schnalzenden oder klatschenden Rufe hört man viel öfter, als daß man die Tiere sieht. Viele Rallen sind außerdem ausgesprochene Nachtvögel. Zu den größten gehören das Riesenbläßhuhn und das Rüsselbläßhuhn, die beide in Südamerika leben und etwa 50 Zentimeter lang werden. Das Rüsselbläßhuhn nistet im Schilf von Gebirgsseen in oft über 4000 Meter Höhe. Hier baut es sich zum Brüten im Wasser eine eigene Insel aus unzähligen zusammengetragenen Steinen. Bei manchen ist sie über einen Meter hoch und hat am Grund vier Meter Durchmesser.

Typisch für die Bläßhühner sind die breiten Schwimmlappen an den Zehen, die als Ruder dienen. Sie fehlen allen anderen 131 Rallenarten. Weniger häufig als das Bläßhuhn ist bei uns das Grünfüßige Teichhuhn mit dem roten Schnabel, das fast auf der ganzen Erde verbreitet ist.

Als die weißen Siedler nach Neuseeland kamen, brachten sie neben ihren Haustieren auch viele Wildtiere wie Hirsche, Füchse, Iltisse und Wiesel mit. Viele der einheimischen Tiere Neuseelands wurden durch sie bedroht oder sogar ausgerottet. Besonders gefährdet waren natürlich flugunfähige Vögel wie der Kiwi oder das Takahe, eine große, blaugrün schillernde Rallenart mit langem, rotem Schnabel. Sie waren den «neuen» Raubtieren und den verwildernden Hunden und Katzen schutzlos ausgeliefert. Das Takahe hielt man sogar einige Jahrzehnte lang für ausgerottet. Dann wurden 1948 an einem See doch noch einige Exemplare entdeckt und glücklicherweise sofort unter Schutz gestellt. Deshalb konnte diese Art gerade noch überleben.

Trappen *(Otididae)* Obwohl die Trappen eher wie Hühnervögel aussehen und meistens in offenen Steppenlandschaften leben, gehören sie zu den Kranichvögeln. Von den 23 Arten kommen die meisten in Afrika vor. Die Großtrappe war früher weit über Europa verbreitet, ist aber in den meisten Gebieten fast oder völlig ausgerottet worden. In größerer Zahl kommt sie nur noch in Osteuropa und Asien vor. Der Großtrappenhahn wird circa einen Meter lang und 15 Kilogramm schwer und ist damit ein sehr stattlicher Vogel. Die afrikanische Riesentrappe allerdings mißt bis zu 1,30 Meter und wiegt fast 22 Kilogramm – sie ist damit der schwerste flugfähige Vogel der Welt! Fast völlig aus Mit-

teleuropa verschwunden ist die nur haushuhngroße und ein Kilogramm schwere Zwergtrappe. Sie ist noch von Südeuropa bis Zentralasien verbreitet.
Bei der Balz sträuben und fächern Trappenhähne ihr Gefieder prächtig auf und locken so Weibchen an. Nach der Paarung trennen sich die Vögel wieder, und die Weibchen übernehmen das Brüten und die Aufzucht der Küken.

Wat- und Möwenvögel *(Charadriiformes)* Wenn du den stelzbeinigen, langschnäbeligen Brachvogel mit einem pinguinähnlichen Alken oder einer Möwe vergleichst, wirst du kaum auf die Idee kommen, daß diese drei Vogelarten nahe miteinander verwandt sein könnten. Zur Ordnung der Wat- und Möwenvögel gehören tatsächlich sehr verschiedenartige Vögel, die in den unterschiedlichsten Klimazonen und Lebensräumen vorkommen. In etwa 335 Arten sind sie vom Nordpol bis zum Südpol weltweit verbreitet. Trotz ihrer äußerlichen Unterschiede haben sie viele wichtige innere Körpermerkmale gemeinsam, die ihre Verwandtschaft verraten.

Linke Seite: Noch größer als ein Truthahn wird die afrikanische Riesentrappe, die hier in hochaufgerichteter Balzstellung durch die Gegend stolziert.

Rechts: Das Blatthühnchen hat im Verhältnis zu seiner Körpergröße die längsten Zehen aller Vögel. Mit ihnen kann es ohne einzusinken über Schwimmpflanzenteppiche laufen.

Oben: Die Brachvögel haben besonders lange, gebogene Schnäbel. Dort, wo sie noch vorkommen, fallen sie vor allem durch ihre schönen, lauten, flötenden Rufe auf.

Blatthühnchen *(Jacanidae)* Blatthühnchen findet man in sieben Arten in allen warmen Gebieten der Welt. Sie leben stets an Binnengewässern mit vielen Wasserpflanzen, wo sie über die von Seerosen und anderen Pflanzen gebildeten Blätterteppiche spazieren. Um dabei nicht zu versinken, haben sie die wohl längsten Zehen

aller Vögel. Bei gewissen Arten sind die Zehen länger als der gesamte Körper vom Schnabel bis zum Schwanz.
Blatthühnchen haben ungewöhnliche Brutgewohnheiten: Ein Weibchen beliefert immer mehrere Männchen mit Eiern. Das Ausbrüten und die Aufzucht der Jungen ist dann «Männersache». Besonders gründlich ist das Fortpflanzungsverhalten beim Wasserfasan beobachtet worden. Dieses südasiatische Blatthühnchen hat, ähnlich wie ein Fasan, sehr lange Schwanzfedern. Das Männchen lockt mit lauten Rufen ein hochzeitslustiges Weibchen an, und beide bauen ein einfaches Schwimmnest aus Pflanzenteilen. Nach der Paarung legt das Weibchen vier Eier ins Nest und verschwindet. Während das Männchen brütet, besucht das Weibchen das nächste Männchen. Schon etwa zwei bis drei Wochen nach dem Schlüpfen werden die Jungen selbständig, können aber erst mit sechs Wochen fliegen. Das Männchen beginnt nun schon wieder mit der nächsten Brut. Jedes Weibchen beliefert etwa vier Männchen zwei- bis dreimal hintereinander mit je vier Eiern.

Austernfischer *(Haematopodidae)* Außer an den Polarmeeren findet man die taubengroßen, schwarzen oder schwarzweißen Austernfischer praktisch an allen Meeresstränden. Im Sand stochern sie nach kleinen Krebsen und Würmern, aber ihre Vorliebe gilt den Muscheln. Sie haben einen langen, roten Schnabel, der seitlich zusammengedrückt und am vorderen Ende oben und unten eine messerscharfe Kante hat. Mit diesem «Werkzeug» stechen sie zwischen die Muschelschalen, zerschneiden die Muskeln, die die beiden Schalenhälften zusammenhalten, und gelangen so an den nahrhaften Inhalt. Zu Beginn der Brutzeit versammeln sich die Austernfischer zu Gruppen und laufen laut trillernd umher, verharren zwischendurch regungslos im Kreis oder erheben sich zu Balzflügen in die Luft.

Regenpfeifer *(Charadriidae)* Die Regenpfeifer sind sperlings- bis taubengroße, gedrungene Vögel mit mittellangen, kräftigen Beinen. Man trifft sie vor allem an Meeresstränden, zum Teil auch an Gewässern im Binnenland oder in Sumpfgebieten. Wenige Arten leben sogar in trockenen Steppen. Wenn Regenpfeifer über den Sand laufen, bewegen sie die Beine so schnell, daß man sie kaum sieht. Deshalb hat man den Eindruck, sie würden auf Rollschuhen über den Boden gleiten. Ihre Nester bestehen aus einfachen Bodenmulden, in denen die ausgezeichnet getarnten Eier liegen. Auch die Küken sind mit Tarnfarben geschützt. Sie sind Nestflüchter, die sehr weit entwickelt zur Welt kommen.
Sobald die Eltern ihre Warnrufe ausstoßen, drücken sich die Küken völlig reglos an den Boden. Bei Gefahr stellen sich die Altvögel oft flügellahm und versuchen so, Feinde von den Jungen abzulenken. Regenpfeifer können sehr schnell und ausdauernd fliegen. Der Goldregenpfeifer brütet hoch im Norden und fliegt im Herbst etwa 13000 Kilometer weit ins südliche Winterquartier. In manchen Gebieten überfliegt er dabei ohne Halt offene Meeresstrecken von über 3300 Kilometern. Er macht damit den längsten Nonstop-Flug aller Vögel!
Zu den Regenpfeifern gehören auch die verschiedenen, etwa taubengroßen Kiebitze. Der gewöhnliche schwarzweiße Kiebitz mit dem

Oben: Der an Südamerikas Küsten verbreitete schwarze Austernfischer kann mit seinem scharfkantigen Schnabel sehr geschickt Muscheln öffnen.

Links: Regenpfeifer sind etwa starengroße Strandvögel, die leichtfüßig über Sand oder Schlick laufen und nach Kleingetier suchen.

Unten: In ganz Mittelafrika und weiter östlich bis nach Palästina und Kreta kommt der Spornkibitz vor.

metallischgrün schillernden Rücken und der lustigen spitzen Federhaube war früher in Mittel- und Nordeuropa überall anzutreffen. Seine gesprenkelten Eier wurden gesammelt und zu Tausenden auf dem Markt verkauft. Heute sind Kiebitze selten geworden.

Schnepfenvögel *(Scolopacidae)* Der bräunlich gefleckte Brachvogel hat eine Länge von etwa 60 Zentimetern, wovon jedoch gut 15 Zentimeter auf den dünnen Bogenschnabel entfallen. Er ist der einzige Schnepfenvogel, den man auch in Mitteleuropa an verschiedenen Stellen noch in größerer Zahl finden kann. Das Trokkenlegen von Mooren und Sümpfen für die Landwirtschaft hat die anderen Schnepfenvogelarten weitgehend vertrieben. Die meisten dieser Sumpf- und Strandvögel brüten in den Tundren rund um den Nordpol und fliegen im Herbst riesige Strecken bis zu ihren südlichen Winterquartieren.

Säbelschnäbler *(Recurvirostridae)* Die langbeinigen Säbelschnäbler mit den langen, dünnen, nach oben gebogenen Schnäbeln und ihre

Oben: Diese australischen Stelzenläufer waten mit ihren langen Beinen in seichtem Wasser und suchen nach Kleintieren.

Rechts: Die Brachschwalben erbeuten wie die Schwalben im Flug fliegende Insekten. Sie sind aber mit den Schwalben überhaupt nicht verwandt.

nahen Verwandten, die Stelzenläufer mit den geraden Schnäbeln, bewohnen in wenigen Arten die gemäßigten und warmen Gebiete der Erde. Im Flachwasser von Flüssen, Seen und Meeresküsten suchen sie den weichen Boden nach verschiedenen Kleintieren ab.

Triele *(Burhinidae)* Die Triele sind wie die Strandläufer kleine, zierliche Schnelläufer, haben aber einen kürzeren und kräftigeren Schnabel, einen auffallend dicken Kopf und große Augen. Eine Art kommt in Süd- und Mitteleuropa bis nach England vor. Triele leben jedoch vor allem in steppenartigen Landschaften und sind hauptsächlich in der Dämmerung aktiv. Sie sind sehr scheu und vermeiden bebautes Land, was ihr fast völliges Verschwinden aus Mitteleuropa erklärt.

Brachschwalben *(Glareolidae)* Die eigentlichen Brachschwalben sind Watvögel, die eine gewisse Ähnlichkeit mit Schwalben haben. Am liebsten bewohnen diese geselligen Vögel offenes Gelände mit spärlichem Pflanzenwuchs. Zwei Arten kann man auch im südlichen Europa finden. Brachschwalben sind schnelle, wendige Flieger und ernähren sich von Insekten, die sie, wie die echten Schwalben, im Flug fangen.
Zu den Brachschwalben gehört der Krokodilwächter, der eher wie ein Regenpfeifer aussieht und an den Ufern von afrikanischen Binnengewässern lebt. Von ihm wird seit Jahrhunderten behauptet, daß er den sich sonnenden Krokodilen Nahrungsreste zwischen den Zähnen herauspicke – aber diese Geschichte ist bis heute noch nie wissenschaftlich bestätigt worden. Krokodilwächterweibchen bedecken ihre Eier tagsüber mit Sand und überlassen der Sonne das «Brüten». Sie halten währenddessen das Gelege feucht, indem sie im Magen Wasser herbeibringen und es über dem Nest erbrechen. Abends scharren sie die Eier frei und brüten während der Nacht selbst weiter.
Ebenfalls zu den Brachschwalben zählen die zierlichen Wüstenläufer Afrikas und Asiens. Sie bewohnen Halbwüsten und Wüsten bis in die kargsten Gegenden. Auch sie gleichen eher Regenpfeifern als Schwalben.

Raubmöwen *(Stercorariidae)* Unter den Meeresvögeln finden wir viele wundervolle Flieger, aber die geschicktesten sind wohl die Raubmöwen! In vier Arten leben sie rund um den Nordpol und den Südpol. Sie sind vorwiegend düster gräulich gefärbt und haben Schwanzfedern, die als spitze Spieße enden. Raubmöwen sind kräftige, etwa 45 bis 60 Zentimeter lange Vögel. Mit Vorliebe verfolgen sie Möwen, Seeschwalben, ja sogar Albatrosse und setzen den verängstigten Vögeln so lange zu, bis diese ihren Mageninhalt erbrechen. Meistens noch in der Luft packen und verschlingen sie das Erbrochene. Sie rauben aber auch Eier und Jungvögel, töten Vögel und andere Tiere, wie die hamstergroßen Lemminge, die Wühlmäuse der nordischen Tundra. Raubmöwen bebrüten zwei bis drei Eier in Bodenmulden, und beide Eltern ziehen die Jungen auf. Wer sich dem Nest nähert, ob Mensch oder Tier, wird von den Eltern in verwegenen Sturzflügen angegriffen.

Links: Eine australische Weißkopf-Lachmöwe in Gesellschaft zweier Steinwälzer. Den Namen verdanken die kleinen Watvögel ihrer Angewohnheit, häufig Steine umzuwenden, um darunter nach Kleintieren zu suchen.

Rechts: Die etwa 60 Zentimeter lange Silbermöwe, die an vielen Meeresküsten zu Hause ist, hat mindestens 18 verschiedene Ruflaute, durch die sie sich mit ihren Artgenossen verständigt.

Rechts: Die Heringsmöwe ist mit der Silbermöwe sehr nahe verwandt.

Möwen *(Laridae)* Die bekannteste Möwe in Mitteleuropa ist die etwa 35 Zentimeter lange Lachmöwe, die zur Brutzeit einen dunkelbraunen und im Winter einen weißen Kopf hat. Sie brütet kolonienweise in sumpfigen Gebieten und ist uns vor allem als häufiger Wintergast in vielen Städten vertraut. Im Sommer und Herbst folgen Lachmöwen oft in großen Scharen den pflügenden Bauern und holen Würmer, Engerlinge und andere Insektenlarven, aber auch junge Mäuse von den Feldern. Sie sind, wie viele andere Möwen auch, sehr anpassungsfähig und kommen mit verschiedenartigster pflanzlicher und tierischer Nahrung aus. So findet man sie auch scharenweise auf Mülldeponien. Die Fähigkeit, sich an die Anwesenheit des Menschen anzupassen, ermöglicht es ihnen, sich – anders als viele andere Tiere – weiter zu vermehren.

An den Küsten treffen wir die größeren Seemöwen, die gerne Schiffen folgen und auf Abfälle lauern. Sie sind aber auch Nesträuber, die den Seeschwalben und anderen Meeresvögeln Eier und Junge rauben. Von Südeuropa bis hoch in den Norden kann man die Silbermöwe beobachten, die ein weißes Gefieder und silbergraue Flügeloberseiten hat. Sie wird etwa 55 Zentimeter lang und ein Kilogramm schwer. Im Norden Europas lebt die wenig kleinere Heringsmöwe mit dunkelgrauen bis fast schwarzen Flügeln. Ähnlich gefärbt, aber bis zu 75 Zentimeter lang und 1,7 Kilogramm schwer, ist die im Norden verbreitete Mantelmöwe.

Eine bemerkenswerte Art ist die Gabelschwanzmöwe, die auf den Galapagosinseln zu Hause ist. Mit ihren auffallend großen Augen macht sie in der Dunkelheit Jagd auf gewisse Krebstiere, die nachts an die Wasseroberfläche kommen. Daß Möwen nachts auf Nahrungssuche gehen, ist ungewöhnlich. Aber so kann diese Möwenart tagsüber die Eier und Jungen viel besser vor der glühenden Äquatorsonne und vor räuberischen Fregattvögeln schützen.

Links: Während die meisten Möwen auf ebenem Boden brüten und nur notdürftige Nester bauen, errichten die Dreizehenmöwen auf Felsvorsprüngen und in Nischen stabile Nester.

Rechts: Die Gabelschwanzmöwe der Galapagosinseln geht vor allem nachts auf Nahrungssuche und hat darum verhältnismäßig große, lichtstarke Augen.

An Steilküsten im Norden findet man gelegentlich zahlreiche Dreizehenmöwen. Sie bauen auf Felsvorsprüngen und in Nischen stabile Nester aus Seegras. Andere Möwen brüten meistens auf flachem Gelände, wo sie einfache Nester anlegen oder sich mit Bodenmulden begnügen. Die unscheinbar gefärbten jungen Möwen verlassen zwar bald das Nest, halten sich aber noch längere Zeit in der nächsten Umgebung auf.

Die etwa 45 Möwenarten bewohnen vor allem die kalten und gemäßigten Zonen der Erde und weit häufiger die Küsten als die Binnengewässer. Verschiedene Arten kann man aber auch in den Tropen finden. Die meisten Arten sind weiß mit schwarzen oder grauen Flügeln und Rücken. Bei 14 Arten ist der Kopf schwarz, braun oder grau gefärbt. Einige sind sogar ganz dunkelgrau; die arktische Elfenbeinmöwe ist dagegen rein weiß. Die Lebensweise vieler Möwenarten ist gründlich studiert worden. Vor allem über das Verhalten der Silbermöwe weiß man durch den holländischen Forscher Niko Tinbergen sehr viel. Tinbergen hat zum Beispiel festgestellt, daß sich diese Vögel in den Brutkolonien nicht nur durch ihre vielfältigen und oft sehr lauten Rufe verständigen, sondern auch durch verschiedenartige Körperhaltungen und -bewegungen.

Seeschwalben *(Sternidae)* Die Seeschwalben sind mit den Möwen nahe verwandt. Während die Möwen jedoch eine nach unten gebogene Schnabelspitze haben, ist der Schnabel der

Oben: Viele Küstenseeschwalben brüten in der Arktis und überwintern in der Antarktis. Sie legen von allen Tieren die größte Wanderstrecke zurück.

Rechts: Unglaubliche Nistplätze bevorzugt die tropische Feenseeschwalbe: Sie legt ihr Ei auf einen kahlen Ast oder ein Palmenblatt.

Rechts: Weit über die Tropen verbreitet sind die dunklen Noddiseeschwalben.

Oben: Auf der Seychelleninsel Bird Island brüten weit über 500 000 Ruß-Seeschwalben. Links: Die Inkaseeschwalbe lebt in Peru und Chile.

Rechts unten: Die Scherenschnäbel haben einen verlängerten Unterschnabel, mit dem sie im Flug die Wasseroberfläche durchpflügen und dabei Kleintiere fangen.

Seeschwalben spitz und gerade. Seeschwalben sind auch keine «Allesfresser», sondern ernähren sich ausschließlich von Beutetieren, die sie fangen und verzehren, hauptsächlich von kleinen Fischen.
Seeschwalben sind weltweit verbreitet und brüten sowohl in den Tropen als auch in beiden Polargebieten. Sieben der 39 Arten brüten auch in Mitteleuropa. Man findet sie vor allem an Meeresküsten, aber auch noch an Binnengewässern. Einige von ihnen sind selten geworden, weil sie kaum noch ungestörte Brutreviere finden. Nur wenn ihre Nistplätze geschützt werden, können sie überleben. Sie brüten in einfachen Bodenmulden, am liebsten in großen Kolonien und oft dicht nebeneinander. Auf abgelegenen Meeresinseln gibt es noch Seeschwalben-Kolonien mit Hunderttausenden von Brutpaaren.
Seeschwalben suchen im Flug nach kleinen Fischen, schnappen diese von der Wasseroberfläche weg oder tauchen im Sturzflug ins Wasser. Sie sind wundervolle Flieger, die außerhalb

der Brutzeit riesige Wanderungen unternehmen. Die Küstenseeschwalbe fliegt im Herbst von ihrem arktischen Brutgebiet bis in die Antarktis und kehrt im Frühling wieder zurück. Sie legt dabei die größte Jahreswanderstrecke aller Vögel zurück: bis zu 40000 Kilometer!

Scherenschnäbel *(Rynchopidae)* Die drei Scherenschnabelarten bewohnen Küsten- und Binnengewässer in Nord- und Südamerika, Afrika und Indien. Sie gleichen den Seeschwalben, haben aber noch längere und schmalere Flügel. Vor allem jedoch ist ihr Unterschnabel viel länger als der Oberschnabel, was bei keinem anderen Vogel der Fall ist. Auf der Jagd nach kleinen Wassertieren fliegt der Scherenschnabel dicht über dem Wasser und durchpflügt es mit dem Unterschnabel. Am liebsten fischt er in der Dämmerung und nachts, weil dann besonders viele Wassertierchen an die Oberfläche steigen.

Alken *(Alcidae)* Diese spatzen- bis entengroßen Vögel haben einen dunklen Frack und eine weiße Hemdbrust und watscheln an Land in aufrechter Haltung daher. Das Wasser ist ihr wahres Element, denn sie leben im offenen Meer und kommen nur zum Brüten an Land. Sie können schnell schwimmen und tief tauchen, wobei sie nicht wie Enten mit den Schwimmfüßen rudern, sondern mit den Flügeln – wie die Pinguine! Weil sie soviel Ähnlichkeit haben, nennt man sie auch «Pinguine des Nordens», doch mit den richtigen Pinguinen sind sie nicht einmal entfernt verwandt. Alle 22 Alkenarten leben in den nordischen Meeren, alle Pinguine auf der südlichen Erdhalbkugel. Und im Gegensatz zu den Pinguinen können die Alken fliegen – bis auf eine Ausnahme! Aber die wurde im letzten Jahrhundert ausgerottet: der Riesenalk.
Die Alken sind gesellige Tiere und machen Jagd auf kleine Fische und Krebstiere. Im Frühsommer versammeln sie sich zu Tausenden an ruhigen Küsten und auf Inseln. Manche Arten, zum Beispiel die clownhaften Papageitaucher mit den riesigen, bunten Schnäbeln, graben Bruthöhlen in die Erde. Lummen und Tordalken hingegen brüten an steilen Felsklippen und nützen dazu die kleinsten Vorsprünge aus. Sie bauen keine Nester, sondern legen das Ei auf den nackten Fels. Damit es nicht hinunterrollt, ist das Ei birnenförmig und kann sich nur in einem engen Kreis drehen, wenn es einmal in Bewe-

An den nordischen Küsten begegnet man den Trottellummen (links) und dem Hornlund (oben), der zu den prächtigsten nordischen Meeresvögeln gehört.

Unten: Das birnenförmige Lummenei kann von Felsvorsprüngen nicht herunterrollen.

Links: Das Gelbkehl-Flughuhn ist in Trockensteppen und Halbwüsten Ost- und Südafrikas zu Hause.

Rechts: Die heute weit über die Erde verbreiteten Haustauben stammen von der Felsentaube ab.

Rechts unten: Sehr lustig ist der Balztanz der australischen Schopftauben.

gung gerät. Um in der oft dicht gedrängten Brutkolonie Verwechslungen zu vermeiden, hat jedes Ei eine andere Fleckenzeichnung, an der es von den Eltern sicher erkannt wird. Schon etwa zwei Tage vor dem Schlüpfen piepsen die Alkenküken aus dem geschlossenen Ei heraus, und die Eltern antworten darauf. So lernen Eltern und Kinder einander schon frühzeitig an der Stimme kennen, und das schützt wiederum vor Verwechslungen, wenn es später in der Kolonie von Küken nur so wimmelt. Mit etwa drei Wochen haben die Küken eine große Veränderung vor sich: Ihr Meeresleben beginnt! Die Eltern fliegen aufs Wasser hinunter, rufen von dort aus nach den Kleinen – und diese springen kurzerhand in die Tiefe. Vom Fliegen haben sie noch keine Ahnung, und trotzdem springen sie oft aus 20 bis 50 Meter Höhe! Manchmal prallen sie bei dem tollkühnen Sturz auf Vorsprüngen oder einem Kiesstrand auf. Doch so fürchterlich das aussieht – es gibt kaum Verletzte. Die Kleinen haben ein schützendes Fettpolster und elastische Knochen, außerdem sind sie verhältnismäßig leicht und überstehen daher das Abenteuer meist ohne Schaden.

Taubenvögel *(Columbiformes)*
Nur zwei Vogelfamilien, die Flughühner und die Tauben, bilden die Ordnung der Taubenvögel. Eine dritte Familie waren die Dronten: truthahngroße, flugunfähige Vögel, die auf einigen Inseln östlich von Madagaskar lebten. Sie wurden von den Seefahrern im 18. Jahrhundert völlig ausgerottet.

Flughühner *(Pteroclididae)* Flughühner sind taubenähnliche Vögel in Südeuropa, Afrika und Asien, die in Trockensteppen und Wüsten leben. Sie legen oft täglich riesige Strecken von ihrem Brut- und Nahrungsgebiet bis zum nächsten Wasserloch zurück. Flughuhn-Eltern tauchen Bauch und Brust ins Wasser, lassen das Gefieder vollaufen und transportieren so die kostbare Flüssigkeit zurück zu den Küken. Die-

se streifen das Wasser mit den Schnäbeln aus den Federn der Eltern.

Tauben *(Columbidae)* Rund 300 Taubenarten bewohnen die gemäßigten bis tropischen Gebiete der Erde, die meisten leben in Südostasien. Sie ernähren sich vorwiegend von Körnern und Samen, einige Tropenbewohner (Fruchttauben) auch von Früchten. Tauben sind schnelle, geschickte Flieger und bauen ihre Nester auf Bäumen, in Baumhöhlen oder Felsnischen. Die nackten und blinden Jungen sind Nesthocker und werden mit einer milchähnlichen Flüssigkeit ernährt, die sich im Kropf der Eltern bildet. Unsere häufigsten Wildtauben sind die Hohl- und die Ringeltauben. Von den Küsten Englands und Nordfrankreichs, den Mittelmeerländern bis nach Zentralasien hinein lebt die Felsentaube. Sie wurde schon vor etwa 5000 Jahren in Vorderasien gezüchtet und ist die Stammform der Haustauben. Von ihr wurden also inzwischen viele verschiedene Rassen herausgezüchtet: Brieftauben zur Nachrichtenübermittlung, andere Rassen wegen des Fleisches, die meisten jedoch als Ziervögel.

Papageien *(Psittaciformes)* Die 326 bekannten Papageienarten leben größtenteils in tropischen Waldgebieten, manche auch in den Subtropen. Nur wenige Arten kommen in den gemäßigten Klimazonen vor. Die kleinste Art (Spechtpapagei) wird nur gerade 10 Zentimeter lang, die größte (Hyazinthara) etwa einen Meter, wobei aber die Hälfte der Körperlänge auf den Schwanz entfällt. Manche Papageien sind unscheinbar, viele jedoch außerordentlich farbenprächtig. Vor allem die großen Aras im tropischen Urwald Süd- und Mittelamerikas und die Loris in Australien, Neuguinea und Polynesien gehören zu den buntesten Vögeln der Welt.
Typisch für alle Papageien ist der gedrungene Körper mit dem großen Kopf, dem starken, gebogenen Schnabel und den kurzen Beinen. An den Füßen sind zwei Zehen nach vorn und zwei nach hinten gerichtet. Damit können Papageien Dinge sehr geschickt festhalten und im Geäst von Bäumen herumklettern, wobei auch der Schnabel als «dritte Hand» eine wichtige Rolle spielt.
Papageien sind überaus gesellige Vögel, die meistens in Gruppen oder auch in großen Schwärmen leben und gemeinsam auf Nahrungssuche gehen. Die meisten sind gute, manche auch sehr schnelle und ausdauernde Flieger. Wenn sich Papageien einmal verpaart haben, bleiben sie in der Regel für immer zusammen, auch wenn sie im Schwarm leben. Papageien-Pärchen gehen oft so zärtlich miteinander um, daß man einige Arten auch die «Unzertrennlichen» genannt hat. Gerade weil sie zu den geselligsten Vögeln gehören, sollte man Papageien in Gefangenschaft niemals einzeln halten – wie das leider sehr oft der Fall ist!
Fast alle Arten brüten in Baumhöhlen, wobei die Eier fast immer nur vom Weibchen ausgebrütet werden. Beide Eltern füttern die Jungen mit aufgeweichter Nahrung aus ihrem Kropf.

Die Papageien

1 Das afrikanische Schwarzköpfchen gehört zu den Unzertrennlichen und ist einer der beliebtesten Kleinpapageien.

2 In manchen Gegenden Australiens gibt es große Schwärme von Rosakakadus.

3 Die australischen Wellensittiche werden heute zu Millionen als Haustiere gezüchtet.

4 Im südlichen Südamerika lebt der Mönchssittich, der in Bäumen riesige Gemeinschaftsnester baut.

5 Von unglaublicher Farbenpracht ist der Gebirgslori aus dem östlichen Australien.

6 Der wunderschöne australische Pennantsittich beim Baden.

7 Im Osten und Südosten Australiens kommen die Pennantsittiche stellenweise sehr häufig vor.

Linke Seite: Die farbenprächtigen Aras in Süd- und Mittelamerika werden zum Teil fast 1 Meter lang und sind damit die größten aller Papageien.

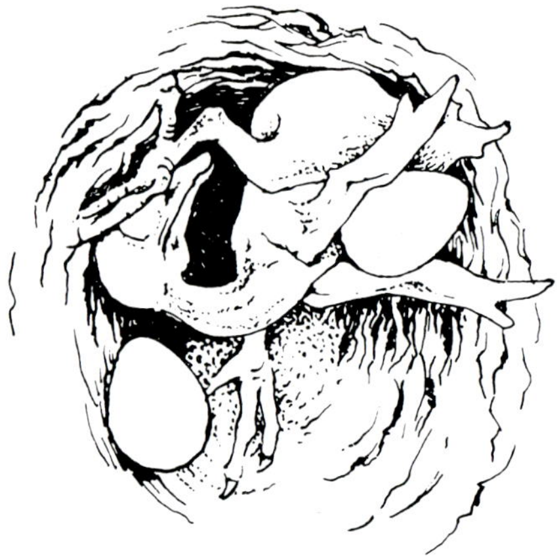

Rechts: Der Kuckuck legt seine Eier in die Nester vieler anderer Vogelarten. Hier hat eine Bachstelze das Kuckucksei ausgebrütet und füttert nun das Stiefkind.

Links: Wenn der Kuckuck etwa 10 Stunden alt ist, wirft er die Eier oder seine bereits geschlüpften Stiefgeschwister aus dem Nest.

Unten: Der Uhu ist aus weiten Gebieten Europas verschwunden.

Berühmt sind die Papageien für ihre Sprechbegabung. Besonders Amazonen-, Graupapageien und Kakadus lernen oft sehr schnell, Worte, ganze Sätze und auch andere Geräusche nachzuahmen. Doch obwohl sie zu den intelligentesten Vögeln gehören, verstehen sie den Sinn der nachgeplapperten Worte nicht.
Papageien werden schon seit über 2000 Jahren als Zier- und Stubenvögel gehalten. Die Aus- und Einfuhr wird heute in den meisten Ländern streng kontrolliert und ist oft verboten. Zum einen will man die Ausbreitung der gefährlichen Papageienkrankheit verhindern, an der auch Menschen erkranken können. Zum anderen sind auch die Papageien vom Aussterben bedroht und müssen geschützt werden. Die meisten Papageien sind schwierig zu züchten. Einige Arten pflanzen sich jedoch auch in Gefangenschaft leicht fort, wie zum Beispiel die Wellensittiche, die wohl beliebtesten Stubenvögel der Welt.

Kuckucksvögel *(Cuculiformes)*
Zur Ordnung der Kuckucksvögel gehören zwei miteinander verwandte Vogelfamilien: die Turakos und die bekannteren Kuckucke.

Turakos *(Musophagidae)* Die etwa krähengroßen Turakos leben in 18 Arten in Afrika. Die meisten dieser sehr farbenprächtigen Vögel halten sich paarweise oder in kleineren Schwärmen in Wäldern und Baumsavannen auf. Sie leben von Früchten und Beeren. Ähnlich wie die Tauben bauen sie in Bäumen flache Nester aus Zweigen.

Kuckucke *(Cuculidae)* In allen Erdteilen, vor allem in den Tropen, aber auch in den gemäßigten Zonen, findet man Vertreter der rund 130 Kuckucksarten. Die meisten der etwa taubengroßen Vögel ernähren sich hauptsächlich von Insekten und anderen Kleintieren, fressen aber auch Früchte. Viele Arten brüten selbst, andere sind sogenannte «Brutparasiten». Das berühmteste Beispiel dafür ist unser europäischer Kuckuck, dessen Ruf jedes Kind kennt und den man dennoch nur selten zu sehen bekommt. Das Weibchen legt während der Brutzeit etwa 20 Eier, und zwar jedes einzeln in ein fremdes Singvogelnest. Die Eier sind verhältnismäßig klein und daher ungefähr genauso groß wie die Eier der viel kleineren Singvögel. Sie sehen diesen auch in der Färbung erstaunlich ähnlich. Der junge Kuckuck schlüpft bereits nach 12 Tagen Brutzeit. Schon am ersten Tag wirft er die anderen Eier oder auch bereits geschlüpfte Junge aus dem Nest. Er benötigt nämlich so viel Nahrung

Links: Schleiereulen brüten gern in alten Gebäuden oder Feldscheunen und machen in offenen Landschaften Jagd auf Mäuse.

Rechts: Eine junge Waldohreule auf einem Krähennest hoch im Wipfel einer Eiche. Waldohreulen bauen keine Nester, sondern benutzen verlassene Nester anderer großer Vögel.

für sich allein, wie sonst etwa fünf Singvogeljunge brauchen würden! Entsprechend schnell wächst er auch: Nach drei Wochen ist er 50mal schwerer als bei seiner Geburt und viel größer als seine Zieheltern. Mit diesem Alter verläßt er das Nest, bleibt aber noch einige Zeit in der Nähe und bettelt weiterhin um Futter. Sein aufgerissener roter Schnabel veranlaßt sogar andere Vögel in der Umgebung, die eigenen Jungen zu vernachlässigen und ihm deren Futter in den Schlund zu stopfen.

Eulen *(Strigiformes)*
Die etwa 130 Eulenarten sind weltweit verbreitete Nachtraubvögel, von denen einige Arten auch am Tag jagen. Sie sind mit den Tagraubvögeln allerdings nicht verwandt. Der Sperlingskauz ist nicht einmal so groß wie ein Star, der Uhu dagegen wird über 70 Zentimeter lang. Typisch für die Eulen sind die sehr großen, engstehenden und nach vorn gerichteten Augen, die zwar wahrscheinlich keine Farben erkennen können, dafür aber außerordentlich lichtempfindlich sind. Eulen können auch bei schwächstem Sternenlicht noch jagen. Allerdings spielt auf der Jagd das Gehör eine genauso wichtige Rolle wie die Augen. Eulen können nämlich hervorragend hören! Sie haben im Gesicht einen Federkranz (Gesichtsschleier), der wie ein Schalltrichter die leisesten Geräusche auffängt. Außerdem können Eulen mit dem Federkranz auch die Richtung, aus der ein Geräusch kommt, sehr präzise feststellen. Sie hören also ganz genau, woher das Rascheln oder Piepsen einer Maus kommt.
Das stets tarnfarbene Gefieder der Eulen ist seidenweich, daher ist der Flug dieser Vögel völlig geräuschlos. Auch das ist natürlich eine Hilfe beim Jagen.
Unverdauliche Knochen, Haare und Federn der Beutetiere bilden im Eulenmagen einen Klumpen, der ausgewürgt wird. Zoologen, die diese sogenannten Gewölle untersuchen, können ge-

Links: Fast weltweit verbreitet ist die Sumpfohreule, die wir hier in einem Nebelwald auf einer Galapagosinsel sehen.

Rechts: Hoch im Norden ist die Schnee-Eule rund um den Nordpol zu Hause.

nau feststellen, wovon sich Eulen ernähren. Daher weiß man auch, daß Mäuse zur Hauptnahrung der Eulen gehören. Die grauen, haarigen Ballen findet man meist unter den Schlaf- und Ruheplätzen der Eulen.
Früher hatten viele Leute eine abergläubische Furcht vor Eulen. Wohl wegen ihrer klagenden Rufe in der Nacht hielt man sie für Unglücksbringer und verfolgte sie. So wurde bei uns zum Beispiel der Uhu in weiten Gegenden ausgerottet. Heute bemüht man sich, ihn in geeigneten Gebieten wieder anzusiedeln und hat alle Eulen unter Schutz gestellt.

Links: Mauersegler halten sich nur drei Monate lang in ihren Brutgebieten in Europa und Westasien auf. Den Rest des Jahres verbringen sie in Südafrika.

Rechts: Eine merkwürdige Nachtschwalbe Australiens ist der Eulenschwalm.

Eulen brüten in Baumhöhlen oder Felsnischen, aber auch auf Bäumen in verlassenen Nestern von Krähen und anderen Vögeln. Schleiereulen nisten am liebsten in Gebäuden, vor allem in Feldscheunen. Sie jagen auch lieber in offenem Gelände als im Wald. In der Regel bebrütet das Weibchen die weißen, fast kugelrunden Eier und wird dabei vom Männchen gefüttert.

Nachtschwalben *(Caprimulgiformes)* Die rund hundert Arten der Nachtschwalben sind trotz ihres Namens mit den Schwalben nicht verwandte Dämmerungs- und Nachtvögel. Zu ihnen gehören die Fettschwalme, die Schwalme und die Ziegenmelker.

Fettschwalme *(Steatornithidae)* Die südamerikanischen Fettschwalme sind die einzigen Nachtschwalben, die keine Insekten fangen, sondern im Flug Früchte von den Bäumen pflükken. Sie bauen ihre Nester an Höhlenwänden. Die Jungen haben unter der Haut eine dicke Fettschicht, die von den Indianern sehr geschätzt wird. Noch bevor die Jungvögel ausfliegen, werden viele Nester mit Stangen von den Wänden geschlagen und die getöteten Jungen ans Feuer gehalten, wobei das Fett in Tongefäße fließt. Dieses sehr lange haltbare Fett ist für die Indianer ein wichtiges Nahrungsmittel. Sie nennen die Vögel Guacharos, die «Schreienden», weil sie in den Höhlen sehr laute Schreie ausstoßen.

Schwalme *(Podargidae)* Die 12 bisher bekannten Schwalmarten leben in Australien und Südostasien und sind zwischen 20 und 50 Zentimeter lang. Sie erinnern an Eulen, doch ihre großen Augen sitzen etwas weiter seitlich am Kopf. Außerdem haben sie keinen Hakenschnabel, sondern einen ziemlich kurzen, breiten Schnabel, der sehr weit geöffnet werden kann. Man hat daher lange vermutet, Schwalme würden wie die verwandten Ziegenmelker fliegende Insekten fangen. Sie schnappen ihre Beute – Käfer und andere Insekten, Skorpione, Schnekken, kleine Frösche, Echsen, Mäuse und sogar Vögel – jedoch im Flug vom Boden auf.

Ziegenmelker *(Caprimulgidae)* Die rund 70 Arten der Ziegenmelker sind fast auf der ganzen Welt verbreitet. In Europa gibt es jedoch nur zwei Arten. Mit ihrem kurzen, sehr breiten Schnabel fangen sie hauptsächlich Nachtfalter. Tagsüber schlafen sie am Boden oder auf einem Ast und sind durch ihr unauffälliges Federkleid hervorragend getarnt. Dort legen sie auch ihre

Rechts: Unter den Kolibris finden wir die kleinsten Vögel der Welt. Zu den rund 320 Arten gehört auch der Heliodaxa-Kolibri aus Mittelamerika.

Unten: Ebenfalls in Mittelamerika ist der violett gefärbte Säbelfliegerkolibri verbreitet.

Ganz unten: Die afrikanischen Mausvögel klettern und huschen gewandt in den Zweigen herum und erinnern dabei an Mäuse.

Eier, sie bauen also kein Nest. Ihren Namen erhielten sie, weil man früher glaubte, sie würden mit ihren großen Schnäbeln an Ziegeneutern Milch trinken, was aber sicher nicht stimmt.

Seglervögel *(Apodiformes)*
Die Segler und die Baumsegler bilden mit insgesamt rund 77 Arten die Ordnung der Seglervögel, die lange, schmale, sichelförmige Flügel haben. Sie sind ausgezeichnete und sehr schnelle Flieger. Allerdings können sie nicht wie die Greifvögel in Aufwinden segeln.

Segler *(Apodidae)* Unsere Mauersegler werden oft mit Schwalben verwechselt. Wie diese fangen sie fliegende Insekten und haben, in Anpassung an die gleiche Jagdweise, auch einen ähnlichen Körperbau mit schmalen Flügeln und einem kurzen, breiten Schnabel entwickelt. Anders als bei den Schwalben sind ihre Beine jedoch so kurz, daß sie, wenn sie einmal auf den flachen Boden geraten, nicht mehr hochfliegen können. Mit den scharfkralligen Füßen klammern sich Segler an Haus- und Felswänden fest. In Mauernischen und an Felsen bauen sie auch ihre Nester. Bei den asiatischen Seglern, den Salanganen, bestehen diese Nester aus dem hartgewordenen Speichel der Vögel. Sie werden nach der Brutzeit in Massen gesammelt und als «Schwalbennester» von vielen Menschen als Delikatesse verspeist.
Mauersegler sind perfekte Flieger und können sogar im Flug schlafen!

Baumsegler *(Hemiprocnidae)* Die Baumsegler Südostasiens bauen wie die Salanganen Speichelnester. Diese sind jedoch winzig klein – wie Teelöffelchen. Sie kleben an Ästen und enthalten jeweils nur ein Ei.

Kolibris *(Trochiliformes)* Obwohl sie anders aussehen und eine völlig andere Lebensweise haben, stehen die Kolibris den Seglern verwandtschaftlich nahe und wurden früher sogar zur selben Vogelordnung gezählt. Die rund 320 Kolibriarten leben alle in Amerika, manche bis hinauf nach Kanada. Doch weitaus die meisten findet man in den tropischen Gebieten Mittel-

und Südamerikas. Sie haben lange, dünne, zum Teil gebogene Schnäbel, mit denen sie Nektar aus Blüten saugen, während sie im Schwirrflug vor den Blüten in der Luft schweben. Zu den Kolibris gehören die kleinsten Vögel der Welt. Die Hummel- und die Zwergelfen zum Beispiel sind tatsächlich nur etwa so groß wie Hummeln. Kolibris schlagen sehr schnell mit den Flügeln, bis zu 200mal in der Sekunde, wobei sie wie Insekten summen. Um diese Leistung zu erbringen, verbrauchen die Vögel sehr viel Energie. Sie müssen daher täglich das Doppelte ihres Körpergewichts an Nahrung zu sich nehmen. Ohne Nahrung würden sie nach wenigen Stunden verhungern. Das gilt auch für ihre nächtliche Ruhe- und damit auch Futterpause, die sie nur überleben, indem sie ihre Körpertemperatur stark absenken.

Mausvögel *(Coliiformes)* Durch einige Körpermerkmale unterscheiden sich die sechs Arten der Mausvögel so stark von allen anderen Vögeln, daß sie eine eigene Vogelordnung bilden.

Alle leben in afrikanischen Busch- und Waldgebieten, sind etwa spatzengroß und haben sehr lange mittlere Schwanzfedern und eine Federhaube. Sie leben von Früchten und Beeren. Als Besonderheit können die Mausvögel von ihren vier Zehen an jedem Fuß die rechte und linke nach vorn und hinten drehen. Sie sind dadurch geschickte Kletterer, die wie Mäuse in den Zweigen herumhuschen.

Trogons *(Trogoniformes)* Die Ordnung der Trogons besteht aus nur 34 Arten von wunderschön gefärbten Urwaldvögeln in Südasien, Afrika und im tropischen Amerika. Der berühmteste Trogon ist der bei den mittelamerikanischen Indianern heilige Quetzal, den man oft als «schönsten Vogel der Welt» bezeichnet. Die Unterseite des Männchens ist leuchtend rot, die Oberseite schillernd grün. Einige der grünen Rückenfedern sind zwei- bis dreimal so lang wie der ganze, etwa taubengroße Vogel und bilden einen auffallenden Schwanz.

Rackenvögel *(Coraciiformes)*
Fast 200 Vogelarten, die größtenteils sehr schön gefärbt sind, sich aber im Aussehen und in der Lebensweise oft stark unterscheiden, bilden die Ordnung der Rackenvögel.

Eisvögel *(Alcedinidae)* «Fliegender Edelstein» nennt man den europäischen Eisvogel, der auch über das mittlere und südliche Asien verbreitet ist. Mit seiner schillernd blauen Oberseite, dem fuchsroten Bauch und dem leuchtend roten Schnabel ist er einer unserer farbenprächtigsten Vögel. Er lebt an Flußufern und gräbt seine armtiefe Bruthöhle in eine steile Uferböschung. Von vorstehenden Ästen oder Pfählen aus hält er geduldig Ausschau nach kleinen Fischen und erbeutet sie in pfeilschnellem Tauchstoß. Bei uns ist der Eisvogel durch die Gewässerverschmutzung selten geworden.
Weitaus die meisten der insgesamt 87 Eisvogelarten leben in Südostasien und Afrika. Sie sind also vorwiegend tropische Vögel. Viele Arten leben wie der europäische Eisvogel an Gewässern und ernähren sich von Fischen. Andere bewohnen Buschlandschaften und fressen Insekten, zum Teil auch Echsen, Frösche und sogar Schlangen, wie der Lachende Hans oder Jägerliest in Australien. Dieser Vogel ist wegen seines auffallend lauten, lachenden Rufes jedem Australienbesucher vertraut. Mit etwa 45 Zentimetern Länge ist er einer der größten Eisvögel. Gleich groß ist der afrikanische Rieseneisvogel. Die meisten Arten werden nur etwa so groß wie Sperlinge und Amseln.

Sägeracken *(Momotidae)* Die acht Arten der Sägeracken gleichen den Eisvögeln, leben aber alle im tropischen Amerika und ernähren sich mit Vorliebe von Insekten, die sie von Bäumen und anderen Hochsitzen aus erbeuten. Die Schnabelränder der meist sehr bunten Vögel sind sägeartig gezähnt.

Bienenfresser *(Meropidae)* Ein weiterer besonders farbenprächtiger Vogel in Europa ist der Europäische Bienenfresser mit seiner leuchtend türkisblauen Unterseite, der zitronengelben Kehle und der braungrünen Oberseite. Er bewohnt vor allem die warmen Mittelmeerländer und erscheint nur selten nördlich der Alpen.
Weitere, ebenfalls sehr bunte Bienenfresserarten leben in Afrika, im südlichen Asien und in Australien. Von hohen Beobachtungsposten aus machen sie Jagd auf fliegende Insekten und zeigen dabei eine besondere Vorliebe für Bienen

Linke Seite: Ein «fliegender Edelstein» ist der Malachit-Eisvogel aus Afrika (oben). Den Lachenden Hans aus Australien nennt man auch Jägerliest oder Kookaburra.

Links: Der Graukopfliest aus Afrika.

Rechts: Farbenprächtig wie alle Eisvögel: der Bienenfresser.

Ganz rechts: Die afrikanische Grünscheitelracke.

und Wespen. Sie packen die wehrhaften Insekten geschickt mit dem Schnabel und schlagen sie anschließend mehrmals gegen einen Ast, bevor sie sie verschlucken. Ihre Bruthöhlen graben sie in steile Abhänge und Uferwände.

Racken *(Coraciidae)* Ein weiterer europäischer Rackenvogel von tropischer Farbenpracht ist die Blauracke. Der grün- und türkisblau leuchtende Vogel mit dem zimtbraunen Rücken ist über Mittel- und Südeuropa, Nordafrika und Vorderasien verbreitet. Er braucht offene, lockere Bestände an alten Bäumen, und

Links: Der afrikanische Rotschnabeltoko gehört zu den Hornraben. Hier ist er damit beschäftigt, den Eingang zu seiner Bruthöhle mit Lehm zuzumauern. Im Nest sitzt das Weibchen und beginnt nun, gut geschützt seine Eier auszubrüten.

Oben: Zu den auffallendsten, leider aber sehr selten gewordenen Vögeln Europas gehört der Wiedehopf.

Links: Das Tokoweibchen hat seine Eier ausgebrütet. Es wird nun bald den Nesteingang öffnen und ausfliegen. Danach wird das Nest nochmals zugemauert, bis die Jungen flügge sind.

da er diesen Lebensraum in Mitteleuropa nur noch selten findet, ist er hier fast völlig verschwunden.
Neben einigen weiteren tropischen Blaurackenarten gibt es die langbeinigen Erdracken, die am Boden leben und sich dadurch von den kurzbeinigen, baumbewohnenden Racken unterscheiden. Sie kommen nur auf Madagaskar vor.

Hopfe *(Upupidae)* Ein auffallender Vogel ist der Wiedehopf mit seinem rostroten und schwarzweißen Gefieder, der großen, aufrichtbaren Federhaube und dem langen, dünnen, leicht gebogenen Schnabel. Er lebt in offenen Landschaften mit alten, hohen Bäumen, in denen er Höhlen zum Nisten findet. Außerdem braucht er in seinem Lebensraum Weidevieh oder Großwild, denn er ist darauf spezialisiert, im Kot nach Insekten zu stochern. In Europa ist der taubengroße Wiedehopf recht selten geworden, während er in Asien und Afrika noch fast überall verbreitet ist. Im Volksmund nennt man diesen Vogel auch «Stinkrabe». Das brütende Weibchen und die Jungen können nämlich, wenn sie gestört werden, dem vermeintlichen Feind gezielt ihren übelriechenden Kot entgegenspritzen.
Außer dem Wiedehopf leben in Afrika noch sechs weitere Arten der sogenannten Baumhopfe, die mit Vorliebe auf Bäumen nach Insekten suchen. Auch sie haben einen langen, dünnen, leicht nach unten gebogenen Schnabel. Mit diesem pinzettenähnlichen «Werkzeug» klauben sie Beutetiere aus den Rinden. Baumhopfe haben keine aufrichtbare Federhaube und tragen ein metallischblaues Gefieder. Besonders interessant ist, daß die flügge gewordenen Baumhopfe noch längere Zeit bei den Eltern leben. Diese Familientrupps bleiben auch beisammen, wenn die Eltern schon wieder brüten, und die Jungen der letzten Brut helfen bei der Aufzucht ihrer kleinen Geschwister fleißig mit. Taucht ein

Feind auf, wird er von der ganzen Familie mit vereinten Kräften und unter lautem Geschrei vertrieben.

Nashornvögel *(Bucerotidae)* Die krähen- bis truthahngroßen Nashornvögel, die in den tropischen Gebieten Asiens und in Afrika leben, haben sehr große, leicht gebogene und oft auffallend bunte Schnäbel. Einige Arten tragen auf dem Schnabel einen hornähnlichen Aufsatz, nach dem die ganze Vogelfamilie auch benannt wurde. Die meisten Nashornvögel fressen Insekten und andere Kleintiere, aber auch Früchte.

Oben rechts: Die südamerikanischen Tukane fallen durch ihre gewaltigen bunten Schnäbel auf, der Riesentukan natürlich ganz besonders.
Links: In Mittelamerika lebt der Rotkopf-Bartvogel.
Rechts unten: Der afrikanische Honiganzeiger hat dem Honigdachs den Weg zu einem Bienennest gezeigt. Als Belohnung darf er sich über das Wachs der Bienenwaben hermachen.

Fast alle brüten in Baumhöhlen und haben merkwürdige Brutgewohnheiten. Sobald das Weibchen zu brüten begonnen hat, schleppt das Männchen Lehm und ähnliches Baumaterial herbei, und beide Eltern mauern damit den Nesteingang bis auf einen schmalen Schlitz zu. Anschließend versorgt das Männchen das Weibchen durch den Schlitz mit Nahrung. Wenn die Jungen geschlüpft sind, wird die Öffnung aufgebrochen, das Weibchen verläßt das Nest, und der Eingang wird erneut zugemauert. Beide Eltern füttern nun die Jungen durch den Schlitz, bis sie flügge sind und die Höhle ebenfalls verlassen können.

Spechtvögel *(Piciformes)*
Die Tukane, Bartvögel, Honiganzeiger und die Spechte bilden mit insgesamt fast 350 Arten die Ordnung der Spechtvögel. Diese Verwandtschaft ist erstaunlich vielgestaltig und umfaßt die unterschiedlichsten Vogelarten.

Tukane *(Ramphastidae)* Aus unbekannten Gründen nennt man die elstern- bis rabengroßen Tukane auch Pfefferfresser; dabei fressen sie niemals Pfeffer, sondern hauptsächlich Früchte und gelegentlich Insekten und andere Kleintiere! Die in Mittel- und Südamerika verbreiteten 37 Arten der Tukane fallen vor allem durch ihre gewaltigen und meist sehr bunten Schnäbel auf. Die Schnäbel enthalten luftgefüllte Hohlräume und sind daher sehr leicht.

Bartvögel *(Capitonidae)* Die farbenprächtigen Bartvögel, die ungefähr so groß sind wie

Stare, tragen um ihren starken keilförmigen Schnabel einen «Bart» aus Federborsten. Sie sind tropische Früchte- und Insektenfresser in Asien, Afrika, Süd- und Mittelamerika und nisten in Baumhöhlen oder Erdlöchern.

Honiganzeiger *(Indicatoridae)* Die Honiganzeiger sind afrikanische Spechtverwandte, die sich vom Wachs der Bienenwaben ernähren.

Links: Der Grünspecht ernährt sich hauptsächlich von Ameisen, die er mit seiner langen, klebrigen Zunge aus den Nestern holt.

Rechts: Buntspechte fressen vor allem unter der Rinde und im Holz lebende Insektenlarven. Dazu legen sie mit trommelnden Schnabelhieben deren Verstecke frei.

Links: Der Schwarzspecht füttert seine Jungen. Als Nahrung dienen ihm unter der Baumrinde lebende Insekten und Ameisen, die er wie der Grünspecht aus Ameisenhaufen holt.

Um an die Waben zu gelangen, haben diese Vögel ein besonders interessantes Verhalten entwickelt: Wenn sie ein Wildbienennest entdekken, suchen sie einen Honigdachs und locken ihn mit aufgeregten Rufen zum Nest. Der Dachs reißt mit seinen starken Krallen das Nest auf (was dem kleinen Vogel unmöglich wäre) und frißt Honig und Waben mitsamt den Bienenlarven. Bei dieser Schlemmermahlzeit fällt für den Vogel immer genügend Wachs ab. Um das Wachs verdauen zu können, haben die Honiganzeiger im Darm spezielle Pilze, welche dieses sonst unverdauliche Material zersetzen. Eingeborene machen sich das Verhalten des Honiganzeigers oft zunutze: Auch sie folgen dem lockenden Vogel, öffnen das Nest und holen für sich die gefüllten Honigwaben aus dem Nest heraus.

Spechte *(Picidae)* Sicher hast auch du in Wäldern und Parkanlagen schon Spechte trommeln hören. Das Trommelgeräusch ist sehr typisch für viele der insgesamt rund 400 Spechtarten, die fast weltweit verbreitet sind. Spechte trommeln aus drei verschiedenen Gründen: auf der Nahrungssuche, beim Nestbau, aber auch zum Anlocken eines Ehepartners.
Spechte haben einen großen, starken und scharfen Schnabel. Während sie sehr geschickt an Stämmen und Ästen herumhüpfen und sich dabei mit dem kräftigen Schwanz abstützen, pikken sie in schnellem Rhythmus in Rindenstücke und morsches Holz, um vor allem nach Insektenlarven zu suchen. Sie haben eine sehr lange, klebrige Zunge mit Widerhaken, mit der sie die Beute aus ihren Verstecken angeln können. Ver-

schiedene Spechtarten fressen außer Insekten auch Beeren, Samen von Nadelholzzapfen, Nüsse und dergleichen. Andere suchen am Boden nach Insekten oder öffnen Ameisen- und Termitenbauten.
Zum Brüten meißeln die meisten Spechte Höhlen in Baumstämme, die in den folgenden Jahren immer wieder benutzt werden. Verschiedene Spechte nisten auch in großen Kakteen, Erdhöhlen und Termitenbauten. In der Paarungszeit kann man Spechte besonders häufig trommeln hören. Jede Art hat ihren ganz besonderen Rhythmus. Daher können Spechtmännchen ihren Artgenossen trommelnd verkünden, daß sie ein Brutrevier besetzt haben und ein Weibchen zur Fortpflanzung suchen.

Sperlingsvögel *(Passeriformes)*
Die rund 8600 heute lebenden Vogelarten werden in insgesamt 28 Ordnungen aufgeteilt. Davon bilden die Sperlingsvögel mit etwa 4000 Arten die größte Ordnung. Früher bezeichnete man die Ordnung der Sperlingsvögel als Singvögel. Beide Bezeichnungen sind nicht sehr glücklich, denn in diese Verwandtschaft gehören so prächtige Gestalten wie die Paradiesvögel, die keinerlei Ähnlichkeit mit den unscheinbaren Sperlingen haben, oder die Raben, deren Krächzen man kaum als Gesang bezeichnen kann.

Töpfervögel *(Furnariidae)* Zur Familie der Töpfervögel zählen rund 220 Vogelarten in Süd- und Mittelamerika. Aber eigentlich verdienen nur sechs Arten ihren Namen: Nur sie töpfern, die übrigen bauen ihre Nester auf andere Weise. Die «richtigen» Töpfervögel sind etwa amselgroß und fallen trotz ihrer unscheinbaren Färbung vor allem in den Pampas, den südamerikanischen Graslandschaften, auf. Hier lassen sie häufig ihren glockenhellen, fröhlichen Gesang erklingen und tragen ihn oft paarweise vor. Dabei sitzen sie gern auf erhöhten Punkten, auf Weidepfählen oder Telefonmasten. Hier bauen sie auch ihre auffallenden Nester. Das Pärchen braucht dazu etwa zwei Wochen und muß sich in dieser Zeit ganz schön abrackern. Die beiden benötigen nämlich etwa 2000 Portionen Baumaterial, vor allem Lehm, aber auch Kuhmist und daneben Halme für den besseren Halt. Das fertige Nest ist etwa 25 Zentimeter breit und bis auf eine seitliche Einschlupföffnung ganz geschlossen. Der schmale Einschlupf ist gewunden, ähnlich wie bei einem Schneckenhaus, und mündet in der geräumigen Brutkammer. Das Baumaterial wird von der Sonne rasch hartgebrannt, und das «Einfamilienhäuschen» bietet den Vögeln einen ausgezeichneten Schutz vor Regen, Wind und feindlichen Tieren.

Tyrannen *(Tyrannidae)* Die rund 370 Tyrannenarten sind zaunkönig- bis amselgroße Vögel in Nord- und Südamerika; vor allem aber

Oben: Die Töpfervögel im südlichen Südamerika bauen aus Lehm und Grashalmen kugelförmige Nester mit seitlichem Eingang, die von der Sonne hartgebrannt werden.

Rechts: Der Rubintyrann ist ein leuchtend roter Insektenfänger Südamerikas.

sind sie in den Tropen verbreitet. Die meisten lauern auf erhöhten Standorten auf vorüberfliegende Insekten, die sie in schnellem Angriffsflug erbeuten; einige bevorzugen auch Beeren und Früchte.

Leierschwänze *(Menuridae)* Die zwei merkwürdigen Leierschwanzarten gleichen zwar eher den Fasanen, gehören aber aufgrund verschiedener Körpermerkmale – vor allem der Stimmbänder – zu den Sperlingsvögeln. Sie leben vorwiegend am Boden und scharren wie Hühner nach kleinen Tieren und Pflanzenteilen. Das Männchen ist etwa 1,30 Meter lang, wovon rund 75 Zentimeter auf den Schwanz entfallen. Bei der Brautwerbung kippt das Männchen den leierförmigen Schwanz nach vorn über den Kopf. Oft stellt es sich dabei auf einem Baumstumpf – noch häufiger auf einem selbstgebauten Erdhügel zur Schau. Die Leierschwänze leben in Australien. Sie können verschiedenste Geräusche, vor allem andere Vogelstimmen, täuschend echt nachahmen.

Lerchen *(Alaudidae)* Wenn du in einer offenen Landschaft mit Feldern und Wiesen einen Vogel siehst, der lang und erstaunlich laut zwitschert und trillert und in einer steilen Spirale so hoch hinauffliegt, daß er am Himmel nur noch als Punkt erscheint, dann beobachtest du eine Lerche! Das trillernde Gezwitscher ist für diese Vögel typisch. Vor allem die Feldlerche ist in Mitteleuropa noch recht häufig, seltener sind die Hauben- und die Heidelerche, im Norden und im Gebirge die Ohrenlerche und in Südeuropa die besonders schön singende Kalanderlerche. Lerchen sind unscheinbare, graubräunliche Vögel, die fast durchwegs in offenen Landschaften leben und am Boden in gut versteckten Nestern brüten. Von den insgesamt 75 Arten kommen die meisten in Afrika vor.

Oben links: Fast über ganz Europa, Asien und Nordamerika ist die Rauchschwalbe verbreitet, die am liebsten in Viehställen brütet.

Oben: Der Rotrückenwürger oder Neuntöter spießt einen Teil seiner Beute als Vorrat an Dornen auf.

Rechts: Der afrikanische Schwarzkopfpirol hat sein Nest mit Flechten ausgezeichnet getarnt.

Schwalben *(Hirundinidae)* Die Schwalben sind vor allem in ländlichen Gegenden so häufige und typische Vögel, daß sie wohl jeder kennt. Sie sind zierlich gebaut, haben einen sehr kurzen, breiten Schnabel, lange, schmale Flügel, sehr kurze Beine und einen gegabelten «Schwalbenschwanz». Sie sind darauf spezialisiert, in schnellem, wendigem Flug Insekten zu fangen. Nicht nur in Europa, sondern weit über die ganze Erde verbreitet ist die Mehlschwalbe, deren Gefieder an der Oberseite stahlblau und an der Unterseite weiß ist. Sie baut ihr Lehmnest unter Dachvorsprüngen und an Felswänden. Die fast schwarze Rauchschwalbe brütet mit Vorliebe in Ställen und Scheunen. Seltener ist die Uferschwalbe, die tiefe Bruthöhlen in steile Erdwände und Uferabbrüche gräbt.

Noch weit mehr als der Hirtenstar (links) hat sich der afrikanische Madenhacker (oben) darauf spezialisiert, Großwild und Vieh von Zecken oder Insekten zu befreien.

Rechts: Der europäische Star ist im Frühling und im Sommer als fleißiger Insektenvertilger willkommen.

Rechts unten: Ein Grünschwanz-Glanzstar aus Afrika.

Schwalben sind in zahlreichen Arten auf allen Erdteilen verbreitet. Die nördlichen Arten sind Zugvögel, die zum Überwintern nach Süden fliegen.

Würger *(Laniidae)* Bei den Würgern ist der Schnabel vorn hakenartig nach unten gebogen und erinnert dadurch an einen Raubvogelschnabel. Die Würger sind tatsächlich Räuber, die sich gern von Baumspitzen und Strommasten aus auf Insekten, aber auch auf kleinere Frösche, Echsen und Mäuse stürzen. Würger nennt man sie wegen ihrer Gewohnheit, nach einer reichhaltigen Jagd Beutetiere als Vorrat für schlechtere Zeiten auf Dornen aufzuspießen. In Mitteleuropa kommen vor allem der Raubwürger und der Neuntöter vor. Da Würger aber offe-

Links: Der bunteste der europäischen Krähenvögel ist der Eichelhäher. Er hat die Angewohnheit, beim geringsten Anzeichen einer Gefahr durchdringend laut zu schreien und damit nicht nur seine Artgenossen zu warnen, sondern auch viele andere Tiere.

Unten: Wenn sich ihnen die Gelegenheit bietet, plündern Dohlen auch die Nester anderer Vögel. Hier hat eine Dohle ein Möwenei stibitzt.

ne, mit Büschen und Hecken bestandene Landschaften brauchen und diese durch die vermehrte Landwirtschaft immer seltener werden, sind sie aus weiten Gegenden bereits verschwunden.
Die Würger sind sperlings- bis amselgroß und leben vor allem in Asien, Afrika und Europa.

Pirole *(Oriolidae)* Die Pirole sind amselgroße Vögel, bei denen die Männchen meistens leuchtend goldgelb und schwarz, die Weibchen dagegen grüngelb gefärbt sind. Sie leben fast ausschließlich in Baumkronen und sind selten zu sehen. Doch dafür hört man ihre schönen, melodischen Rufe. Der europäische Pirol ist bei uns sehr selten geworden.

Stare *(Sturnidae)* Zu unseren häufigsten und bekanntesten Vögeln gehört der Star, der etwa amselgroß ist und ein dunkles, grünbraun schillerndes Gefieder mit vielen hellen Tupfen trägt. Die sehr geselligen Vögel lassen häufig ihren lustig schwatzenden Gesang erklingen und können übrigens auch Geräusche und andere Vogelstimmen nachahmen. Sie spazieren gern in Scharen am Boden herum, wo sie nach Insekten, Larven und Würmern suchen. Im Sommer machen sie sich allerdings auch in Schwärmen über Kirschbäume her. Sie brüten in Baumhöhlen und Nistkästen.
Vor allem in den Tropen Afrikas und Asiens sind über hundert Starenarten zu Hause. Die als

Ziervögel beliebten Beos, die Mainastare und die wunderschönen Glanzstare zählen zu ihnen.

Rabenvögel *(Corvidae)* Die Rabenvögel – in etwa hundert Arten weit über die Erde verbreitet – gelten neben den Papageien als die intelligentesten Vögel. Oft kann man beobachten, wie sie mutig Greifvögel attackieren. Andererseits erkennen sie Gefahren meistens schnell und weichen ihnen aus. Die meisten Arten leben gern in Gesellschaften, brüten aber lieber paarweise für sich auf Bäumen oder in Felsnischen. Einige bilden auch Brutkolonien in Türmen (Dohlen). Die meisten sind Allesfresser, die verschiedene Kleintiere erbeuten, fremde Vogelnester plündern und Aas, pflanzliche Stoffe, aber auch alle möglichen Abfälle vertilgen.

Zu den bekanntesten europäischen Rabenvögeln gehören die Saat- und die Rabenkrähe, die Dohle, die Elster und der Eichelhäher. In Gebirgsgegenden findet man die Bergdohle und den Tannenhäher, seltener auch die Alpenkrähe.

Paradiesvögel *(Paradisaeidae)* Die rund 40 Arten der Paradiesvögel leben größtenteils auf Neuguinea und den umliegenden Inseln, wenige im Norden von Australien. Sie sind mit den Rabenvögeln nahe verwandt, doch während diese meist unauffällig gefärbt sind, prunken die Paradiesvögel oft mit einem unvergleichlich schönen Gefieder. Häufig haben sie herrlich lange, wallende Schmuckfedern. Um Weibchen zur Paarung anzulocken, versammeln sich die Männchen immer wieder auf denselben Bäumen und stellen unter Verrenkungen und Geschrei ihr Prachtgefieder zur Schau.

Zu Beginn dieses Jahrhunderts wurden Hunderttausende von Paradiesvögeln getötet und

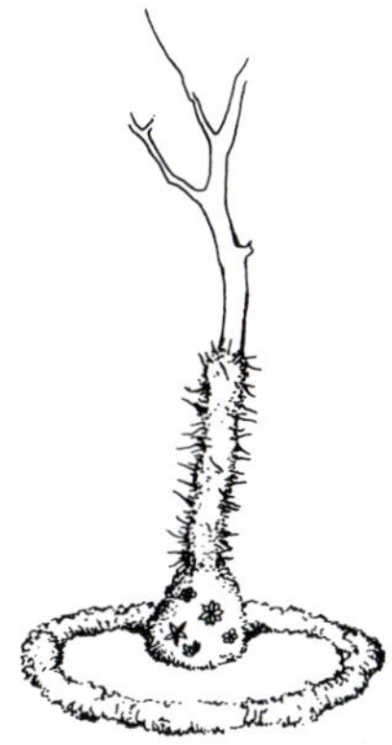

Die Zeichnungen zeigen die Balzplätze zweier Laubenvögel aus Neuguinea: links vom Maibaumbauer und rechts vom Hüttenbauer. Unten siehst du den Balzplatz des australischen Seidenlaubenvogels.

Links: Das Braunkehlchen braucht zum Brüten Riedwiesen. Weil diese Lebensräume aber immer mehr verschwinden, sieht man es nur noch sehr selten.

Rechts: In Hecken oder an Waldrändern mit viel Unterholz baut die Mönchsgrasmücke ihr Nest.

Rechts unten: Ein Teichrohrsänger mit seinem unfreiwilligen Nachwuchs, einem jungen Kuckuck.

manche Arten fast ausgerottet, weil es in Europa gerade Mode war, Damenhüte mit Paradiesvogelfedern zu schmücken! Die Jagd wurde 1924 endlich verboten.

Laubenvögel *(Ptilonorhynchinae)* Die Laubenvögel sind zwar mit den Paradiesvögeln nahe verwandt und leben ebenfalls in Neuguinea und Australien. Sie sind aber fast alle unscheinbar gefärbt. Dafür haben die Männchen dieser Vögel die wohl erstaunlichste Methode entwickelt, um Weibchen zur Hochzeit anzulocken: Sie bauen aus feinen Zweigen hütten-, tunnel- oder turmartige Gebilde und legen davor einen auffallenden Garten an. Diesen Balzplatz säubern sie zuerst und verzieren ihn dann mit großem Aufwand. Dazu benützen sie, je nach Art, verschiedenste Dinge wie Schneckenhäuschen, Blumen, Pilze, Beeren, Blätter und Moos, Schmetterlingsflügel und vieles mehr. Verwelkte Blüten werden entfernt und laufend durch frische ersetzt. Der Balzplatz wird vom Männchen etwa fünf Monate im Jahr gepflegt und unterhalten. Um den Nestbau, das Brüten und die Aufzucht der Jungen müssen sich die Weibchen allein kümmern.

Bülbüls *(Pycnonotidae)* Der ursprüngliche Lebensraum der über hundert Bülbülarten, die vor allem Afrika und die wärmeren Gebiete Asiens bewohnen, ist Wald- und Buschgebiet. Die geselligen Vögel siedeln sich aber auch gern in Gärten an. Hier erfreuen sie die Menschen durch ihren schönen Gesang und machen sich durch das fleißige Fangen von Insekten beliebt. Gleichzeitig werden sie aber auch verfolgt, weil sie sich bei Gelegenheit über Beeren und Früchte hermachen. Die meisten Bülbüls sind etwa amselgroß und unauffällig grau oder bräunlich gefärbt. Oft haben sie im Nacken einen aufrichtbaren Federschopf.

Timalien *(Timaliinae)* Die fast 300 Arten der Timalien sehen sehr unterschiedlich aus. Einige ähneln den Zaunkönigen, Meisen oder Fliegenschnäppern, andere den Drosseln oder Hähern. Manche sind außerordentlich farbenprächtig, andere ganz unscheinbar. Von den

Links: Im Winter ist die Kohlmeise in Europa einer der häufigsten Gäste am Futterhäuschen. Im Sommer zieht sie sich gern in die Wälder zurück.

Rechts: Der prächtige Türkisvogel aus Mittelamerika saugt mit seinem feinen Schnabel gern Nektar aus Blüten.

auffallend lebhaften Vögeln sind viele hervorragende Sänger. Ihre Nahrung besteht aus Insekten, anderen Kleintieren und Früchten. Bekannte Timalien sind vor allem die Sonnenvögel aus Südostasien, die als «Chinesische Nachtigallen» häufig in die Zoohandlungen kommen und wegen ihres bunten Gefieders, des schönen Gesanges und des zutraulichen, lebhaften Wesens beliebt sind.

Fliegenschnäpper *(Muscicapinae)* Obwohl er durchaus nicht selten ist, kennen die meisten Leute den Grauschnäpper nicht. Der kleine, graubraune Vogel sitzt gern hochaufgerichtet auf einer Astspitze, einem Dach oder Telefondraht und schnappt sich von dort in schnellem, wendigem Flug fliegende Insekten. Er ist unser häufigster Fliegenschnäpper. Die Familie der Fliegenschnäpper ist mit etwa 380 meist recht unscheinbaren Arten über Europa, Afrika, Asien und Australien verbreitet.

Grasmücken *(Sylviinae)* Mit den Grasmücken verhält es sich ähnlich wie mit den Fliegenschnäppern: Sie gehören zwar zu unseren häufigsten Vögeln, sind aber kaum jemandem bekannt. Die unscheinbar gefärbten, meist kleinen und zierlichen Vögel führen ein verstecktes Leben in Büschen, Bäumen und Röhricht. Von dort erschallt ihr teils einfacher, teils wunderschön flötender Gesang. Rund 400 Arten sind über alle Kontinente verbreitet. Zu den bekanntesten Arten in Mitteleuropa zählen die Mönchs- und die Gartengrasmücke, die Teich- und Drosselrohrsänger, der Weidenlaubsänger – der we-

Oben links: Ebenfalls auf Blütennektar ist der afrikanische Scharlachbrust-Nektarvogel spezialisiert. Nektarvögel werden oft mit Kolibris verwechselt, sind aber mit den amerikanischen Blütenbesuchern nicht verwandt.

Rechts: Der australische Rotstirn-Fächerschnäpper hat sein kunstvolles Nest hoch oben in der Astgabel eines Baumes gebaut.

Die Finkenvögel oder Körnerfresser

Körnerfresser haben einen keilförmigen und ziemlich kräftigen Schnabel zum Schälen und Zerkleinern von Pflanzensamen. Viele Arten fressen auch Insekten und andere Kleintiere; die Jungen werden oft mit Insekten aufgezogen.

1

1 Die Goldammer baut ihr Nest in Hecken.

2 Der Stocherfink der Galapagosinseln frißt mit Vorliebe Insektenlarven, die im Holz leben. Um sie aus ihren Bohrlöchern zu angeln, verwendet er oft ein feines Zweigstück.

3 Rotkopftangare aus dem tropischen Amerika.

2

3

4

5

6

7

4 Der Zebrafink aus Australien ist ein beliebter Käfigvogel.

5 Fast unglaublich ist die Farbenpracht der australischen Gouldamadine. In Europa kann man die drei folgenden Körnerfresser als regelmäßige Gäste am winterlichen Futterhäuschen beobachten:
6 Buchfink
7 Gimpel
8 Grünling

8

Rechte Seite: Der Stieglitz oder Distelfink frißt besonders gern Distelsamen.

gen seines zweisilbigen Rufes auch Zilpzalp genannt wird – und die winzigen Goldhähnchen, unsere kleinsten Vögel.

Drosseln *(Turdinae)* Eine Drosselart gehört zu den wenigen Vögeln, die jeder kennt: die Amsel! Sie hat sich dem Menschen besonders eng angeschlossen, lebt in Parks und Gärten und brütet im Spalier an der Hauswand oder auch in einem Blumenkasten. Jedes Kind hat schon den herrlichen Gesang gehört, den das Amselmännchen vom Dachfirst oder einer Baumspitze aus erklingen läßt.
Viele der rund 300 weltweit verbreiteten Drosselarten sind ausgezeichnete Sänger. Der Gesang der Singdrossel, die auch in Europa vorkommt, wird sogar mit dem Lied der Nachtigall verglichen. Drosseln sind meist unauffällig bräunlich gefärbt, hüpfen häufig am Boden herum und suchen dort nach Würmern und Insekten. Sie fressen aber auch gerne Beeren.

Spottdrosseln *(Mimidae)* Etwa 30 drosselähnliche Vogelarten bilden die Familie der Spottdrosseln. Sie sind in Nord- und Südamerika verbreitet und gelten als die besten Sänger Amerikas. Spottdrosseln heißen sie, weil sie oft den Gesang anderer Vögel nachahmen, so als wollten sie diese verspotten.

Zaunkönige *(Troglodytidae)* Nur gerade neun Gramm wiegt der europäische Zaunkönig und ist damit fast unser kleinster Vogel – noch etwas kleiner sind nur die Goldhähnchen. Während Singvögel sonst vor allem im Frühling und Sommer singen, schmettert dieser Vogelzwerg seinen Gesang auch mitten im Winter heraus, und zwar mit einer ganz erstaunlichen Lautstärke.
Die rund 65 Zaunkönigarten, von denen die meisten in Amerika vorkommen, sind durchwegs kleine, unauffällig gefärbte Vögel, die häufig ihre Schwanzfedern steil in die Höhe stellen. Zaunkönige ziehen nicht wie die meisten Insektenfresser der kühleren Regionen im Herbst in wärmere Gegenden, sondern stöbern auch im Winter genügend Insekten und Spinnen aus ihren Verstecken auf, um zu überleben.

Wasseramseln *(Cinclidae)* Die fünf Arten der Wasseramseln sind in Europa, Asien sowie Nord- und Südamerika verbreitet und leben mit Vorliebe an größeren Gebirgsbächen, aber auch an Flüssen im Tiefland. Sie gleichen den Drosseln, haben jedoch die erstaunliche Fähigkeit, selbst im reißenden Wasser zu tauchen. Unter Wasser bewegen sie sich mit Flügelschlägen vorwärts oder laufen auf dem Grund und fangen dabei Insektenlarven und Krebstierchen.

Meisen *(Paridae)* Die Familie der Meisen kommt mit gut 60 Arten fast auf der ganzen Welt vor. Die hübschen kleinen und lebhaften Vögel turnen sehr geschickt in den Zweigen herum, hängen dabei oft mit dem Rücken nach unten und untersuchen alles gründlich auf Blattläuse und andere Insekten. Sie sind wichtige Helfer im Garten; daher hängen viele Leute Nistkästen für Meisen auf und füttern sie im Winter. Besonders während der Aufzucht der Jungen sammeln Meisen unglaublich viele In-

sekten. Ein Kohlmeisenpaar bringt seinen Jungen bis zum Ausfliegen fast 8000mal Futter.

Kleiber *(Sittidae)* Die etwa 30 Kleiberarten sind mit den Meisen nahe verwandt. Sie haben aber einen längeren, spitzeren Schnabel und die auffallende Gewohnheit, in allen Richtungen – auch mit dem Kopf nach unten – an Baumrinden herumzuturnen! Kleiber heißen sie, weil manche von ihnen die Bruthöhle bis auf ein enges Schlupfloch mit Lehm zukleben.

Baumläufer *(Certhiidae)* In Obstgärten oder Parks kannst du gelegentlich einen kleinen, bräunlichen Vogel beobachten, der eifrig an einem Stamm hochhüpft und dabei mit seinem langen, feinen Schnabel in jeder Rindenritze nach Insekten und Spinnen stochert. Oben angelangt, fliegt er zum Fuß des nächsten Baumes. Die unauffälligen Baumläufer, von denen zwei Arten in Europa vorkommen, trifft man fast überall auf der Erde, wo es Bäume gibt.

Stelzen *(Motacillidae)* Die Stelzen sind etwa sperlingsgroße Insektenfresser, die auf langen, dünnen Beinen herumspazieren und dabei mit ihrem langen Schwanz wippen. Die in Europa häufige Bachstelze lebt gern an Gewässern.

Brillenvögel *(Zosteropidae)* Die in den heißen Gebieten Asiens, Australiens und Afrikas verbreiteten kleinen Brillenvögel gleichen den Laubsängern, sind grünbräunlich gefärbt und haben einen auffallenden weißen Augenring. Sie ernähren sich von Insekten und Früchten.

Nektarvögel *(Nectariniidae)* In Afrika, Madagaskar und Südasien sind die Nektarvögel verbreitet, eine weitere Familie blütenbesuchender Vögel. Das Gefieder der bunten und langschnäbeligen Vögel hat häufig metallisch glänzende Stellen. Sie sind meist kleiner als Sperlinge und erinnern an die amerikanischen Kolibris.

Oben: Der Haussperling fühlt sich in menschlichen Siedlungen besonders wohl und ist auf der ganzen Welt zu finden.

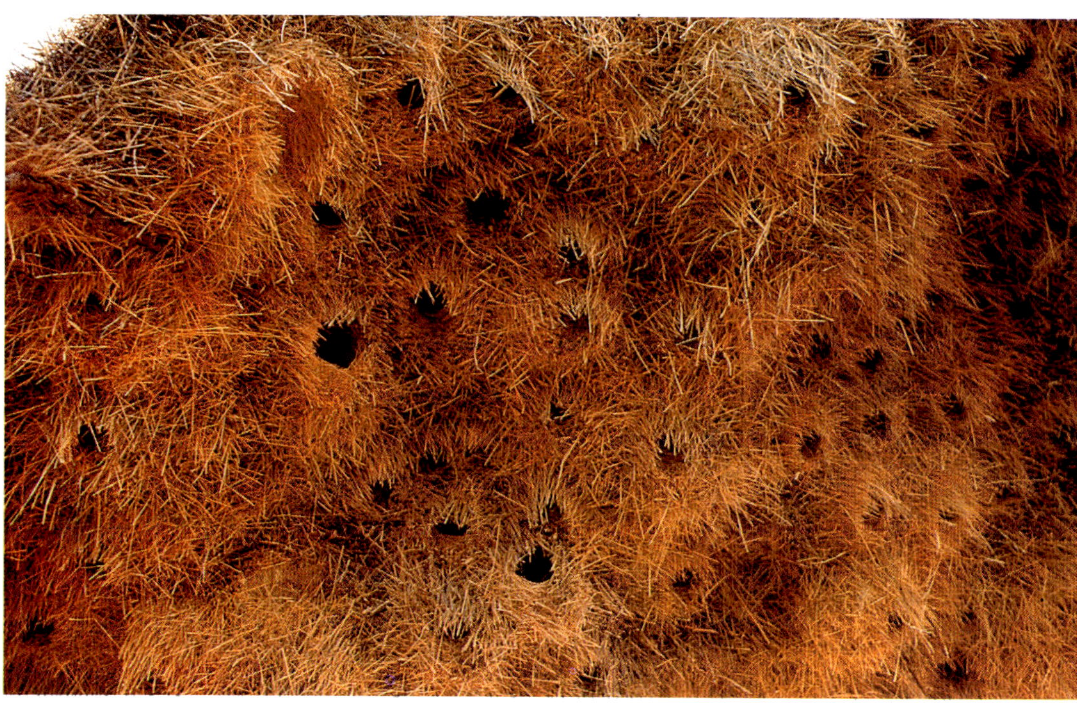

Links: Blick von unten auf eine Nestkolonie von afrikanischen Siedelsperlingen. Die Kolonien sehen aus wie gewaltige Heuhaufen in Baumkronen, an deren Unterseite sich oft viele Dutzend Nestkammern befinden.

Stärlinge *(Icteridae)* Die fast hundert Arten der Stärlinge leben in Nord- und Südamerika und haben sehr viel Ähnlichkeit mit den Staren der Alten Welt. Die sperlings- bis krähengroßen Vögel ernähren sich vor allem von Insekten und Früchten.

Tangaren *(Thraupidae)* Über 200 Arten finkenähnlicher Vögel bilden die Familie der Tangaren. Sie ernähren sich von Insekten, Samen und Früchten und sind in Nord- und vor allem Südamerika heimisch. Viele von ihnen leuchten in kunterbunten Farben und gehören zu den farbenprächtigsten Vögeln.

Finkenvögel *(Fringillidae)* Viele Finkenvögel sind auch dir sicher bekannt: der Buchfink etwa, der im Frühling und Sommer in Gärten und Parks immer wieder sein Lied hinausschmettert, der kurzschnäbelige, rotbäuchige Gimpel mit der schwarzen Kappe, der Grünling oder der bunte Stieglitz, die gern ans Futterhäuschen kommen, und ganz bestimmt der Kanarienvogel. In weit über 400 Arten bewohnen die Finkenvögel außer Australien fast die ganze Erde. Sie ernähren sich vorwiegend von Samen und anderen pflanzlichen Stoffen, ziehen aber ihre Jungen hauptsächlich mit Insekten auf. Die meisten Finken sind Standvögel, sie bleiben also während des ganzen Jahres im selben Gebiet.

Webervögel *(Ploceidae)* Wenn du das «liederliche» Heunest unserer Haussperlinge anschaust, wirst du wohl kaum auf die Idee kommen, daß diese Vögel zur Familie der großartigsten Nestbaukünstler gehören: zu den Webervögeln. Viele Webervögel flechten Pflanzenfasern und Halme zu kugelförmigen Nestern mit seitlichen Eingangsröhren. Manchmal findet man Dutzende solcher Nester auf einem Baum, nicht selten mitten in afrikanischen Ortschaften. Aber bei weitem nicht alle Webervögel sind so großartige Baumeister. Zu den etwa 270 Arten, die vor allem in Afrika, Südasien und Australien verbreitet sind, gehören auch die oft sehr bunten Prachtfinken, die zu Tausenden als Zimmervögel nach Europa kommen, wo viele von ihnen schon bald durch schlechte Pflege sterben.

Links oben: Der Madagaskar-Webervogel trägt zur Brutzeit ein schönes rotes Gefieder.

Oben: Der afrikanische Maskenweber hat gerade mit dem Bau seines Nestes begonnen. Erst wenn der Rohbau fertig ist, lockt das Webervogelmännchen ein Weibchen an.

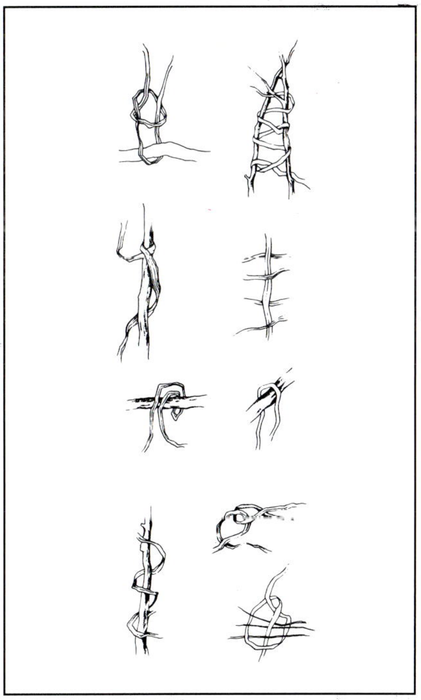

Rechts: Die Zeichnungen zeigen verschiedene Knoten und Schlaufen, mit denen Webervögel beim Nestbau arbeiten.

Säugetiere

Das kleinste aller Säugetiere *(Mammalia)* ist die Etruskerspitzmaus mit etwa vier Zentimetern Länge und weniger als vier Gramm Gewicht. Der Blauwal dagegen wird rund 34 Meter lang und 140 Tonnen schwer. Das größte Säugetier der Welt ist also 35millionenmal schwerer als das kleinste! Aber nicht nur in ihrer Größe, auch in der Lebensweise sind die Säugetiere außerordentlich vielfältig. Sie bewohnen die verschiedensten Lebensräume: von den kältesten bis zu den heißesten Gebieten der Erde. Einige Säugetiere, wie etwa die Delphine, schwimmen so gut wie Fische, andere, wie die Fledermäuse, fliegen so vorzüglich wie Vögel. Aber trotz der ganzen Vielfalt haben alle rund 6000 heute noch lebenden Säugetierarten einige Merkmale gemeinsam: Sie besitzen vier Gliedmaßen – obwohl diese bei manchen Wassertieren zu Flossen umentwickelt sind. Sie haben Haare, wenn auch bei einigen Arten nur ganz spärlich. Die meisten können ihre Körpertemperatur unabhängig von der Außentemperatur auf einer gleichmäßigen Höhe von 36 bis 40 Grad halten. Sie haben sieben Halswirbel – die Giraffe ebenso wie die Zwergmaus. Die Mehrzahl der Weibchen bringt lebende Junge zur Welt. Sie produzieren in ihren Milchdrüsen Milch, um damit die Jungen zu ernähren. Und weil fast alle jungen Säugetiere diese Milch aus den mütterlichen Zitzen saugen, heißen diese Tiere sehr treffend Säugetiere.
Diese Tierklasse ist in drei Unterklassen eingeteilt: in Eierleger, Beuteltiere und Plazentatiere. Zur letzten Gruppe gehört auch der Mensch!

Eierleger *(Prototheria)*

Die Eierleger gelten als die urtümlichsten Säugetiere. Die zwei Familien dieser Tiergruppe, die Schnabeltiere und die Schnabeligel, legen tatsächlich Eier – als einzige Säugetiere der Welt.

Schnabeltier *(Ornithorhynchidae)* Das Australische Schnabeltier ist zweifellos eines der merkwürdigsten Säugetiere. Es hat die Gestalt eines Bibers, aber einen entenähnlichen Schnabel. Es schwimmt und taucht sehr gut und sucht am Grund von Gewässern nach Wasserinsekten, Krebstierchen und Schnecken. In seiner am Ufer gegrabenen Höhle legt das Weibchen bis zu drei kleine, weichschalige Eier, aus denen nach ein bis zwei Wochen die Jungen schlüpfen. Die Mutter hat zwar keine Zitzen, aber Milchdrüsen am Bauch. Die Milch wird durch Hautporen ausgeschieden und von den Jungen aufgeleckt. Ihre Entwicklung dauert lange; erst mit fünf Monaten verlassen sie erstmals die Höhle.
Beim männlichen Schnabeltier sitzt an den Fußgelenken ein giftiger Stachel, dessen Stich sehr schmerzhaft ist. Das Schnabeltier ist damit das einzige giftige Säugetier. Wozu dieser Giftstachel wirklich dient, weiß allerdings niemand genau.

Linke Seite: Wenn sich ein ausgewachsener männlicher Gorilla aufrichtet, auf die Brust trommelt und brüllt, sieht das zwar gefährlich aus, ist aber nicht böse gemeint.

Oben: Das australische Schnabeltier gehört zu den rätselhaftesten Säugetieren der Welt.

Schnabeligel *(Tachyglossidae)* Der in Australien, Tasmanien und auf Neuguinea verbreitete Kurzschnabeligel gleicht zwar mit seinem Stachelpanzer einem Igel, ist aber nicht einmal entfernt mit ihm verwandt. Wie beim Schnabeltier legt das Weibchen bis zu drei Eier, brütet diese aber in einem Brutbeutel am Bauch aus. Auch hier lecken die Jungen die Milch auf, die

aus Hautporen kommt. Schnabeligel ernähren sich hauptsächlich von Ameisen und Termiten, die sie mit ihrer langen, klebrigen Zunge einsammeln. Sie besitzen keine Zähne, sondern hornartige Platten auf der Zunge und im Gaumen, mit denen sie die Insekten zermalmen.
Auf Neuguinea lebt noch eine zweite Art, der Langschnabeligel, der viel weniger Stacheln am Körper hat.

Beuteltiere *(Marsupialia)*

Wenn du das Wort «Beuteltiere» hörst, denkst du bestimmt an Känguruhs. So geht es den meisten Leuten, denn jeder weiß: Känguruhmütter haben am Bauch einen Beutel, in dem sich die Jungen entwickeln. Und darum sind Känguruhs Beuteltiere! Daß aber zum Beispiel auch die niedlichen Koalas in Australien Beuteltiere sind, ist den meisten Leuten nicht bekannt. Dabei gibt es außer den 56 Känguruharten noch etwa 250 weitere Arten von Beuteltieren, deren Junge sich auf die gleiche Weise entwickeln. Weitaus die meisten von ihnen leben in Australien.

Links: Die australische Dickschwanz-Schmalfußbeutelmaus ist keine Erfindung, sondern ein Beuteltier und mit Känguruhs näher verwandt als mit den Mäusen.

Rechts: Junge Schmalfußbeutelmäuse entwickeln sich zunächst im Beutel der Mutter.

Rechts unten: Mit weniger als 5 Zentimetern Körperlänge ist die Zwergflachkopfbeutelmaus das kleinste Beuteltier der Welt.

Was genau ist nun aber der Unterschied zwischen Beutel- und Plazentatieren (Höhere Säugetiere)? Die Beuteltiere bringen ihre Jungen schon sehr bald nach der Paarung in einem noch weitgehend unentwickelten Zustand zur Welt. Diese winzigen Keimlinge werden nun in einem Hautbeutel oder in einer Hautfalte am Bauch der Mutter aufgenommen. Hier saugen sich die Jungen an den Milchzitzen fest und lassen diese oft erst dann wieder los, wenn sie nach mehreren Wochen oder Monaten erstmals den Beutel verlassen. Bei den höheren Säugern oder Plazentatieren entwickeln sich die Jungen im Mutterleib viel länger und weiter. Sie werden in dieser Zeit vom Körper der Mutter ernährt. Dazu gibt es ein besonderes Organ, das den Beuteltieren fehlt und das man als Mutterkuchen oder Plazenta bezeichnet – daher der Name Plazentatiere.

Beutelratten *(Didelphidae)* Die wenigen Arten von Beuteltieren, die in Amerika noch vorkommen, nennt man Beutelratten. Sie haben eine rattenähnliche Gestalt und sind maus- bis katzengroß. Sie sind nächtliche Allesfresser. Die Jungen entwickeln sich in einem Hautbeutel am Bauch der Mutter. Nur eine Art, das Nordopossum, kommt in Nordamerika vor; dank seiner guten Anpassungsfähigkeit sogar in Ortschaften.

Beutelmäuse *(Phascogalinae)* Rund 40 kleine australische Beuteltierarten nennt man Beutelmäuse. Sie ernähren sich hauptsächlich von Insekten und anderen kleineren Tieren, daneben auch von Beeren und Früchten. Tagsüber schlafen sie in Baum- oder Erdhöhlen, nachts huschen sie lebhaft und flink über den Boden und in Büschen und Bäumen herum. Die größten Beutelmäuse sind etwa hamstergroß, die kleinste ist die Zwergflachkopf-Beutelmaus. Mit nur etwa 4,5 Zentimetern Körperlänge und 6 Gramm Gewicht ist sie das kleinste Beuteltier der Welt.

Beutelmarder *(Dasyurinae)* Die sechs Beutelmarderarten sind ratten- bis fuchsgroße Tiere, die in Australien, auf Neuguinea und in Tasmanien vorkommen. Sie leben räuberisch von verschiedensten kleineren Tieren, sind nachtaktiv und halten sich als ausgezeichnete Kletterer hauptsächlich auf Bäumen auf. Nur der Beutelteufel in Tasmanien ist ein ausgesprochener Bodenbewohner. Dieses fuchsgroße, schwarze Raubbeuteltier stimmt nachts oft ein lautes, kreischendes Bellen an und galt früher als sehr wild und unzähmbar. Aus diesen Gründen hat das Tier wohl auch seinen unfreundlichen Namen erhalten. In Wirklichkeit lassen

Links: Etwa so groß wie ein Dachs wird das größte lebende Raubbeuteltier, der Beutelteufel von der Insel Tasmanien.

sich Beutelteufel gut zähmen und können sehr anhänglich werden. Vielerorts in Tasmanien werden sie jedoch verfolgt, weil sie gelegentlich in Hühnerställe einbrechen. Daher werden diese größten heute noch lebenden Raubbeuteltiere immer seltener.

Beutelwolf *(Thylacinus)* Das größte Raubbeuteltier unseres Jahrhunderts hat etwa die Größe eines Schäferhundes und wird Beutelwolf oder – wegen der dunklen Querstreifen auf dem Hinterkörper – Tasmanischer Tiger genannt. In Australien ist er vermutlich schon vor einigen tausend Jahren durch die Dingos ausgerottet worden. In seinem letzten Rückzugsgebiet, auf der Insel Tasmanien, wurde er erst 1808 entdeckt und von Wissenschaftlern erstmals beschrieben. Wie interessant dieses einzigartige Tier ist, kümmerte aber niemanden. Die Schafzüchter haßten den Beutelwolf, weil er gelegentlich Schafe riß, und seit 1830 zahlte die

Oben: Der Fleckenbeutelmarder ist ein marderähnliches Raubbeuteltier Australiens.

Unten: Der Beutelwolf, der noch in unserem Jahrhundert auf Tasmanien vorkam, ist inzwischen offenbar ausgerottet worden.

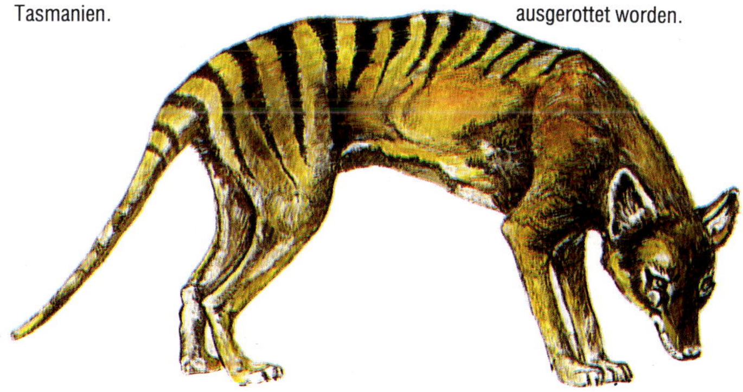

Regierung von Tasmanien sogar eine Prämie für jedes getötete Exemplar. 1933 wurde der letzte Beutelwolf gefangen. Er starb drei Jahre später.

Beuteldachse *(Peramelidae)* Die etwa 20 Arten der Beuteldachse sind ratten- bis dachsgroß. Außer der Größe haben sie allerdings mit Dachsen nicht die geringste Ähnlichkeit, sondern sehen eher aus wie eine Kreuzung zwischen einer Spitzmaus und einem Känguruh. Auffallend ist vor allem die spitze, langgezogene Schnauze, von der diese Tiere ihren zweiten und viel treffenderen Namen «Nasenbeutler» haben. Diese Beuteltiere führen ein sehr heimliches nächtliches Leben. Sie durchwühlen den Boden nach Würmern, Insekten, Larven und Mäusenestern.

Kletterbeutler *(Phalangeridae)* Die Familie der Kletterbeutler umfaßt über 40 Beuteltierarten Australiens, Tasmaniens, Neuguineas und umliegender Inseln. Sie haben sich auf das Baumleben spezialisiert und ernähren sich vorwiegend von Früchten, Blättern und anderen Pflanzenteilen. Die sehr verschiedenartigen Tiere sind maus- bis fuchsgroß und gleichen je nach Art Eichhörnchen, Flughörnchen, Halbaffen oder weiteren baumbewohnenden Säugetieren anderer Kontinente. Mehrere Arten haben an den Körperseiten Hautfalten, die sie im Sprung aufspannen und zum Gleitflug von Baum zu Baum benutzen können.

Koala *(Phascolarctos)* Zu den Kletterbeutlern gehört der Koala, der neben dem Känguruh das wohl bekannteste Tier Australiens ist. Daß es völlig harmlos und außergewöhnlich niedlich ist, nützte dem teddybärähnlichen Beuteltier lange Zeit gar nichts! Die Schafzüchter brannten riesige Waldgebiete ab, um weiteres Weideland zu gewinnen, und zerstörten damit einen großen Teil des Lebensraumes der Koalas. Gleichzeitig wurden Tausende von Koalas getötet, weil das weiche, silbergraue Fell für die Pelzindustrie begehrt war.

Allein der australische Staat Queensland verkaufte im Jahr 1927 rund 600000 Felle! Erst zehn Jahre später wurden diese Tiere unter Schutz gestellt. Von Millionen Koalas waren zu diesem Zeitpunkt nur noch wenige tausend übrig.

Außer in Australien und Kalifornien sieht man Koalas in keinem Zoo der Welt. Sie sind nämlich Nahrungsspezialisten, die sich nur von den Blättern weniger Eukalyptusbaumarten ernähren. Die Tiere sind Einzelgänger, die nur zur Paarung zusammenkommen. Kurz nach der Paarung bringt das Weibchen ein Junges, ganz selten auch Zwillinge zur Welt. Die Winzlinge wiegen bei der Geburt nur etwa ein halbes Gramm, ausgewachsene Koalas dagegen etwa 15 Kilogramm, also 30000mal mehr! Erstaunlicherweise schaut die Öffnung des Bauchbeutels, in dem das Junge nun etwa acht Monate lang lebt, nicht nach vorn wie bei den Känguruhs, sondern nach hinten. Dennoch passiert es offenbar nie, daß ein Junges aus dem Beutel der herumkletternden Mutter herauspurzelt.

Links: Zu den seltensten Beuteltieren gehört der Fleckenkuskus. Rechts: Beutelflughörnchen haben an den Seiten Spannhäute, mit deren Hilfe sie weit durch die Luft gleiten können.

Rechte Seite: Obwohl sie aussehen wie Spielzeug-Teddys, sind Koalas (links) keine Bären, sondern Beuteltiere. Auch die Wombats (ganz rechts) sind Beuteltiere, obwohl sie Murmeltieren gleichen.

Wombats *(Vombatidae)* Die drei Arten der Wombats sind plumpgebaute, kurzbeinige Tiere der Graslandschaften und Halbwüsten Australiens und einiger naher Inseln. Am ehesten kann man sie mit Murmeltieren oder mit

terbeine bei weitem nicht so stark entwickelt wie bei den Echten Känguruhs. Diese nur ratten- bis katzengroßen «Känguruhzwerge» laufen auch meistens auf allen Vieren und fallen nur auf der Flucht in die typisch hüpfende Gangart der Känguruhs. Die meisten Rattenkänguruhs sind heute durch angesiedelte Füchse, verwilderte Katzen und Hunde gefährdet.

Echte Känguruhs *(Macropodinae)* Das kleinste der Echten Känguruhs ist das nur katzengroße und etwa 1,3 Kilogramm schwere Nabarlek. Die größten Tiere dagegen bringen es auf Menschenhöhe: die zwischen 50 und 100 Kilo-

kleinen Bären vergleichen. Die Nachttiere sind rund 90 Zentimeter lang und 30 Kilogramm schwer, leben in selbstgegrabenen Erdhöhlen und ernähren sich von Gras. Wie bei den Koalas ist auch bei den Wombatweibchen der Brutbeutel nach hinten geöffnet. Weil sie Gras fressen wie Schafe und Rinder, sind die Wombats bei den Viehzüchtern verhaßt und in weiten Gebieten bereits ausgerottet worden.

Känguruhs *(Macropodidae)*
Die bekanntesten australischen Tiere sind die Känguruhs. Allerdings wissen selbst die meisten Australier nicht, daß es heute 56 verschiedene Arten von Känguruhs gibt. Diese Beuteltierfamilie wird in zwei Unterfamilien aufgeteilt: in Rattenkänguruhs und Echte Känguruhs.

Rattenkänguruhs *(Potoroinae)* Bei den neun Arten der Rattenkänguruhs sind die Hin-

gramm schweren Riesenkänguruhs. Grasland und Trockenbusch sind die beliebtesten Känguruhgegenden, doch findet man sie auch in Sümpfen, Felsgebieten und Wäldern. In Nordostaustralien leben sogar zwei Arten von Baumkänguruhs in den Baumkronen des Regenwaldes. Känguruhs haben einen eigenartigen Körperbau. Im Vergleich zu den langen, starken Hinterbeinen mit den gewaltigen Sprungmuskeln wirken die Vorderbeine wie Anhängsel. Die Vorderfüße mit den langen, gebogenen Krallen sind aber erstaunlich geschickt und spielen vor allem bei der Körperpflege eine wichtige Rolle. Der lange, starke Schwanz dient bei der schnellen Fortbewegung als Balancierstange. Beim stehenden Känguruh stützt er wie ein drittes Bein einen Teil des Körpergewichtes.
Känguruhs sind mit ihren beiden Hinterbeinen so schnell wie Antilopen auf allen Vieren. Wenn große Känguruhs aufgescheucht werden, ziehen

sie sich mit eher gemächlich wirkenden, federnden Sprüngen zurück. Bereits dabei haben sie eine Geschwindigkeit von etwa 25 Stundenkilometern. Werden sie verfolgt, können sie dieses

Rechts: Die Baumkänguruhs leben tatsächlich auf Bäumen. Sie kommen in den Wäldern von Nordostaustralien und auf Neuguinea vor.

Links: Mit nur 50 Zentimetern Körperlänge gehören die Quokkas zu den kleinsten Känguruhs. Sie kommen nur noch in wenigen Gebieten im Südwesten Australiens vor.

Tempo für längere Zeit mehr als verdoppeln. Riesenkänguruhs machen dabei bis zu drei Meter hohe und sieben Meter weite Sätze!

Auch Känguruhbabys kommen winzig klein und unentwickelt zur Welt. Es ist kaum zu glauben, daß die unfertigen Winzlinge nach der Geburt selbständig in den Beutel der Mutter kriechen. Diesen verlassen sie erst etwa sechs Monate später, kehren aber noch zwei weitere Monate lang bei Gefahr und zum Schlafen in die bequeme Tasche zurück.

Auch die Känguruhs wurden und werden noch heute vor allem von Viehzüchtern hartnäckig verfolgt. Einige Arten sind bereits sehr selten geworden oder schon ausgerottet. Andere, vor allem die Riesenkänguruhs, sind zum Glück noch nicht gefährdet.

Plazentatiere *(Eutheria)*

Von den insgesamt ungefähr 4250 Säugetierarten zählen weitaus die meisten – nämlich etwa 4000 – zu den Plazentatieren oder Höheren Säugetieren.

Insektenfresser *(Insectivora)*

Die Insektenfresser sind die ursprünglichsten Plazentatiere. Vermutlich stammen sämtliche Plazentatiere, von der Maus bis zum Elefanten – und damit auch der Mensch – von Ur-Insektenfressern ab. Sie lebten schon vor rund 100 Millionen Jahren, in der sogenannten Kreidezeit.

Typisch für die Insektenfresser sind der spitz zulaufende Kopf, die zahlreichen spitzen Zähne und der große Bedarf an Insekten, Schnecken und Würmern. Fast alle sind nachtaktiv oder leben unterirdisch, haben schlecht ausgebildete Augen, dafür aber hervorragend entwickelte Geruchs-, Gehör- und Tastsinne. Tenreks, Igel, Rüsselspringer, Spitzmäuse und Maulwürfe gehören zu den Insektenfressern.

Tenreks *(Tenrecidae)* Die etwa 30 Arten der Tenreks oder Tanreks sind zwischen vier und 40 Zentimeter lange Insektenfresser auf Madagaskar. Die kleinen Arten gleichen Spitzmäusen, die großen erinnern an Igel und haben in ihrem Fell auch Borsten und Stacheln. Man nennt sie daher auch Borstenigel. Tagsüber schlafen sie meistens; in der Dämmerung und nachts gehen sie auf die Suche nach Insekten und anderen Kleintieren. Die größten Tenreks fangen auch Echsen, plündern die Nester von bodenbrütenden Vögeln und verzehren Früchte. Tenreks können sehr viele Junge zur Welt bringen. Die größten Würfe aller Säugetiere hat man beim Großen Tenrek gezählt: 12 bis 15 Junge sind normal, der bisher bekannte Rekord sind 31 Junge!

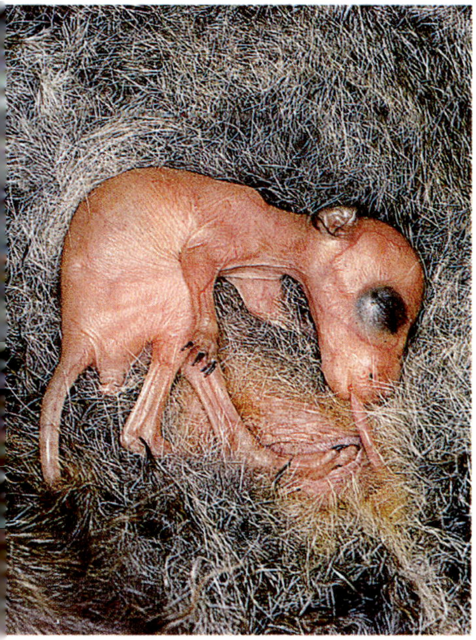

Links: Känguruhs werden schon wenige Wochen nach der Paarung in einem noch völlig unentwickelten Zustand geboren. Nach der Geburt kriechen sie in den Bauchbeutel der Mutter und saugen sich dort an einer Milchzitze fest.

Unten: Erst im Alter von etwa 6 Monaten verläßt das junge Graue Riesenkänguruh erstmals den Beutel.

Unten rechts: Das Männchen des Roten Riesenkänguruhs springt mit einem Satz etwa 7 Meter weit.

Igel *(Erinaceidae)* Die Familie der Igel wird in zwei Unterfamilien aufgeteilt, die sich sehr deutlich unterscheiden. Die Haar- oder Rattenigel haben lange, fast nackte Rattenschwänze und ein langhaariges Fell ohne Stacheln. Die vier Arten sind maus- bis katzengroß und leben in Südostasien.

Die echten Stacheligel haben einen kurzen Schwanz und ein dichtes Stachelkleid. Durch besondere Muskeln können sie sich zu einer Kugel zusammenrollen und die spitzen Stacheln nach allen Seiten aufrichten. Stacheligel leben in etwa zwölf Arten in Europa, Afrika und Asien.

Jedermann bekannt ist der europäische Igel, der auch weit über Asien verbreitet ist. Eigentlich ist es erstaunlich, daß wir dieses seltsame und liebenswerte Tier auch heute noch so häufig antreffen können, wenn es in der Dämmerung und

nachts laut schnüffelnd und schmatzend auf Nahrungssuche geht und dabei gerne Gärten und Parks durchstreift. Der Mensch setzt dem Igel nämlich schwer zu. Gewisse Schneckengifte, die wir in Gärten ausstreuen, töten nämlich nicht nur Schnecken, sondern auch Igel. Aber noch weit größer ist die traurige Zahl der Igel, die nachts beim Überqueren von Straßen durch Autos getötet werden.

Igel machen sich im Garten nützlich, indem sie mit großem Appetit Schnecken und Insekten, gelegentlich auch Schlangen, Mäuse und andere Kleintiere fressen. Im Herbst verkriechen sie

sich unter einem Reisighaufen oder in einem anderen geeigneten Versteck zum Winterschlaf.
Etwa sechs Wochen nach der Paarung, die unter lautem Schnaufen und Grunzen vor sich geht, kommen im Frühling drei bis acht Junge zur Welt, die noch blind sind, aber bereits weiße, weiche Stacheln haben. Bei der Geburt stecken die Stacheln noch in einem Hautpolster, damit die Mutter nicht verletzt wird.

Rüsselspringer *(Macroscelididae)* Die Rüsselspringer sind über ganz Afrika verbreitete Insektenfresser mit langen, spitzen Nasen und einer Körperlänge von 10 bis 30 Zentimetern. Sie haben lange Hinterbeine und flüchten bei Gefahr mit großen Sprüngen. Als einzige Insektenfresser sind sie vorwiegend am Tag aktiv.

Spitzmäuse *(Soricidae)* Spitzmäuse sehen fast aus wie Mäuse mit langen, spitzen Köpfen. Sie sind mit den Mäusen aber überhaupt nicht verwandt, sondern gehören ebenfalls zu den Insektenfressern. Die lebhaften Tiere sind Tag und Nacht, nur von kurzen Ruhepausen unterbrochen, auf Nahrungssuche. Daher verbrauchen sie viel Energie und benötigen jeden Tag etwa das eigene Körpergewicht an Nahrung. Sie sind gierige «Räuber», die außer Insekten auch Würmer, Schnecken, Mäuse, Frösche und verschiedene andere kleine Tiere fressen. Sie überwältigen selbst Tiere, die bedeutend größer sind als sie selbst. Die Wasserspitzmaus, die neben mehreren anderen Arten auch in Europa verbreitet ist, schwimmt und taucht ausgezeichnet und fängt hauptsächlich Wasserinsekten, Kaulquappen und kleine Fische. Die insgesamt etwa 180 Arten sind bis auf Australien und das südliche Südamerika fast weltweit verbreitet. Die kleinsten Arten haben eine Körperlänge von vier Zentimetern, die größten etwa 20, die meisten um sieben. Spitzmäuse verströmen einen unangenehmen Geruch und werden daher von manchen Räubern, wie etwa den Katzen, zwar getötet, aber selten gefressen.

Maulwürfe *(Talpidae)* Die Familie der Maulwürfe ist in einigen Dutzend Arten weit über die Erde verbreitet. Sie leben in meist offenen Landschaften mit weichen Böden. Zum Wühlen

haben Maulwürfe große, schaufelförmige Vorderfüße mit starken Krallen. Die winzigen Augen und Ohren sind meistens im Fell versteckt. Der in Europa und Asien heimische Europäische Maulwurf hat ein samtweiches, schwarzes Fell, eine Körperlänge von etwa 14 Zentimetern und ernährt sich hauptsächlich von Regenwürmern, Engerlingen und anderen Insektenlarven sowie Mäusen. Er lebt in einem oft riesigen System unterirdischer Gänge, die er mit seinen kräftigen Händen ausgräbt. Dabei wirft er an den Tunneleingängen die typischen Maulwurfshügel hoch. Übrigens hat der Name «Maulwurf» nichts mit dem Maul des Tieres zu tun, sondern mit dem alten deutschen Wort «Molte», das früher «Erde» bedeutete. «Maulwurf» heißt also «Erdwerfer».

Riesengleiter *(Dermoptera)*
Zwei Arten etwa katzengroßer Säugetiere in Südostasien haben gleichzeitig Merkmale von Fledermäusen, Insektenfressern und Halbaffen. Man kann sie nirgends richtig eingliedern, und

daher bilden sie eine eigene Tierordnung. Die Riesengleitflieger haben zwischen den langen Beinen und dem langen Schwanz sehr große Flughäute, die sich aufspannen lassen. Damit können die Tiere im Gleitflug bis zu 70 Meter weit von einem Baum zum anderen segeln – aber nicht richtig fliegen. Tagsüber hängen sie an allen Vieren in den Urwaldbäumen und schlafen. Nachts klettern und gleiten sie herum

Linke Seite: Der europäische Igel ist durch Schneckengifte und den Straßenverkehr stark gefährdet.

Oben: Die Feldspitzmaus und ihre Spitzmausverwandten sind keine echten Mäuse, sondern heißhungrige Insektenfresser.

Oben rechts: Die Vorderpfoten des unterirdisch lebenden Maulwurfs sind zu gewaltigen Grabschaufeln ausgebildet

und fressen Blätter und andere Pflanzenteile. Das Junge wird in den ersten Lebensmonaten von der Mutter mitgetragen.

Fledertiere *(Chiroptera)*
Während zur Ordnung der Riesengleiter nur zwei Arten zählen, besteht die Ordnung der Fleder- oder Flattertiere aus über 1000 Arten. Sie sind die einzigen Säugetiere, die ihre Vorderbeine zu richtigen Flügeln entwickelt haben und wie Vögel fliegen können. Manche sind zu riesigen Flugwanderungen fähig. Die Fledertiere werden in die beiden Unterordnungen der Flughunde und der Fledermäuse aufgeteilt.

Flughunde *(Megachiroptera)* Die etwa 130 Arten der Flug- oder Flederhunde sind über Afrika, das südliche Asien und Australien verbreitet. Sie sind im Durchschnitt wesentlich größer als die Fledermäuse, einige kleine Arten werden jedoch von den größten Fledermäusen übertroffen.
Die meisten haben eine Spannweite von etwa einem Meter, die kleinsten erreichen jedoch nur 24 Zentimeter. Die mit 1,80 Meter Spannweite größte Art wurde erst vor wenigen Jahren auf den Philippinen entdeckt.

Die meisten Flughunde sind Früchtefresser. Sie sind gesellige Tiere, die tagsüber in oft riesigen Gesellschaften in Bäumen – seltener auch in Höhlen – schlafen und sich nachts gemeinsam auf die Suche nach reifen Früchten machen. Dabei fallen sie gelegentlich in Pflanzungen ein und lassen sich große Mengen Bananen und Mangos schmecken. Verschiedene, vor allem kleinere Flughunde-Arten suchen Nahrung an Blüten und fressen Nektar, Blütenstaub und zum Teil auch Blütenblätter. Einige Arten sind sogar auf Nektar und Blütenstaub bestimmter Blüten spezialisiert: Sie haben sehr lange Zungen zum Eintauchen in die Blütenkelche und heißen daher Langzungen-Flughunde. In manchen Gegenden werden Flughunde gegessen, auf den Seychelleninseln gelten sie gar als Delikatesse.
Den Namen Flughund haben sie, weil ihr Kopf mit den großen Augen einem Hundekopf durchaus ähnlich sieht.

Fledermäuse *(Microchiroptera)* Anders als die Flughunde, die große, scharfe und lichtstarke Augen haben, verfügen die Fledermäuse meist nur über kleine und schlechte Augen. Ihr wichtigster Orientierungssinn ist das Gehör. Fliegende Fledermäuse stoßen in sehr schneller Folge bis zu 170mal in der Sekunde Schreie aus, die so hoch sind, daß wir sie nicht mehr hören können (Ultraschall). Treffen die Schallwellen dieser Schreie auf Hindernisse oder fliegende Beutetiere auf, werden sie als Echo zurückgeworfen und vom unglaublich feinen Gehör der Fledermaus aufgefangen. Mit dieser sogenannten Echopeilung können sich Fledermäuse auch in stockdunkler Nacht mühelos zurechtfinden. Sie können zum Beispiel im Gebälk einer Scheune, in einer finsteren Höhle oder im Wald herumfliegen, ohne irgendwo anzustoßen und finden auf diese Weise auch fliegende Insekten.

Die meisten der rund 800 Fledermausarten, die außer den Polargebieten die ganze Erde bewohnen, sind Fluginsektenjäger. Daneben gibt es aber auch einige Spezialisten wie die südamerikanischen Vampire, die – ohne daß es zu spüren wäre – an warmblütigen Tieren und an Menschen Blut saugen. Dabei können sie gefährliche Krankheiten übertragen, aber niemanden völlig aussaugen, wie es in Vampirfilmen gezeigt wird! Andere Arten fangen an der Wasseroberfläche kleine Fische oder erbeuten Frösche, Echsen, Vögel und sogar andere kleine Fledermäuse.

Die größten Arten sind etwa 16 Zentimeter lang und haben rund 70 Zentimeter Flügelspannweite. Die kleinsten sind weniger als vier Zentimeter groß und gehören zusammen mit der Etruskerspitzmaus zu den kleinsten Säugetieren der Welt.

Die Fledermäuse in den gemäßigten Zonen machen entweder einen Winterschlaf in alten Gebäuden, Höhlen oder Nistkästen, oder sie ziehen im Herbst wie Zugvögel nach Süden in wärmere Gegenden.

Links: Die oft mehr als bussardgroßen Flughunde sind vorwiegend Früchtefresser, die in Australien, im südlichen Asien und in Afrika leben.

Rechts: Das in fast ganz Europa und weit über Asien verbreitete Braune Langohr versteckt im Schlaf seine riesigen Ohren unter den Flügeln.

Rechte Seite: Das Große Mausohr hat etwa 35 Zentimeter Spannweite und ist die größte Fledermaus Europas.

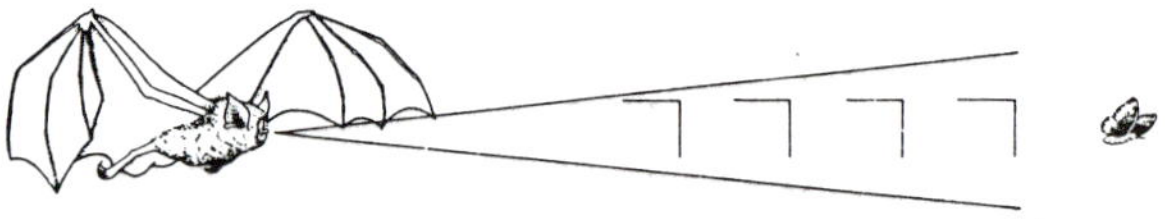

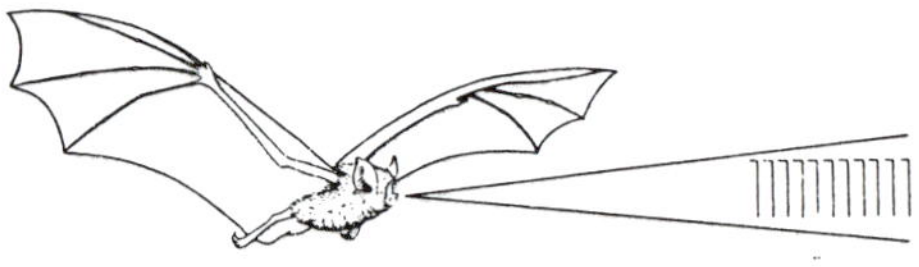

Fledermäuse stoßen im Flug hohe Schreie aus und fangen das Echo auf, das entsteht, wenn ihre Schallwellen auf ein Hindernis prallen.

Herrentiere *(Primates)*

Zur Säugetierordnung der Primaten oder Herrentiere gehören die Halbaffen, die Affen und der Mensch, dessen Entwicklung in diesem Tierlexikon nicht beschrieben wird.

Halbaffen *(Prosimii)*

Die Halbaffen sind vorwiegend baumbewohnende Tiere in Afrika und Asien. Ähnlich wie die Affen besitzen auch sie geschickte Hände und Greiffüße, haben aber eher «fuchsähnliche» Gesichter mit langgezogenen Schnauzen. Sie sind sehr vielgestaltig: Die kleinsten sind nur mausgroß, die größten etwa 90 Zentimeter lang.

Spitzhörnchen *(Tupaiidae)* Etwa vier Dutzend Arten kleiner tropischer Baumbewohner in Asien huschen wie Eichhörnchen über die Bäume, haben aber spitz auslaufende Gesichter und ernähren sich von Insekten, Kleintieren und Früchten. Diese Tiere, die so gar keine Ähnlichkeit mit Affen haben, sind dennoch Übergangsformen zwischen den urtümlichen Insektenfressern und den Affen.

Lemuren *(Lemuridae)* Auf der großen Insel Madagaskar leben interessanterweise keine Affen wie im benachbarten Afrika, dafür aber etwa zwei Dutzend Arten von Halbaffen. Besonders bekannt sind die Lemuren oder Makis. Manche von ihnen, wie der winzige Mausmaki, sind nachtaktiv, andere sind tagsüber munter. Die meisten Arten ernähren sich von Früchten, leben hauptsächlich auf Bäumen und sind etwa katzengroß. Der bekannteste Lemur, den man auch in manchen Zoos sehen kann, ist der braungraue Katta mit dem langen, buschigen, schwarzweiß geringelten Schwanz.

Indris *(Indriidae)* Die Sifakas, der Wollmaki, der Indri und das Fingertier bilden die Familie der Indris. Mit ihrem dichten schwarzen, braunen oder grauweißen Fell und dem ausdrucksvollen Gesicht gehören sie zu den schönsten Halbaffen der Insel Madagaskar. Der größte von ihnen ist der Indri mit rund 90 Zentimetern Körperlänge. Indris und Sifakas sind mit ihren lauten, bellenden und klagend heulenden Stimmen kaum zu überhören.
Das Fingertier oder Aye-Aye ist ein ebenso seltener wie seltsamer Halbaffe Madagaskars, den die Zoologen früher in eine eigene Familie einordneten. Er ist katzengroß und geht nur nachts auf Nahrungssuche. Der Name kommt von seinen langen Fingern; vor allem der Mittelfinger ist sehr lang und dünn und hat eine spitze, krumme Kralle. Damit kratzt das Tier Insekten larven aus ihren Bohrlöchern im Holz. Daneben frißt es aber auch gern Früchte.

Loris *(Lorisidae)* Die Loris sind meerschweinchen- bis katzengroße nachtaktive Baumbewoh-

ner in Afrika und Asien und haben auffallend große, nach vorn gerichtete Augen. Sie bewegen sich ganz langsam und bedächtig.
Obwohl sie eng verwandt sind, unterscheiden sich die munteren afrikanischen Galagos oder Buschbabys deutlich von den Loris. Sie sind zwar ebenfalls großäugige Nachttiere, jedoch etwas kleiner als ihre langsamen Verwandten und lebhafte, oft springende Kletterer. Man unterscheidet sechs Galagoarten, von denen die kleinsten hamster-, die größten etwa katzengroß sind.

Links: Das Spitzhörnchen oder Tupaja aus Südasien sieht einem Eichhörnchen zwar ähnlich, ist aber ein sehr urtümlicher Verwandter der Affen.

Rechts: Auf Madagaskar gibt es keine echten Affen, dafür aber zwei Dutzend Arten von Halbaffen wie den katzengroßen Mongozmaki. Rechts unten: Einer der schönsten Halbaffen Madagaskars ist der Vari.

Koboldmakis *(Tarsiidae)* Die drei Koboldmaki-Arten sind kaum eichhörnchengroß, leben in Südostasien und huschen nachts wie Kobolde herum. Ihre riesigen Augen nehmen fast das ganze Gesicht ein. Sie fressen Insekten und andere Kleintiere, aber auch Fische und Krebse.

Affen *(Simiae)*
Die vor allem über die Tropen und Subtropen Afrikas, Asiens und Amerikas verbreiteten Affen werden heute in sechs Familien aufgeteilt. Die kleinsten Affen (Zwergseidenäffchen) sind nicht einmal eichhörnchengroß und nur 70 Gramm schwer, während der größte – der Gorilla – mehr als menschengroß und etwa 250 Kilogramm schwer wird.

Krallenäffchen *(Callithricidae)* Die Krallenäffchen sind typische Baumbewohner Südamerikas. Sie sind durchwegs klein, oft kaum größer als Eichhörnchen, und ernähren sich von Früchten und anderen Pflanzenteilen sowie von Insekten und weiteren Kleintieren. Im Gegensatz zu den übrigen Affen, die wie der Mensch an Fingern und Zehen Nägel haben, besitzen die Krallenäffchen scharfe Krallen. Sie sind ängstlich und schreckhaft, zwitschern wie Vögel und leben meistens in Familiengruppen. Zu den Krallenäffchen gehören die Marmosetten, Tamarins, Seidenäffchen, Löwenäffchen und einige andere Arten.

Kapuzinerartige *(Cebidae)* Etwa 35 süd- und mittelamerikanische Affenarten werden als

Kapuzinerartige zusammengefaßt. Wie die Krallenäffchen nennt man sie Neuweltaffen, weil sie nur in Amerika, der «Neuen Welt», leben. Zu ihnen gehört mit den Nachtaffen auch die einzige nachtaktive Affenart der Welt. Zu den kleinsten Kapuzinerartigen zählen die reizenden, rund 30 Zentimeter langen Totenkopfäffchen, die man nicht selten in Zoos sehen kann.

Mittelgroß, etwa 30 – 55 Zentimeter lang und mit einem langen Greifschwanz ausgestattet, sind die eigentlichen Kapuzineraffen, von denen es vier Arten gibt. Der Wollaffe, der ein dichtes schwarzgraues, plüschartiges Fell hat, wird etwa 70 Zentimeter lang. Von den südamerikanischen Affen werden nur noch gewisse Brüllaffen größer, die bis zu 90 Zentimeter erreichen und ebensolange Schwänze haben. Sie stimmen besonders in der Dämmerung einen heulenden Gesang an, den man mehrere Kilometer weit hören kann.

In die gleiche Familie gehören die robusten und kräftig gebauten Makaken, die am Boden, auf Bäumen und in Felsen leben. Zu ihnen zählt der Berberaffe, der außer in Nordafrika auch auf Gibraltar vorkommt und damit der einzige in Europa lebende Affe ist. Der Japanmakak ist die nördlichste Affenart der Welt und übersteht auch bitterkalte Winter mit Eis und Schnee. Um sich aufzuwärmen, nehmen diese Affen in den heißen Quellen ihrer Heimat ab und zu ein heißes Bad!

Links: Im tropischen Amerika leben zahlreiche Arten kleiner bis mittelgroßer Affen. Hier siehst du einen Klammeraffen.

Rechts: Niedlich und nur wenig größer als ein Eichhörnchen ist das Totenkopfäffchen.

Unten: Die Wollaffen besitzen wie die meisten südamerikanischen Affenarten einen äußerst nützlichen Greifschwanz.

Schlankaffen *(Colobidae)* Zu den Schlankaffen gehören die afrikanischen Guerezas mit ihrem herrlichen schwarzweißen, langhaarigen Fell und dem wehenden Haarschweif. Guereza-Felle waren früher bei den Damen in Europa große Mode, und die Tiere wurden zu Zehntausenden getötet und in weiten Gebieten praktisch ausgerottet. Heute findet man sie hauptsächlich noch in den Bergregenwäldern Ost- und Zentralafrikas.
Weitere Schlankaffenarten leben im südlichen Asien. Der wohl bemerkenswerteste von ihnen ist der Nasenaffe von Borneo, bei dem ältere Männchen eine riesige, wie eine Gurke herunterhängende Nase haben.

Meerkatzenartige *(Ceropithecidae)* Die eigentlichen Meerkatzen sind etwa katzengroße, langschwänzige Affen in Afrika, die oft in großen Gesellschaften leben, ausgezeichnet klettern und springen und auch am Boden sehr schnell laufen können. Sie werden in viele Arten und Unterarten aufgeteilt.

Links: In Afrika leben zahlreiche Arten und Unterarten der Meerkatzen. Die Grünen Meerkatzen leben im östlichen Afrika.

Rechts: Die Weißnasen-Meerkatze ist in Westafrika zu Hause.

Unten: Ostafrikanische Anubis-Paviane. Im Gegensatz zu den meisten anderen Affen halten sich Paviane oft und gern am Boden auf.

Weitere Meerkatzenartige sind die Paviane, nach den Menschenaffen die zweitgrößten Affen. Typisch für sie ist die hundeartig langgezogene Schnauze mit den, vor allem bei den Männchen, gewaltigen Eckzähnen. Paviane leben in Herden in offenen Savannen und Berggebieten. Ihre Nahrung – Pflanzen und kleine Tiere – suchen sie fast immer am Boden. Nur zum Schlafen klettern sie regelmäßig auf Bäume oder steile Felsen, um vor dem Leopard, ihrem Hauptfeind, einigermaßen geschützt zu sein.
Im Gegensatz zu den Pavianen sind die ähnlich großen und kräftigen Mandrills ausgesprochene Urwaldbewohner Zentralafrikas. Gesicht und Hinterteil der Mandrills sind unglaublich bunt: von leuchtend rot über hellblau bis violett und gelb.

Gibbons *(Hylobatidae)* Die Gibbons fallen im Zoo nicht nur durch ihr herrlich schwungvolles Herumturnen auf, sondern auch durch ihren häufigen gemeinsamen und durchdringend lauten «Gesang». Früher zählte man sie zu den Menschenaffen. Die etwa 50 bis 90 Zentimeter großen, schwanzlosen Affen haben ungemein lange Arme – beim Siamang haben sie eine Spannweite von 1,70 Meter! Damit hangeln sie sich mit unglaublicher Geschicklichkeit

Links: Nordafrikanische Berberaffen, die einzigen Affen, die auch in Europa vorkommen: in Gibraltar, am südlichsten Zipfel Spaniens.

Rechts: Im Hochland von Äthiopien lebt der Dschelada oder Blutbrustpavian.

Unten: Ein singender Ungka. Die Ungkas gehören zu den Gibbons, die für ihren ohrenbetäubenden Gesang bekannt sind.

durch die Urwaldbäume und machen bis zu 14 Meter weite Sprünge. Sie sind geselliger und friedlicher als viele andere Affen. Wie die meisten sind sie Allesfresser, die Früchte und andere Pflanzenteile, aber auch kleine Tiere verspeisen.

Menschenaffen *(Pongidae)* Die Menschenaffen tragen ihren Namen zu Recht: Von allen Tieren haben sie die größte Ähnlichkeit mit dem Menschen und auch das am höchsten entwickelte Gehirn. Der Mensch stammt zwar nicht von Menschenaffen ab, wie manchmal angenommen wird, jedoch haben Mensch und Menschenaffen gemeinsame Vorfahren.

Von allen Menschenaffen ist der Gorilla der größte. Gorillamänner können vom Scheitel bis zur Sohle über zwei Meter messen und ein Gewicht von 250 Kilogramm haben. Die Weibchen sind wesentlich kleiner und «nur» zwischen 70 und 100 Kilogramm schwer.

Gorillas unterscheidet man in drei Unterarten. Im westlichen Zentralafrika lebt der Westliche Flachlandgorilla. Sein Bestand kann nur ganz grob geschätzt werden und dürfte bei 50000 Tieren liegen. Fast alle Zoogorillas gehören zu dieser Unterart. Im Osten von Zentralafrika lebt der Östliche Flachlandgorilla mit einem geschätzten Bestand von rund 4000 Tieren. Die größte und seltenste Unterart ist der Berggorilla. Er lebt in den restlichen Bergregenwäldern der afrikanischen Virungavulkane im Grenzgebiet von Ruanda, Zaire und Uganda. Dank sehr strenger Schutzmaßnahmen konnte sich der kleine Bestand in den letzten zehn Jahren von etwa 400 auf 440 Tiere erhöhen.

Gorillas wurden früher von Afrikareisenden als schreckliche Urwaldungeheuer beschrieben und waren in unzähligen Abenteuergeschichten und Filmen gefährliche Bestien. In Wirklichkeit gehören gerade sie zu den friedfertigsten Affenarten. Bis heute ist offenbar noch nie ein Mensch ernsthaft von einem Gorilla verletzt worden. Auch unter sich sind Gorillas sehr friedlich. Sie leben in Familiengruppen, die gewöhnlich aus einem «Silberrücken» – so nennt man die großen, älteren Gorillamänner wegen ihres weißlichen Rückens – und etwa fünf bis acht Weibchen mit ihren Jungen bestehen. Jede

Familie besitzt ein Revier, das sie auf der Nahrungssuche durchstreift. Die Nahrung besteht aus verschiedenen Pflanzenarten, die hauptsächlich am Boden gesammelt werden. Nur junge Gorillas klettern gern und oft auf Bäume, erwachsene Tiere halten sich meistens am Boden auf und bauen hier gewöhnlich auch ihre Schlafnester.

Gorillaweibchen bringen erstmals mit etwa zehn Jahren und danach alle vier Jahre ein Junges, ganz selten auch Zwillinge zur Welt. Die Tiere werden etwa 50 Jahre alt.
Ganz anders als die bodenbewohnenden Gorillas leben die Orang Utans fast immer in den Baumkronen. Ihre Heimat sind die Regenwälder von Borneo und Sumatra. Da auch auf diesen großen Inseln die Wälder rücksichtslos vernichtet werden, verlieren die Orangs mehr und mehr ihren Lebensraum und sind daher in Gefahr. Diese «Waldmenschen» mit den rötlichbraunen, langen Haaren werden zwar nicht so groß wie Gorillas, aber immerhin wiegen erwachsene Weibchen etwa 50, die Männchen bis

zu 120 Kilogramm. Im Zoo wiegen sie oft noch weit mehr. Orangs sind Einzelgänger, doch manchmal treffen auf Bäumen mit reifen Früchten auch ganze Gruppen zusammen. Zum Schlafen baut sich jeder Orang Utan in einer Baumkrone ein Nest.
Der afrikanische Schimpanse, der mit 40 bis 80 Kilogramm Gewicht etwas kleiner ist, steht dem Menschen verwandtschaftlich am nächsten. Aber auch unseren nächsten Verwandten machen wir das Leben schwer! Schimpansen werden häufig gefangen und fristen dann als Versuchstiere in medizinischen Labors ein trauriges Leben. Vor allem aber wird auch ihr Lebensraum durch den Menschen rasch und gründlich zerstört. Schimpansen sind die intelligentesten Menschenaffen. Sehr oft benützen sie Werkzeuge für den Nahrungserwerb. Sie schlagen mit Steinen Nüsse auf und angeln mit selbsthergerichteten Zweigen Termiten aus ihren Wohnbauten. Viel öfter als andere Menschenaffen fressen sie außer Pflanzen auch kleinere Tiere. Sie jagen und töten sogar in organisierten Jagdtrupps kleinere Affen.
Die Schimpansen leben in Zentral- und Westafrika nördlich und östlich des Kongoflusses. Südlich des Kongos kommt eine weitere, den Schimpansen recht ähnliche Menschenaffenart vor: der Bonobo. Er ist ein wenig kleiner und bedeutend leichter gebaut und hat kein helles, sondern ein schwarzes Gesicht.

Zahnarme *(Edentata)*

Die Zahnarmen sind sehr urtümliche und merkwürdige Säugetiere Süd- und Mittelamerikas. Trotz ihres Namens sind nur wenige Arten wirklich zahnarm oder zahnlos, nämlich lediglich die Ameisenbären. Die Faultiere und die Gürteltiere haben durchaus Zähne, das Riesengürteltier sogar bis zu hundert und damit fast mehr als jedes andere Säugetier.

Ameisenbären *(Myrmecophagidae)* Die Ameisenbären haben an ihren Vorderfüßen gewaltige Krallen, mit denen sie Termiten- und Ameisenbauten aufreißen. In ihrer röhrenartig in die Länge gezogenen Schnauze haben sie eine

Linke Seite: Der mächtigste aller Menschenaffen ist der zentralafrikanische Berggorilla (links). Gorillas sind scheue, friedliche Pflanzenfresser, und auch das Brusttrommeln des halbwüchsigen Gorillas (recht) ist nur eine Aufforderung zum Spielen.

Links: Schimpansen sind berühmt dafür, daß sie aus Zweigen Werkzeuge herstellen, um damit Termiten aus ihren Bauten zu angeln.

sehr lange, wurmförmige und klebrige Zunge, die sie in die Wohngänge der Insekten stecken. Von den hauptsächlich nachtaktiven Tieren gibt es drei Arten: den Zwergameisenbär mit nur 16 Zentimetern Körperlänge, den etwas größeren Tamandua, der wie der Zwergameisenbär ein Baumbewohner ist, und den bodenbewohnenden Großen Ameisenbär mit 1,20 Meter Körperlänge und 90 Zentimetern Schwanzlänge.

Faultiere *(Bradypodidae)* Die Faultiere werden ihrem Namen wirklich gerecht, denn sie verschlafen den größten Teil des Tages, und auch nachts bewegen sie sich nur im Zeitlupentempo vorwärts! Fast immer hängen sie mit dem Rükken nach unten an Ästen und halten sich dabei mit den riesigen, krummen Krallen fest. Ihr dichtes, rauhhaariges Fell wächst nicht wie bei anderen Säugetieren vom Rücken zum Bauch hin, sondern vom Bauch zum Rücken, damit das Regenwasser besser abfließen kann. Zwei Faultierarten haben an den Vorderfüßen nur zwei Zehen und heißen daher Zweizehenfaultiere, drei weitere Arten sind Dreizehenfaultiere.

Orang Utans leben auf Borneo und Sumatra. Durch das Abholzen der Regenwälder in Südostasien sind auch diese herrlichen Menschenaffen von der Ausrottung bedroht.

Links siehst du ein etwa dreijähriges Orang-Utan-Männchen, rechts einen ausgewachsenen Mann. Freilebende Orang Utans werden etwa 120 Kilogramm schwer. Orang Utan bedeutet «Waldmensch» – was du sicher verstehst, wenn du dieses Bild anschaust.

Gürteltiere *(Dasypodidae)* Die ganze Oberseite und der Kopf der Gürteltiere ist von einem Hornpanzer bedeckt. Diese Panzerung besteht aus gürtelähnlichen Querstreifen, die beweglich miteinander verbunden sind. Von den rund 20 Arten sind die kleinsten die nur hamstergroßen Gürtelmulle, die größte ist das bis 1,75 Meter lange Riesengürteltier. Die vor allem nachts aktiven und erstaunlich beweglichen Tiere ernähren sich von verschiedensten kleineren Tieren. Bei Gefahr können sie sich unglaublich schnell in den Boden eingraben.

Schuppentiere *(Pholidota)* Die Schuppen- oder Tannzapfentiere, die in sieben Arten im südlichen Asien und in Afrika vorkommen, sind etwa katzen- bis fuchsgroß. Sie haben einen langgestreckten Körperbau mit einem langen Schwanz, und mit Ausnahme des Bauches ist der ganze Körper wie bei einem Reptil mit Hornschuppen bedeckt. Sie leben von Ameisen, Termiten und anderen Insekten, die sie mit der klebrigen Zunge aufsammeln.

Hasentiere *(Lagomorpha)*
Die Hasentiere stehen zwar den Nagetieren verwandtschaftlich nahe, bilden aber eine eigene Säugetierordnung mit besonderen Körpermerkmalen. Hasen haben zum Beispiel vier «Nagezähne» im Oberkiefer, während Nagetiere nur zwei haben.
Die Hasentiere werden in zwei Gruppen aufgeteilt: in eigentliche Hasen und Kaninchen. Kaninchen sind nämlich keine gezüchteten Hausformen der Hasen. Vielmehr gibt es Wildkaninchen, von denen die Hauskaninchen abstammen. Hasen hingegen werden nicht gezüchtet.
Die Hasen sind in 19 Arten von der Arktis bis in die Tropen über die Erde verbreitet. Die bekanntesten Arten in Europa sind der Feldhase und der im Sommer graubraune, im Winter weiße Schneehase. In Amerika lebt der Eselhase mit den besonders riesigen Ohren. Typisch für die Hasen sind ihre langen Hinterbeine, mit denen sie sehr schnell laufen, weit springen und blitzschnell Haken schlagen können. Hasen graben keine Erdhöhlen, sondern benutzen Bodenmulden als Nester. Hier bringen sie nur wenige, meist zwei bis vier Junge zur Welt. Diese sind

Einige sehr merkwürdige, urtümliche Säugetierarten findet man in Süd- und Mittelamerika, wie zum Beispiel den bis zu 2 Meter langen, insektenfressenden Ameisenbär (oben), die in den Baumkronen lebenden trägen Faultiere (links) und die gepanzerten Gürteltiere (unten).

Rechte Seite: Aus dem Wildkaninchen hat man viele Rassen von Hauskaninchen gezüchtet (links), während Hasen nicht gezüchtet werden und mit den Kaninchen auch nicht näher verwandt sind (rechts).

schon bei der Geburt weit entwickelt, haben ein Fell, Zähne und offene Augen. Schon sehr bald nehmen sie neben der Muttermilch auch Pflanzennahrung zu sich. Gewöhnlich bringt eine Häsin dreimal im Jahr Junge zur Welt.
Wildkaninchen gibt es in etwa 12 Arten. Das Europäische Wildkaninchen kommt auch in Nordafrika vor und wurde in Südamerika, Australien und Neuseeland angesiedelt. Vor allem in Australien hat es sich inzwischen zu einer regelrechten Landplage entwickelt, weil es dort kaum natürliche Feinde hat. Kaninchen sind deutlich kleiner als Feldhasen, haben viel kürzere Beine und Ohren und verbringen den Tag größtenteils in selbstgegrabenen Erdhöhlen. Da sie an das

Leben in engem Raum gewöhnt sind, haben Kaninchen viel weniger Bewegungsdrang als Hasen und sind darum viel besser für die Stallhaltung geeignet. Mit der Zucht von Hauskaninchen begannen die Menschen schon vor über 1000 Jahren. Heute gibt es eine Vielzahl von Rassen, darunter bis zu sieben Kilogramm schwere Riesen, langhaarige Angora- und winzige Zwergkaninchen.
Wildkaninchen bringen fünf- bis siebenmal im Jahr Junge zur Welt, meist sind es etwa sechs, in seltenen Fällen sogar bis zu 14 in einem Wurf. Die Jungen kommen nackt und blind zur Welt, entwickeln sich aber sehr schnell und verlassen mit etwa drei Wochen erstmals das Nest.

Nagetiere *(Rodentia)*
Von den rund 6000 lebenden Säugetierarten gehören nicht weniger als 3000 zur Ordnung der Nagetiere. Die meisten Arten sind etwa mäuse- bis hamstergroß. Das kleinste Nagetier ist die europäische Birkenmaus mit nur sechs Zentimetern Körperlänge. Das größte ist das südamerikanische Capybara, das etwa einen Meter lang und über 50 Kilogramm schwer wird. Trotz der riesigen Artenvielfalt haben alle Nagetiere gemeinsame Merkmale. Typisch sind zum Beispiel die Nagezähne: Je zwei dieser großen, starken und gebogenen Zähne mit dem meißelförmigen Ende sitzen im Ober- und Unterkiefer. Sie haben keine Wurzeln und wachsen während des

ganzen Lebens ständig nach. Die Hauptnahrung der Nagetiere besteht aus Pflanzen verschiedenster Art, viele fressen aber nebenbei auch verschiedene Kleintiere.
Nagetiere sind auf der ganzen Erde verbreitet. Außer in der Antarktis leben sie in Steppen und Wäldern, in Wüsten und Gebirgen, im Boden und auf Bäumen, einige schwimmen sehr gut und oft. Viele Arten sind sehr anpassungsfähig und ziehen Nutzen aus der Anwesenheit des Menschen. Sie können in Feldern, in Häusern, ja sogar in den Kanalisationen der Städte leben und sich dort in Massen vermehren. Für den Menschen wird das deutlich spürbar. Sie verzeh-

ren auf den Feldern und in Lagern große Mengen von Getreide und anderen Nahrungsmitteln und können gefährliche Krankheiten übertragen; sie dienen aber auch zu Millionen als Versuchstiere in Laboratorien, was heute von immer mehr Menschen kritisiert wird. Die Nagetiere werden in 15 Familien eingeordnet.

Hörnchen *(Sciuridae)* Bestimmt weißt du, was ein Eichhörnchen ist, und vermutlich hast du in einer Zoohandlung auch schon die possierlichen Streifenhörnchen kennengelernt. Zur Familie der Hörnchen zählen aber nicht weniger als 380 Nagetierarten. Auch die amerikanischen Präriehunde und die Murmeltiere gehören dazu!

Links: Zu den niedlichsten Nagern gehören die klettergewandten Eichhörnchen.

Rechts: Die Hörnchen sind in sehr vielen Arten fast auf der ganzen Welt verbreitet. Hier siehst du ein afrikanisches Erdhörnchen.

Rechts unten: Ein nordamerikanisches Erdhörnchen ist der Streifenziesel.

Aufgeteilt wird diese vielfältige Familie in drei Gruppen: Baumhörnchen, Erdhörnchen und Flughörnchen. Ein typischer Vertreter der Baumhörnchen ist das über Europa und weite Teile Asiens verbreitete Eichhörnchen. Insgesamt unterscheidet man rund 200 einander ähnliche Formen von Baumhörnchen. Sie leben in Europa, Asien, Afrika, Nord- und Südamerika. Alle sind Baumbewohner und lebhafte, sehr geschickte Kletterer. Sie haben ihre Nester in Baumhöhlen oder bauen sich aus Zweigen und Moos kugelförmige Nester, sogenannte Kobel. Die Baumhörnchen der gemäßigten und kalten Zonen sammeln für den Winter große Vorräte an Tannenzapfen, Eicheln, Nüssen, Pilzen usw. Im Winter schlafen sie dann die meiste Zeit, wachen aber häufig auf und machen sich über ihre Vorräte her.

Eine große Zahl eichhörnchen- oder hamsterähnlicher Tiere, die aber meistens gesellig in Kolonien leben und Erdhöhlen graben, gehört zu den Erdhörnchen. Zur gleichen Gruppe zählen aber auch die viel größeren Murmeltiere, die in mehreren Arten im Norden von Nordamerika, Asien und in den Alpen und den mitteleuropäischen Karpaten leben. Sie sind gedrungen gebaut und fressen sich im Herbst einen tüchtigen Fettwanst an, von dem sie während des tiefen, bis zu acht Monate dauernden Winterschlafes zehren.

Kleiner und zierlicher gebaut sind die mit den Murmeltieren nahe verwandten Präriehunde Nordamerikas. Sie sind noch viel geselliger und leben am liebsten zu Hunderten oder Tausenden in riesigen Kolonien. Sie stoßen bei Gefahr laute, kläffende Rufe aus und werden deshalb auch Präriehunde genannt, obwohl sie sonst mit Hunden gar nichts gemeinsam haben. Früher lebten sie in unvorstellbaren Mengen in den großen Prärien. In Texas besiedelten sie eine Fläche von 65000 Quadratkilometern – die gesamte Schweiz hat nur 41300 Quadratkilometer! Die Prärie war vermutlich von über 100 Millionen Präriehunden bewohnt. Doch die Tiere waren alles andere als beliebt. 250 Präriehunde fressen etwa genausoviel Gras wie ein Rind – und bringen den Farmern nichts ein! Außerdem brach sich nicht selten ein Cowboypferd ein Bein, wenn es im Galopp in einen Präriehundebau einbrach. Wen wundert es da, daß man den possierlichen Nagern mit Gewehren, Fallen und Gift auf den Pelz rückte. Von den ursprünglichen Beständen sind weniger als der zehnte Teil zurückgeblieben. Aber immerhin gibt es auch heute noch, vor allem in den Nationalparks, Kolonien, die viele Quadratkilometer groß sind und mehrere tausend Bewohner haben.

Links: Vor allem in Kanada und Alaska ist der Arktische Ziesel verbreitet.

Rechts: Ein bekannter Gebirgsbewohner ist das Alpenmurmeltier. In Europa, Nordasien und Nordamerika leben 5 Murmeltierarten.

Ganz rechts: Ein naher Verwandter des Alpenmurmeltiers ist der rötlichbraune nordamerikanische Präriehund, von dem es auch Albinos gibt wie auf dem Bild.

Taschenratten *(Geomyidae)* Im Westen und Süden von Nordamerika und in Mittelamerika leben die etwa hundert Arten der Taschenratten. Den Namen verdanken sie ihren großen Backentaschen im Maul, die nach hinten bis zu den Schultern reichen. Taschenratten haben riesige Nagezähne. Sie leben hauptsächlich von Pflanzenwurzeln und graben, um diese zu erreichen, laufend Gänge dicht unter der Erdoberfläche. Beim Graben benutzen sie nicht nur die kräftigen, großen Vorderfüße, sondern lockern mit den Zähnen sogar die Erde auf. Tiefer im Boden legen sie die Wohnkammern und Höhlen für die Aufzucht der Jungen an, rundherum sind Speisekammern mit meist gewaltigen Vorräten. Die Wurzelstücke, die hier gelagert werden, schleppen sie in ihren mächtigen Backentaschen herbei. Weil sie gar nicht alle gesammelten Wurzeln fressen können, treiben diese zu neuen Pflanzen aus. Dadurch tragen die Taschenratten dazu bei, daß Pflanzen in neuen Gebieten angesiedelt werden. In landwirtschaftlich genutzten Gegenden richten diese unermüdlichen Nager beträchtliche Schäden an. Wegen ihrer hauptsächlich unterirdischen Lebensweise haben Taschenratten winzige Augen und kaum sichtbare Ohren.

Taschenmäuse *(Heteromyidae)* Im Gegensatz zu den eher unansehnlichen Taschenratten sind die meisten Taschenmäuse sehr niedliche Tiere mit großen Augen, langen Hinter- und kleinen Vorderbeinen. Sie leben oberirdisch und hüpfen vor allem nachts wie winzige Känguruhs auf den Hinterbeinen umher, um nach Pflanzensamen zu suchen. Die rund hundert Arten sind vor allem in den Trockengebieten Nord-, Mittel- und Südamerikas verbreitet. Ihre Jungen bringen sie in Erdhöhlen zur Welt und legen dort auch große Vorräte an.

Biber *(Castoridae)* Die Biber sind bis zu 30 Kilogramm schwere Nagetiere, die ganz dem Wasserleben angepaßt und für ihre kunstvollen Bauwerke berühmt sind. Biber benötigen als Lebensraum flache Gewässer mit einem gleichmäßigen Wasserstand. Um das zu erreichen, bauen sie mit unglaublichem Geschick aus Ästen, Baumstämmen, Schlamm und Lehm Staudämme in Bächen und kleineren Flüssen. Diese Dämme werden ständig kontrolliert, notfalls ausgebessert und weiter ausgebaut. Ältere Anlagen sind manchmal bis drei Meter hoch und über 100 Meter lang. Als Baumaterial fällen sie Bäume und zerlegen die Stämme und Äste in Stücke, die sie zum Bauplatz schleppen. Da der

Transport im Wasser einfacher ist, legen sie Kanäle an, durch die sie das Holz schwimmen lassen. Zum Wohnen graben sie zunächst tiefe Höhlen ins Ufer, deren Eingänge unter Wasser liegen. Später bauen die unermüdlichen «Handwerker» ihre kunstvollen Biberburgen. Das sind «Inseln» aus Schlamm und Ästen, deren Hohlräume sich über dem Wasserspiegel befinden, während die Eingänge unter Wasser sind.
Biber ernähren sich hauptsächlich von der Rinde der Weiden- und Pappeläste, daneben auch von anderen Pflanzen. Als Nahrungsvorrat für den Winter stecken sie solche Äste neben ihren Wohnbauten unter Wasser in den Schlamm.
Biber waren früher weit über Europa, das nördliche Asien und Nordamerika verbreitet. In weiten Teilen dieser Gebiete sind sie jedoch ausgerottet worden.

Wühler *(Cricetidae)* Viele verschiedenartige Nagetiere gehören zur Familie der Wühler, darunter auch die Neuweltmäuse, die mit Hunderten von Arten in Nord- und Südamerika zu Hause sind. Die Weißfußmäuse in Nordamerika gleichen den europäischen Hausmäusen, haben aber auf dem Rücken ein rotbraunes und auf dem Bauch ein weißes Fell. Neben Pflanzen fressen diese nützlichen Tiere auch viele Insekten. Die Grashüpfermäuse im Westen der USA sind sogar ausgesprochene Fleischfresser, die viele kleine Insekten vertilgen.
Eine für Nagetiere erstaunliche Lebensweise haben auch die südamerikanischen Fischratten, die tatsächlich schwimmend und tauchend auf

Biber sind großartige Baumeister, die lange Dämme bauen. Zum Wohnen legen sie über das Wasser ragende Burgen an.

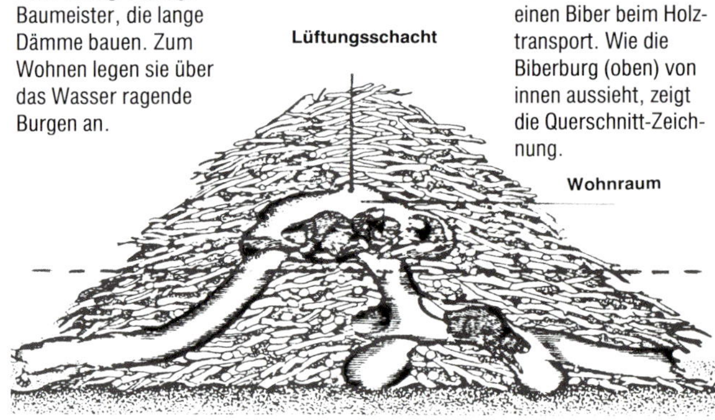

Oben links siehst du einen Biber beim Holztransport. Wie die Biberburg (oben) von innen aussieht, zeigt die Querschnitt-Zeichnung.

Fischfang gehen. Baumwollratten sind Nager mit großem Appetit! Wenn sie in riesigen Scharen auftreten, richten sie in Pflanzungen großen Schaden an. Seltener, dafür um so interessanter, sind die nordamerikanischen Waldratten mit ih-

Links: Die aus den Halbwüsten Vorderasiens stammenden Goldhamster sind in der freien Natur sehr seltene Tiere. Sie bewohnen aber zu Millionen die Kinderzimmer der Welt.

Rechts: Weit über Europa und das nördliche Asien ist die im Boden wühlende Erdmaus verbreitet.

ren buschigen Eichhörnchenschwänzen, die aus Reisig riesige Nester bauen. Merkwürdigerweise lieben sie wie die Elstern Glasscherben, Konservendosen und andere glänzende Dinge, die sie in ihre Nester schleppen.

Ebenfalls zu den Wühlern gehören die Hamster der Alten Welt. Natürlich kennst du den Goldhamster. Er ist Dauergast in Millionen von Kinderzimmern dieser Welt. Aber hast du gewußt, daß Goldhamster in der freien Natur sehr seltene Tiere sind? 1930 grub ein Wissenschaftler in der Wüste von Nordsyrien eine Nagetierhöhle auf und entdeckte darin eine Goldhamstermutter mit ihren Jungen. Der Forscher nahm die Goldhamsterfamilie in seine Obhut und begann sie zu züchten. Das war der Beginn der Goldhamsterzucht, denn von dieser Familie stammen alle gezüchteten Goldhamster der Welt ab!

Die Fruchtbarkeit dieser Tiere ist geradezu unheimlich! Im Alter von nur zweieinhalb Monaten werden sie schon fortpflanzungsfähig, und die Weibchen bringen etwa siebenmal im Jahr Junge zur Welt – jedesmal ungefähr acht Stück! Allerdings zeigen die Tierchen schon nach einem Jahr Zeichen von Altersschwäche. Goldhamster werden oft nur anderthalb, selten bis drei Jahre alt.

Außer den Goldhamstern gibt es in der Wühlerfamilie noch die kleineren Zwerg- und Streifenhamster, die in den Steppen Asiens zu Hause sind. Von Nordfrankreich quer durch Mitteleuropa bis nach Rußland ist der fast meerschweinchengroße Feldhamster verbreitet. Auch

Die Rennmäuse sind dem Leben in Steppen, Halbwüsten und Wüsten angepaßt und in vielen Arten über das östliche Europa, Asien und Afrika verbreitet.

Links siehst du ein Nest mit Jungen und rechts eine erwachsene Mongolische Wüstenrennmaus. Diese Art ist in den letzten Jahren ein beliebtes Haustier geworden.

er ist ein ausgesprochener Einsiedler. In seinen Backentaschen transportiert er Getreidekörner und andere Samen in seine unterirdischen Vorratskammern. Dort hamstert ein einziger Hamster schon einmal mehr als 50 Kilogramm Körner! In Hungerzeiten gruben arme Leute im Herbst oft Hamsterbauten auf und nahmen den Tieren den Wintervorrat weg.
Weitere Wühler sind die eigentlichen Wühlmäuse mit den sehr verbreiteten Feldmäusen und den weniger bekannten Rötel-, Erd-, Scher- und Schneemäusen. Wühler sind auch die Lemminge in den nordischen Tundrengebieten. Von ihnen weiß man, daß sie sich in manchen Jahren unheimlich vermehren und dann Massenwanderungen unternehmen, die oft im Meer enden und Millionen von Lemmingen das Leben kosten.
Ebenfalls zu den Wühlern gehören die Rennmäuse, die in über 150 Arten in offenen und meist trockenen Landschaften Südosteuropas, Asiens und Afrikas leben. Eine davon ist die Wüstenrennmaus, die in den letzten Jahren ein sehr beliebtes Haustier geworden ist.

Links: Ratten sind außergewöhnlich anpassungsfähig und in den verschiedensten Lebensräumen zu finden. Auf Schiffen wurden sie in alle Welt verschleppt.

Rechts: Dem Menschen besonders angeschlossen hat sich die Hausmaus, die hier ein Junges transportiert.

Rechts unten: Nur etwa 6 Zentimeter lang ist die Zwergmaus, die in Riedwiesen und Getreidefeldern lebt.

Mäuse *(Muridae)* Die berüchtigste aller Mäuse ist die Wanderratte – ja, auch sie gehört zur Familie der Mäuse! Diese «Riesenmaus» hat eine Körperlänge von etwa 25 Zentimetern und stammt vermutlich aus Mittelasien. Von dort verbreitete sie sich, zum Teil mit Schiffen, über die ganze Welt. Was die Fruchtbarkeit angeht, schlägt sie selbst den Goldhamster: Das Rattenweibchen wirft etwa alle 45 Tage 20 bis 22 Junge, die schon nach zweieinhalb Monaten selbst geschlechtsreif sind. Wanderratten sind überaus anpassungsfähig. Sie leben in Rudeln, die eng zusammenhalten, sich gegenseitig helfen und gemeinsam gegen Feinde vorgehen. Besonders gern halten sie sich in Kellern, Ställen, Kanalisationen und Mülldeponien auf, wo sie alles fressen, was irgendwie verdaulich ist. Sie greifen selbst lebende Haustiere an und verursachen große Schäden an Nahrungsmitteln. Früher waren sie aber vor allem als Überträger schrecklicher Seuchen gefürchtet.
Nur etwa 18 Zentimeter Körperlänge und ein schwarzgraues Fell hat die Hausratte. Sie ist ebenfalls von Asien aus mit Schiffen in alle Welt «verschleppt» worden. Sie bevorzugt trockenere Standorte als die Wanderratte und wohnt gern auf Dachböden. In vielen Gebieten ist sie selten

geworden, vermutlich weil sie von der Wanderratte vertrieben wurde.
Die bekannteste aller Mäuse ist die Hausmaus. Sie hat sich dem Menschen besonders eng angeschlossen und ist durch ihn ebenfalls fast auf der ganzen Welt angesiedelt worden. Die lebhaften, flinken Tiere, die vor allem in älteren Häusern selten fehlen und sich an verschiedenste Lebensmittel heranmachen, leben auch in Gärten und Feldern. Die bekannten weißen Mäuse kommen so in der Natur nicht vor. Sie wurden aus Hausmäusen, denen die Farbstoffe in Augen, Haut und Haaren fehlten (Albinos), herausgezüchtet.
Eine der niedlichsten Mäuse ist die nur etwa sechs Zentimeter lange Zwergmaus. Sie lebt in Schilfwiesen und Getreidefeldern und baut zwischen den Halmen hübsche, hängende Kugelnester.
Auffallend große Augen und Ohren haben die Waldmäuse, die oben rötlichbraun und unten weiß gefärbt sind und sehr schnell laufen und springen können.

Bilche *(Gliridae)* Die Bilche nennt man auch Schlafmäuse, weil die meisten von ihnen einen tiefen Winterschlaf halten. Sie leben in über 50 Arten in Europa, Asien und Afrika. Mit ihren großen Kugelaugen und den behaarten Schwänzen sehen sie sehr hübsch aus.
Zu den kleinsten Bilchen gehört die zierliche, hellbraune Haselmaus Mittel- und Südeuropas. Sie lebt im Unterholz von Laubwäldern und ist wie alle ihre Verwandten ein ausgezeichneter Kletterer. Im Sommer baut sie ihre Kugelnester in Büschen und Sträuchern. Für den langen Winterschlaf legt sie in einer Wurzelspalte oder einem anderen Bodenversteck ein warmes Winternest mit Vorräten an.
In Europa und Vorderasien lebt der Siebenschläfer, der in einigen Gegenden tatsächlich sieben Monate des Jahres verschläft. An manchen Orten sind Siebenschläfer in Wäldern, Parks und Gärten recht häufig. Sie hausen in Baumhöhlen, Nistkästen und oft auch in Dachstöcken von Häusern. Neben Nüssen, anderen Samen und Obst fressen sie gern Insekten und plündern Vogelnester. Sie sind etwa hamstergroß und haben ein graues Fell mit weißer Bauchseite. Der seltenere Gartenschläfer ist etwas kleiner, hat eine dunkelbraune Färbung, einen hellbraunen Kopf, eine weiße Unterseite und lebt vorwiegend im Wald.

Oben links: Die lebhafte, schnelle Gelbhalsmaus gehört zu den Langschwanzmäusen.

Oben rechts: Die Stachelschweine Afrikas und Asiens haben bis zu 30 Zentimeter lange Stacheln und gehören zu den größten Nagetieren.

Links: Siebenschläfer sind nachts munter, deshalb bekommt man sie – obwohl sie nicht einmal selten sind – kaum zu sehen.

Springmäuse *(Dipodidae)* Die Springmäuse leben in etwa 50 Arten in Wüsten und Trokkensteppen Osteuropas, Asiens und Nordafrikas. Mit ihren sehr langen Hinterbeinen, dem langen Schwanz und den sehr kleinen Vorderbeinen erinnern sie an Känguruhs oder auch an die amerikanischen Taschenmäuse. Sie sind scheue, schnelle Nachttiere mit großen Augen und sandfarbenem Fell.

Stachelschweine *(Hystricidae)* So seltsam es klingen mag: Stachelschweine haben mit Schweinen nichts zu tun, sondern sind etwa fuchsgroße, plump gebaute Nagetiere der Alten Welt. Sie leben tagsüber in Erdhöhlen und suchen nachts nach verschiedenen Pflanzen. Die Haare auf der Oberseite sind zu langen Stacheln umgebildet, die bei Gefahr aufgerichtet und dem Feind wie Pfeile entgegengeschleudert werden können. Am bekanntesten ist das Gewöhnliche Stachelschwein, das in Süditalien, Nord- und Ostafrika vorkommt.

Meerschweinchenverwandte *(Caviomorpha)* Die Meerschweinchenverwandten bilden eine Gruppe sehr verschiedenartig aussehender Nagetiere, die vor allem in Süd- und Mittelamerika verbreitet sind. Nur die Baumstachler, die ein ähnliches Stachelkleid haben wie die Stachelschweine, kommen in Nordamerika vor.

Chinchillas *(Chinchillidae)* Die Chinchillas nennt man auch Hasenmäuse, weil sie mit ihren großen Ohren und den halblangen, buschigen Schwänzen wie eine Kreuzung aus Hase und Maus aussehen. Vermutlich hast du in Zoohandlungen schon kleine Chinchillas gesehen: sehr niedliche, meerschweinchengroße Tiere mit oberseits grauem und unterseits hellgelblichem Fell. In den letzten Jahren sind sie als Haustiere sehr beliebt geworden. Früher waren die Chinchillas in den Anden, den Bergen von Peru und Chile, sehr häufig, doch inzwischen wurden sie wegen ihres begehrten Pelzes fast völlig ausgerottet. Für die Pelzindustrie werden sie heute auf Farmen gezüchtet.

Oben: Das südamerikanische Mara nennt man wegen seiner Ohren auch Pampashase. Es hat lange Beine und erinnert, wenn es herumspaziert, an eine kleine Antilope – es gehört aber in die Verwandtschaft der Meerschweinchen.

Links: Aus dem südamerikanischen Wildmeerschweinchen wurde das Hausmeerschweinchen gezüchtet, eines der beliebtesten Spieltiere.

Ähnlich, aber größer, sind die nahe verwandten Viscachas, die ebenfalls in den Anden leben.

Biberratten *(Myocastoridae)* Die Biberratten sind bei uns besser bekannt als Sumpfbiber oder Nutrias. Sie sind etwa katzengroß und haben ein dichtes Fell mit einer weichen Unterschicht. Ihre Heimat sind Gewässer im südlichen Südamerika, doch auch sie sind in der Natur für die Pelzmode weitgehend ausgerottet worden und werden auf Farmen gezüchtet.

Meerschweinchen *(Caviidae)* Meerschweinchen gehören zu den ältesten und beliebtesten Haustieren für Kinder. Schon um 1670 brachten holländische Kaufleute sie aus Südamerika nach Europa, und 50 Jahre später lebten die «Schmusetiere» bereits in vielen Kinderzimmern. Heute werden sie in den verschiedensten Farben und Rassen gezüchtet. Die in Südamerika lebenden Wildmeerschweinchen sind graubraun gefärbt. Zur Familie der Meerschweinchen gehören auch die Maras oder Pampashasen der Grasländer im südlichen Südamerika. Sie sind viel größer, werden über 50 Zentimeter lang, haben schmale, lange Ohren und dünne, lange Beine.

Riesennager *(Hydrochoeridae)* Die einzige Art in der Familie der Riesennager ist das Capybara oder Wasserschwein. An seinem großen Kopf und dem gedrungenen Körperbau kann man leicht die nahe Verwandtschaft zum Meerschweinchen erkennen. Die an Gewässern und in Sumpfgebieten von Südamerika lebenden Tiere werden aber über einen Meter lang und mehr als 50 Kilogramm schwer. Sie sind die mit Abstand größten Nagetiere der Welt.

Agutis *(Dasyproctidae)* Die Agutis sind etwa katzengroße Tiere, die in mehreren Arten über Südamerika verbreitet sind. Sie sehen aus wie schlanke, hochbeinige Meerschweinchen und haben schöne, meist goldbraune Fellfarben.

Baumstachler *(Erethizontidae)* Die Baumstachler sind stachelschweinähnliche Nagetiere in Nord- und Südamerika, die – wie es der Name verrät – auf Bäumen leben.

Oben: Meerschweinchen für das Guinessbuch der Rekorde! Bis zu 1,30 Meter lang und 50 Kilogramm schwer werden die Capybaras oder Wasserschweine Südamerikas.

Rechts: Nutria oder Biberratte heißt dieses Nagetier, das wegen seines Pelzes in vielen Ländern gezüchtet wird.

Unten: Die Chinchillas leben im südamerikanischen Anden-Gebirge. Sie werden heute überall als Pelz- und Heimtiere gezüchtet

Raubtiere *(Carnivora)*
Die heute lebenden Raubtierfamilien, die weltweit aus rund 250 Arten bestehen, haben sich schon vor rund 50 Millionen Jahren aus ihren Vorfahren, den Altraubtieren, entwickelt. Es entstanden die Landraubtiere: die Katzen und Schleichkatzen, die Hyänen, Bären, Hunde und Marder; und die Wasserraubtiere: die Ohrenrobben, Seehunde – oder Hundsrobben – und Walrosse, die als nächstes beschrieben werden sollen.

Wasserraubtiere *(Pinnipedia)*
Obwohl die kleinsten nur 1,20 Meter lang und 70 Kilogramm schwer werden, die größten dagegen 6,50 Meter und 3500 Kilogramm erreichen, erkennt man alle Wasserraubtiere auf den ersten Blick: Ihr spindelförmiger Körper ist wie geschaffen für ein Leben im Wasser, und ihre vier Beine sind zu kräftigen Schwimmflossen umgebildet. Sie sind wundervolle Schwimmer und Taucher und ernähren sich vorwiegend von Fischen. Die Wasserraubtiere nennt man auch Robbenverwandte oder einfach Robben. Ihre nächsten Verwandten sind – so erstaunlich das klingt – die Bären, denn ihre gemeinsamen Vorfahren waren landbewohnende, bärenartige Tiere. Die ältesten Robbenüberreste fand man in etwa 20 Millionen Jahre alten Erdschichten.

Ohrenrobben *(Otariidae)* Bei den Ohrenrobben sitzen im Gegensatz zu den Hundsrobben kleine Ohrmuscheln am Kopf. An Land können sie die hinteren Flossenfüße nach vorn unter den Körper klappen und zur Fortbewegung verwenden. Sie können sich also humpelnd erstaunlich schnell und geschickt fortbewegen, was dir sicher bei dressierten Seelöwen im Zoo oder Zirkus schon aufgefallen ist. Im Vergleich zu ihnen bewegen sich die Walrosse an Land sehr schwerfällig – sie sind einfach zu fett! Ihre gewaltige Fettschicht nimmt etwa zwei Drittel des ganzen Körpergewichtes ein. Zu den Ohrenrobben gehören die Seelöwen und die Seebären, während die Walrosse sowohl Merkmale von den Ohrenrobben als auch von den Hundsrobben haben.

Seelöwen *(Otariini)* Seelöwen sind besonders lebhafte, verspielte und intelligente Robben und lassen sich leicht zu erstaunlichen Kunststücken abrichten. Vor allem den Kalifornischen Seelöwen kann man in vielen Zoos bewundern. Die größte Art ist der Stellersche Seelöwe aus dem Nordpazifik. Die Bullen werden bis zu 3,50 Meter lang und über 1000 Kilogramm schwer. Die Weibchen sind wie bei den meisten Robben sehr viel kleiner. Der Galapagos-Seelöwe lebt nur auf den Galapagosinseln, die Mähnenrobbe an den Küsten im Süden von Südamerika. Der Auckland-Seelöwe ist in der Gegend von Neuseeland und der Australische Seelöwe an den Küsten Südaustraliens verbreitet.

Seebären *(Arctocephalini)* Die Seebären oder Pelzrobben haben ein sehr weiches, dichtes Fell und wurden deshalb früher zu Tausenden rücksichtslos abgeschlachtet. Als 1742 die Nördlichen Seebären zwischen Alaska und Sibirien entdeckt wurden, gab es schätzungsweise über 6 Millionen dieser Tiere. 1911 waren es nur noch 200000 – bis sie dann endlich unter Schutz gestellt wurden. Heute kommen wieder jeden Sommer rund 1,5 Millionen Seebären auf die Pribilof-Inseln bei Alaska, um dort ihre Jungen zur Welt zu bringen. Außer dem Nördlichen Seebär gibt es noch acht Arten von Südlichen Seebären, die weit verstreut in den Meeren der südlichen Erdhalbkugel leben.

Linke Seite: Die niedlichen, schneeweißen Sattelrobbenkinder hat man wegen ihres schönen Felles zu Tausenden grausam abgeschlachtet.

Rechts oben: Der Galapagos-Seelöwe ist nahe verwandt mit dem Kalifornischen Seelöwen, den du als großartigen Balancierkünstler vielleicht schon im Zirkus gesehen hast.

Rechts: Jedes Jahr kommen auf den Pribilof-Inseln bei Alaska mehr als eine Million Nördliche Seebären zusammen, um ihre Jungen zur Welt zu bringen.

Walroß *(Odobenidae)* Ein merkwürdiges Tier ist das Walroß, das mit zwei Unterarten in den kalten Gewässern am Nordpol vorkommt. Es kann sich – wie die Ohrenrobben – mit den Hinterflossen fortbewegen, hat aber – wie die Hundsrobben – keine äußeren Ohren. Die Bullen werden rund 3,75 Meter lang und 1500 Kilogramm schwer. Sie sind damit nach den See-Elefanten die zweitgrößten Wasserraubtiere. Walrosse leben nicht von Fischen wie die meisten anderen Robben, sondern hauptsächlich von Muscheln – und davon brauchen sie pro Tag etwa 50 Kilogramm! Zur Nahrungssuche tauchen die Kolosse bis zu 100 Meter tief zum Meeresboden und durchpflügen ihn mit ihren großen Stoßzähnen. Ihr Schnurrbart aus steifen

Borsten ist ein empfindliches Tastorgan und spürt die Muscheln auf.
Walrosse waren für die Eskimos schon immer eine wichtige Jagdbeute. Ein einziges Tier liefert etwa so viel Fleisch wie 15 Seehunde, dazu einige hundert Kilogramm Fett als Nahrungsmittel und als Brennstoff für Tranlampen. Es liefert eine starke Haut, um Boote zu bespannen und Riemen für die Geschirre der Schlittenhunde zu schneiden. Därme für wasserdichte Kleidung und Stoßzähne aus Elfenbein, aus denen Nadeln und Harpunenspitzen gefertigt werden. Außerdem schnitzen die Eskimos vor allem in Alaska aus den Stoßzähnen kunstvolle kleine Figuren, die sie heute an Touristen verkaufen. Weil sie damit viel Geld verdienen können, töten sie weit mehr Walrosse, als es gesetzlich erlaubt ist. Der

Links: Wegen ihrer langen Elfenbeinhauer, aus denen man Schmuck herstellen kann, werden die immer seltener werdenden Walrosse auch heute noch getötet.

Elfenbeinhandel muß also unbedingt verboten werden, damit die gefährdeten Walrosse vor der Ausrottung bewahrt werden können.

Hundsrobben *(Phocidae)* Bis zu zwei Meter lang und 75 Kilogramm schwer wird der Seehund, der an den flachen Küsten der Ostsee, des

Rechts: Rund 7000 Walrosse tummeln sich auf Round Island bei Alaska, einem der letzten sicheren Ruheplätze.

Links: Schon in alter Zeit hat man aus Walroß-Elfenbein Figürchen geschnitzt. Heute stellen die Eskimos solche Schnitzereien als «Andenken» für die Touristen her.

nördlichen Atlantiks und des nördlichen Pazifiks verbreitet ist. An manchen Orten wandert er auch bis weit in die Flüsse hinauf. Früher wurden Seehunde massenhaft getötet und ihr schönes, graues Fell zu Schuhen, Mänteln und Schulranzen verarbeitet. Heute ist die Jagd eingeschränkt worden, dafür macht diesen Robben die Verschmutzung der Meere zu schaffen und löst sogar Massensterben aus. Im Juni kommen die Jungen zur Welt, die schon nach wenigen Stunden ins Wasser gehen. Gelegentlich werden auch Zwillinge geboren, von denen die Mutter aber nur eines annehmen kann. Das zweite bleibt als «Heuler» im Meer oder am Strand zurück und muß verhungern, wenn es nicht von Menschen geholt und aufgezogen wird. Sein Heulen klingt wie herzzerreißendes Kinderweinen! Auch wenn die Mutter umkommt oder aus anderen Gründen von ihrem Jungen getrennt wird, braucht es zum Überleben menschliche Hilfe: Allein ist der Heuler verloren!

Zu den Seehunden der nördlichen Erdhälfte zählen die Ringelrobben, die Kegel-, Bart-, Band- und Sattelrobbe sowie die Klappmütze. Traurige Berühmtheit hat die schöne Sattelrobbe erlangt: Ihre Jungen kommen im Frühjahr auf dem Eis zur Welt und werden wegen ihres weißen Fells zu Tausenden totgeschlagen.

Die bis über drei Meter lange Mönchsrobbe, die im Mittelmeer, in der Karibik und in der Gegend von Hawaii verbreitet war, ist inzwischen fast überall ausgerottet worden.

Oben: Der Seehund gehört zu den bekanntesten Robben. Diese früher sehr zahlreichen Tiere sind heute vor allem durch die Verschmutzung der Meere stark gefährdet.

Links: Die Weddell-Robbe gehört zusammen mit drei weiteren Arten zu den Südrobben, die rund um die Antarktis leben.

Unten: Die größte Robbe ist der Südliche See-Elefant. Die Bullen werden bis zu 5 Meter lang und 4000 Kilogramm schwer.

Von der Antarktis bis in die südlichen Subtropen sind die sogenannten Südrobben zu Hause, zu denen neben der Mönchsrobbe, der Krabbenfresser, die Weddell- und die Ross-Robbe, aber auch der Seeleopard gehören. Der bis zu 3,50 Meter lange Seeleopard der Antarktis greift als einzige Robbe warmblütige Tiere, nämlich Pinguine und andere Seevögel sowie kleinere Robben an.
Zur Familie der Hundsrobben gehören auch die sogenannten Rüsselrobben, bei denen die Männchen ihre Nasen zu einem unförmigen Gebilde aufblasen können. «Nur» etwa 3,50 Meter lang und bis zu 450 Kilogramm schwer wird die

Links: Löwenbabys haben ein geflecktes Fell und können sich im Gebüsch gut getarnt verstecken, wenn die Mütter auf Jagd gehen und die Kleinen allein lassen.

Rechts: Ganz anders als unsere Hauskatzen lieben die Tiger das Wasser. Sie baden häufig und durchschwimmen mühelos Flüsse und Seen.

bereits erwähnte Klappmütze der arktischen Gewässer. Auch ihre Jungen werden wegen des weichen, bläulichen Pelzes erschlagen.
Zwei weitere Rüsselrobbenarten sind der Nördliche See-Elefant in Kalifornien und Mexiko und der Südliche See-Elefant, der rund um den Südpol lebt. Diese Robben tragen ihren Namen mit vollem Recht: Die Bullen der südlichen Art werden über fünf Meter lang und 4000 Kilogramm schwer, die Männchen der nördlichen Art sind etwas kleiner. Auch die Weibchen werden «nur» etwa drei Meter lang und 900 Kilogramm schwer.

Landraubtiere *(Fissipedia)*
Fast alle Landraubtiere erbeuten andere Tiere als Nahrung – und viele haben daher den Ruf, blutrünstige Bestien zu sein. Das ist ein Grund, weshalb Raubtiere schon immer besonders unerbittlich verfolgt wurden. Bär, Luchs und Wolf zum Beispiel sind in Europa weitgehend ausgerottet worden. Dabei ist keines dieser Tiere bösartig! Der Jagdtrieb ist ihnen angeboren, sie müssen jagen, um sich zu ernähren. Sie tun nichts anderes als die Kröte, die einen Käfer packt, als die Amsel, die einen Regenwurm aus dem Boden zieht – oder als du, wenn du ein Brathähnchen verzehrst. Außerdem spielen die Raubtiere eine sehr wichtige Rolle in der Natur als «Gesundheitspolizisten». Oft fallen ihnen nämlich schwache, kranke Tiere zum Opfer, die natürlich viel leichter zu erbeuten sind als gesunde. Dadurch wird verhindert, daß sich Seuchen ausbreiten und schwächliche Tiere fortpflanzen. Die Raubtiere sorgen also dafür, daß die Bestände der anderen Tiere gesund bleiben. Sie rotten auch niemals andere Tiere aus – das tut nur der Mensch! Die Anzahl der Raubtiere in einem bestimmten Gebiet richtet sich immer nach der Menge der vorhandenen Beutetiere. Raubtiere helfen also ganz wesentlich mit, das Gleichgewicht der Natur zu erhalten.

Großkatzen *(Pantherini)* Die Familie der Katzen, zu der rund 40 Arten gehören, wird in Großkatzen und Kleinkatzen aufgeteilt. Zu den Großkatzen gehören der Löwe, der Tiger, Leopard, Jaguar und Schneeleopard – also nur große Tiere. Aber nicht alle Kleinkatzen sind auch tatsächlich klein. Der Puma und der Ge-

Links: Der Leopard ist über Afrika und das ganze südliche Asien verbreitet — also viel weiter als jede andere Großkatze. Trotzdem ist er fast überall selten geworden oder schon verschwunden.

Unten: Der südamerikanische Jaguar gleicht dem Leoparden, hat aber größere Ringflekken und in den Ringen kleine, dunkle Tupfen.

Ganz unten: Der Schneeleopard lebt in den Gebirgen Innerasiens meist in Höhen von 3000 bis 4000 Metern und fühlt sich im Schnee pudelwohl.

pard zum Beispiel sind so groß wie Leoparden und gehören dennoch zu den Kleinkatzen. Was die beiden Gruppen eindeutig unterscheidet, ist ein kleiner, hufeisenförmiger Knochen am Ansatz der Zunge. Dieses sogenannte Zungenbein hat bei den Großkatzen einen dehnbaren Abschnitt, bei den Kleinkatzen ist es ein durchgehend fester Knochen. Dadurch können Großkatzen laut brüllen, aber nur beim Ausatmen schnurren. Die Stimmen der Kleinkatzen hingegen sind viel leiser, dafür können sie beim Ein- und Ausatmen schnurren.

Katzen sind vollendete Jäger. Sie haben ein ungemein feines Gehör, nehmen das leiseste Rascheln eines Beutetieres wahr und können mit unglaublicher Genauigkeit feststellen, aus welcher Richtung ein Geräusch kommt. Ihre Augen sehen etwa sechsmal schärfer als unsere und sind gleichzeitig auch sechsmal lichtempfindlicher. Dies bedeutet, daß sie, wie viele andere Nachttiere, an der Innenrückwand des Auges eine Art Spiegel haben, der das aufgefangene Licht zurückwirft. Dadurch treffen die Lichtstrahlen gleich zweimal auf die Seh-Sinneszellen: einmal direkt durch den Lichtstrahl und ein zweites Mal durch die Spiegelung. Das ist auch der Grund, weshalb die Augen dieser Tiere im Dunkeln aufleuchten, wenn sie von einem Lichtstrahl getroffen werden.

Der ganze Katzenkörper ist ein Muskelpaket, von dessen Leistungsfähigkeit selbst die besten menschlichen Athleten nur träumen können. Die großen Pfoten sind Fangeisen, aus denen es kein Entrinnen mehr gibt. Die gebogenen, messerscharfen Krallen sind normalerweise in Hauttaschen verborgen, damit sie sich beim Laufen nicht abnützen. Nur beim Klettern und Zupakken werden sie vorgestreckt.
Alle Katzen haben ein typisches Raubtiergebiß. Die Eckzähne sind zu langen, spitzen Fangzähnen ausgebildet, die ein Beutetier mit einem einzigen Biß erdolchen können. Die Backenzähne haben keine großen Kauflächen wie bei den Pflanzenfressern, sondern sind spitz und messerscharf. Damit können Katzen ganze Stücke aus dem Fleisch der Beutetiere schneiden.
Die imposanteste aller Katzen ist zweifellos der Löwe. Nicht umsonst nennt man ihn den «König der Tiere». Vor allem der ausgewachsene Löwenmann ist mit seiner wallenden Mähne und über zwei Metern Körperlänge eine eindrucksvolle Erscheinung. Gewaltig ist auch sein donnerndes Gebrüll, das mehrere Kilometer weit zu hören ist. Löwen sind die einzigen Katzen, die keine Einzelgänger sind, sondern in Rudeln leben. Sie jagen auch meist gemeinsam. Mit unglaublichem Geschick schleichen sie sich an Beutetiere heran, nützen jede Deckung aus und preschen erst los, wenn sie ein Opfer mit wenigen Sprüngen erreichen und zu Boden reißen können. Oft lauert ein Teil des Löwenrudels in einer geeigneten Deckung, während der andere Teil die Beutetiere in weitem Bogen umkreist, um sie dann den Lauernden entgegenzutreiben. Die wichtigsten Beutetiere sind Gnus, Zebras und ähnlich große Grasfresser. Gelegentlich werden auch kleine Tiere erbeutet. Oft stehlen Löwen aber auch anderen Raubtieren die Beute, vor allem den Hyänen.

Oben: Ganz Mittel- und Südamerika bewohnt der Ozelot, den man für einen kleinen Leoparden halten könnte.

Oben rechts: In den Steppen und Wüsten Afrikas, Vorderasiens und Indiens ist der Wüstenluchs oder Karakal verbreitet.

Links: Der Luchs war einmal in fast ganz Europa, im nördlichen Asien und in Nordamerika verbreitet. Inzwischen wurde er in den meisten Gegenden ausgerottet.

Löwen gibt es heute nur noch in Afrika südlich der Wüste Sahara und in einem ganz kleinen Gebiet in Indien. Früher waren sie von Südosteuropa über Südasien bis nach Indien verbreitet.
Der Lebensraum des Tigers erstreckt sich von Indien über das südliche und östliche Asien bis hinauf nach Sibirien. Aber auch er ist in weiten Gebieten ausgerottet worden und zählt zu den gefährdeten Tierarten. Die größte Unterart ist der Sibirische Tiger, der eine Körperlänge von fast drei Metern erreicht und damit noch ein ganzes Stück größer wird als ein Löwe. Wäh-

Waldkatzen wohnen mit Vorliebe im Wald! Sie sind über Süd-, Mittel- und Osteuropa sowie Kleinasien verbreitet.

rend Löwen vor allem in Graslandschaften leben, findet man Tiger in fast jeder Art von Gelände. Auch bei der Beute sind sie nicht wählerisch: Sie fressen, was sie erwischen können – von Frosch und Fisch über Wildschwein und Hirsch bis zum Wasserbüffel.
Noch anpassungsfähiger als der Tiger ist der Leopard. Er ist in Wüsten und Bergen ebenso zu Hause wie in Savannen und Regenwäldern und hat von allen Großkatzen das weitaus größte Verbreitungsgebiet: ganz Afrika und das südliche Asien. Auch sein Speisezettel ist außerordentlich abwechslungsreich und reicht von Insekten und Mäusen bis zu Wildschweinen und Hirschen. Im östlichen und südlichen Afrika sind Paviane seine wichtigste Beute. Als man in Südafrika die Leoparden beinahe ausgerottet hatte, konnten sich die Paviane dort so ungehindert vermehren, daß sie zur reinsten Landplage wurden. Wegen ihres prächtigen Felles machte man überall unerbittlich Jagd auf die Leoparden. Als der Pelzhandel endlich eingeschränkt wurde, war diese schöne Raubkatze schon aus weiten Gebieten verschwunden.

Große Ähnlichkeit mit dem Leoparden hat der Jaguar, der in Süd- und Mittelamerika zu Hause ist. Der Jaguar ist gedrungener und kurzbeiniger gebaut. Sein Fell hat größere Ringflecken, in denen meistens noch einige schwarze Tupfen verteilt sind. Sowohl bei den Jaguaren als auch bei den Leoparden gibt es manchmal völlig schwarze Exemplare, die man schwarze Panther nennt. Solche Schwärzlinge können in einem normalen Wurf mit gefleckten Jungen vorkommen. Jaguare leben sehr gern in Wassernähe, schwimmen oft und sehr gut und jagen dabei nicht selten Kaimane, Wasserschlangen, Wasserschildkröten und Fische. Sie erbeuten aber auch die verschiedensten Landtiere. Auch die Jaguare fielen zu Zehntausenden der Pelzmode zum Opfer. Heute allerdings ist die größte Gefahr die Zerstörung ihres Lebensraumes: des tropischen Regenwaldes.
Die seltenste Großkatze ist der Schneeleopard. Sein heutiger Bestand wird auf etwa tausend Tiere geschätzt. Er ist dem Leben in Felsen, Schnee und Kälte wunderbar angepaßt und bewohnt den Himalaja und andere Gebirge in Zentralasien. Meistens lebt er in Höhen von 3000 bis 5000 Metern. Seine natürlichen Beutetiere wie Steinböcke und Bergschafe werden immer seltener, Hausschafe und -ziegen dagegen immer häufiger. So wird der Schneeleopard praktisch gezwungen, die entlegenen Höhen zu verlassen und gelegentlich ein Haustier zu reißen. Deshalb und wegen seines prächtigen, weichen Pelzes wird auch er verfolgt, obwohl es streng verboten ist.

Kleinkatzen *(Felini)* Zu den größten der Kleinkatzen gehört der fast leopardengroße, silbergraue bis sandfarbene Puma, auch Berg- oder Silberlöwe genannt. Er bewohnt verschiedenste Landschaften, am liebsten Berge und lichte Wälder, und ist von Kanada bis hinunter nach Südamerika verbreitet.
Mit etwa einem Meter Körperlänge ist auch der südostasiatische Nebelparder eine stattliche Kleinkatze. Er lebt mit Vorliebe auf Bäumen, genau wie seine Hauptnahrung – die Vögel. Sein gelblichgraues Fell ist mit großen, schwarzen, plattenförmigen Flecken bedeckt.
Etwa gleich groß sind die gefleckten Goldkat-

Kartäuserkatze

Russischblaukatze

Burmakatze

Unsere Hauskatze

Rex Devon

Perser Red-shaded Cameo

Abessinierkatze

Siamkatzen

Perser Colourpoint

Links: Die Ginsterkatze, die in Südfrankreich, Spanien und Afrika lebt, gehört zu den Schleichkatzen, die sowohl mit den echten Katzen als auch mit den Mardern verwandt sind.

Rechts: Zebramangusten sind etwa hauskatzengroße Schleichkatzen in Afrika, die in Gruppen von 5 bis 20 Tieren leben.

zen, die in zwei Arten West- und Zentralafrika sowie Teile von Südostasien bewohnen.
Rund einen Meter Länge erreicht auch der Ozelot, der vom Südosten der USA bis hinunter nach Südbrasilien vorkommt. Er hat ein wunderschönes leopardenähnliches Fell. Eine sehr hübsche Fellzeichnung hat auch die Bengalkatze, die jedoch in Süd- und Südostasien lebt.
Ein riesiges Verbreitungsgebiet hat die eigentliche Wildkatze. Es reicht von Schweden über ganz Europa und Afrika bis nach Zentralasien. In Europa ist sie allerdings fast überall verschwunden oder sehr selten geworden. Wildkatzen gibt es in über 20 Unterarten. Eine davon ist die Falbkatze, die in Arabien, Syrien und Afrika lebt. Sie wurde schon vor etwa 5000 Jahren von den Ägyptern gezüchtet, und von ihr stammt unsere Hauskatze ab.
Ebenfalls in Europa, außerdem in Zentral- und Nordasien und in Kanada ist der bis über einen Meter lange Luchs verbreitet. Auch er wurde weitgehend ausgerottet. In einigen Gegenden, zum Beispiel in der Schweiz, hat man ihn in den letzten Jahren mit Erfolg wieder angesiedelt.
Eine ganz ungewöhnliche Katze ist der Gepard. Er ist sehr schlank und hochbeinig und gleicht, wenn man von seinem kleinen, rundlichen Kopf einmal absieht, eher einem Windhund als einer Katze. Er hat auch keine einziehbaren, sondern feststehende Krallen wie ein Hund. Außerdem ist er kein Lauerjäger wie andere Katzen, sondern ein Sprinter, der in rasendem Schnellauf vor allem Gazellen erbeutet. Er erreicht dabei Geschwindigkeiten von über hundert Stundenkilometern und ist damit das schnellste Landtier der Welt! Früher war der Gepard über ganz Afrika und von Arabien bis nach Indien verbreitet. In Indien ist er inzwischen völlig ausgerottet worden, in den meisten anderen Gegenden fast verschwunden, und selbst in Ostafrika, wo er in den großen Nationalparks noch die besten Lebensbedingungen findet, nimmt seine Zahl ständig ab.

Schleichkatzen *(Viverridae)* Die Schleichkatzen haben einen treffenden Namen: Sie sind sehr schlank, geschmeidig und kurzbeinig und

Rechts: Der schlanke, hochbeinige Gepard gleicht in seiner Gestalt eher einem Windhund als einer Katze und ist auch kein Lauerjäger, sondern hetzt seine Beute in rasendem Schnellauf.

Rechte Seite: Die Flekkenhyäne und andere Hyänenarten haben große Ähnlichkeit mit Hunden, ihre nächsten Verwandten sind jedoch die Schleichkatzen.

schleichen ihre Beutetiere tief geduckt an. Zu den bekanntesten Arten gehört die afrikanische Ginsterkatze, die auch in Spanien und Südfrankreich vorkommt und etwa so groß ist wie eine Hauskatze. Deutlich größer sind die über Afrika und Asien verbreiteten Zibetkatzen. Sie haben wie die Ginsterkatzen unter dem Schwanz große Duftdrüsen, die einen stark riechenden Stoff enthalten. Dieses sogenannte Zibet wird schon seit Jahrhunderten zur Herstellung von Parfüm verwendet. Um es zu gewinnen, werden die Tiere in Käfigen gehalten. Gut hauskatzengroß sind die Palmenroller, die ebenfalls in Afrika und Südasien leben. Alle drei Schleichkatzenarten fangen wie ihre Verwandten auch Kleintiere, ihre Hauptnahrung besteht jedoch aus Früchten und jungen Pflanzentrieben.

Die Mangusten, auch Mungos oder Ichneumons genannt, sind in etwa 30 Arten über Afrika und Südasien verbreitet. Berühmt wurden sie vor allem durch den in vielen Geschichten gelobten Indischen Mungo, der neben anderen Tieren besonders gern Giftschlangen angreift. Das nur katzengroße Raubtier nimmt selbst mit Kobras den Kampf auf! Mit unglaublichem Geschick weicht er den Bissen der Schlange aus, bis er sie früher oder später am Genick erwischt und totbeißt. Als Schlangentöter, aber auch als Rattenbekämpfer hat man Mungos in verschiedenen tropischen Ländern angesiedelt.

Ebenfalls bekannt sind die niedlichen Zwergmungos aus Afrika, die nur etwa eichhörnchengroß sind. Sie leben sehr gesellig in Gruppen, in denen das Leittier immer ein weibliches Tier ist. Sie bewohnen mit Vorliebe Termitenhügel und unternehmen von dort aus gemeinsame Jagdzüge. Im Gegensatz zu den übrigen, meist nachtaktiven Schleichkatzen sind die Zwergmungos am Tag munter.

Hyänen *(Hyaenidae)* Wer eine Fleckenhyäne in ihrem gemächlichen, seltsam humpelnden Galopp durch die Steppe laufen sieht, kommt kaum auf die Idee, daß dieses Tier verwandtschaftlich in die Nähe der Schleichkatzen gehört – obwohl es viel eher wie ein Hund aussieht – und daß es außerdem ein schneller und ausgezeichneter Jäger ist. Hyänen galten lange Zeit als Aasfresser und Schmarotzer, die sich von den Beuteresten anderer Tiere ernähren. Das tun sie zwar auch, aber in letzter Zeit hat man festgestellt, daß die großen, afrikanischen Flecken- oder Tüpfelhyänen selbst regelmäßig in Rudeln Wildtiere bis zur Größe von Zebras reißen. Und man hat in einigen Gegenden beobachtet, daß Löwen die Hyänen von ihren Beutetieren vertreiben und selbst daran fressen, daß also die Löwen weit öfter von der Beute der Hyänen schmarotzen als umgekehrt. Hyänen jagen meistens kurz vor Tagesanbruch und sind dabei völlig geräuschlos. Sobald sie ein Tier getötet haben, lassen sie allerdings ihre seltsam heulenden und lachenden Rufe ertönen – und locken damit ungewollt die Löwen herbei!

Hyänen haben große Köpfe und ein außergewöhnlich starkes Gebiß. Damit können sie sogar Knochen zerbeißen, die selbst für Löwen zu groß sind.

Mit über 1,60 Meter Körperlänge und 80 Kilogramm Gewicht ist die Fleckenhyäne die weitaus größte Art. Sie ist fast über ganz Afrika verbreitet und besonders in wildreichen Steppengebieten heute noch häufig.

Nur gut einen Meter lang wird die Streifenhyäne, die von Nordafrika über Arabien bis nach

Vorderasien verbreitet ist. Sie jagt offenbar viel seltener und nur kleinere Tiere, reißt gelegentlich auch einmal ein Schaf und kümmert sich in menschlichen Siedlungen um die «Abfallbeseitigung». Viel seltener ist die Schabrackenhyäne, die auch Strandwolf oder Braune Hyäne heißt und in Südostafrika lebt. Sie ernährt sich in erster Linie von Kleintieren bis zur Größe von Hasen.

Erdwölfe *(Protelidae)* In den Graslandschaften von Ost- und Südafrika lebt der etwa 80 Zentimeter lange Erdwolf, der als Einzelgänger in Erdhöhlen haust. Er gleicht den Hyänen, ist aber näher mit den Schleichkatzen verwandt und hat für ein Raubtier recht seltsame Nahrungsgewohnheiten: Er ernährt sich fast nur von Insekten, vor allem von Termiten.

Neuwelt-Kleinbären *(Procyonidae)* Die Neuwelt-Kleinbären gehören zu einer Raubtierfamilie mit 17 Arten, die zum Teil an Bären, zum Teil an Marder erinnern und durchwegs gut klettern können. Sie leben in Nord- und Südamerika und sind meistens etwa fuchsgroß. Manche von ihnen fressen fast ausschließlich Fleisch, andere nehmen auch gern Pflanzenkost zu sich. Die weitaus bekannteste Art ist der Waschbär, der über Mittel- und Nordamerika bis hinauf nach Alaska und Kanada verbreitet ist. Jeder Besucher von amerikanischen Nationalparks kennt den possierlichen Kerl mit dem schwarzweiß geringelten Schwanz und der schwarzen «Räubermaske» im hellen, spitzen Gesicht. Er macht sich mit Vorliebe nachts über Abfälle her. Seine Hauptnahrung sind jedoch Pflanzen und verschiedenste Kleintiere. Besonders gern sitzen Waschbären an Flußufern und tasten mit den Vorderpfoten im Wasser nach Krebsen. Ihren Namen verdanken sie der Angewohnheit, Nahrungsbrocken mit den Pfoten im Wasser zu waschen. Aus Pelztierfarmen entkommene Waschbären haben sich in den letzten Jahren auch weit über Mitteleuropa verbreitet.

Links: Der niedliche Waschbär aus Nordamerika wurde auch in Europa erfolgreich ausgesetzt.

Rechts: Über die südlichen USA bis hinunter nach Südamerika sind die Nasenbären verbreitet.

Rechts unten: Eines der reizendsten Säugetiere überhaupt ist der Kleine Panda oder Katzenbär aus den Gebirgswäldern im südöstlichen Asien.

Etwa gleich groß und ebenfalls mit einem geringelten Schwanz ausgestattet sind die Nasenbären Mittel- und Südamerikas, die ungewöhnlich in die Länge gezogene Nasen haben. Sie sind hauptsächlich am Tag aktiv und leben gesellig, meistens in Gruppen von fünf bis 25 Tieren. Die anpassungsfähigen Räuber findet man in tropischen Regenwäldern ebenso wie in Trokkenwäldern von Gebirgen, aber auch in Grasländern und in Wüsten. Sie fressen Mäuse, Echsen und viele andere Kleintiere, aber mit Vorliebe Insekten. Beißende oder stechende Kerbtiere rollen sie rasch unter einer Pfote hin und her und töten sie so gefahrlos.

In Mittel- und Südamerika ist der Wickelbär zu Hause, der fast aussieht wie ein Nasenbär. Al-

Rechts: Der Große Panda oder Bambusbär gehört zu den seltensten Tieren unserer Erde und wurde durch den WWF weltweit zum Symbol der bedrohten Natur.

lerdings hat er eine viel kürzere Schnauze und einen langen, flauschigen Greifschwanz, den er beim gemächlichen Herumklettern in den Bäumen als Sicherung um die Äste wickelt. Er ernährt sich vorwiegend von Früchten.

Ausgesprochene Fleischfresser hingegen sind die zwei Arten der Katzenfrette, die in Nord- und Mittelamerika leben. Sie sind schlank, etwa fuchsgroß und haben katzenähnliche Gesichter.

Altwelt-Kleinbären *(Ailuridae)* Die beiden Raubtierarten, die zur Familie der Altwelt-Kleinbären oder Katzenbären zählen, haben zwar äußerlich nur wenig Ähnlichkeit miteinander, sind aber dennoch nahe verwandt. Außergewöhnlich schön ist der etwa fuchsgroße Kleine Panda mit dem dichten, rostroten Fell, dem langen, buschigen, geringelten Schwanz und dem schwarzweißen Gesicht. Seine Heimat sind die Bergwälder und Bambusdschungel am Südostrand des Himalaja-Gebirges in etwa 1800 bis 4000 Metern Höhe. Wenn sich die Gelegenheit bietet, fressen Kleine Pandas auch Vögel oder andere Kleintiere, aber ihre Hauptnahrung besteht aus jungen Bambustrieben und anderen Pflanzenteilen, aus Beeren und Früchten.

Als Symbol des World Wildlife Fund (WWF) weltberühmt geworden ist der zweite Altwelt-Kleinbär, der Große Panda oder Bambusbär. Mit bis zu 1,50 Meter Körperlänge und rund hundert Kilogramm Gewicht ist er fast schon so groß wie ein richtiger Bär und hat auch eine bärenähnliche Gestalt. Er kommt heute nur noch in wenigen, sehr entlegenen Berggebieten im Südwesten von China vor, in steilen Bambusdschungeln auf 1500 bis 4000 Metern Höhe. Der Große Panda ernährt sich fast ausschließlich von Bambusschößlingen und -trieben und ist wohl das einzige «Raubtier», das als reiner Vegetarier lebt. Er gehört zu den seltensten Tieren der Welt, aber wie viele Exemplare noch in Freiheit leben, weiß man nicht genau, denn in ihrem schwer zugänglichen Lebensraum sind sie kaum zu beobachten. Man schätzt den Bestand auf noch etwa 1 000 Tiere. Vereinzelt leben Pandas in Zoologischen Gärten. Im Zoo von Peking in China konnten sie schon mehrfach gezüchtet werden. Schon 1939 stellte die chinesische Regierung den Großen Panda unter absoluten Schutz.

Im Jahre 1869 erhielt der französische Missionar und Zoologe Armand David von Eingeborenen der Bergregionen die ersten Pandafelle und brachte sie nach Paris. Aber erst 1915 gelang es erstmals einem europäischen Forscher, dem Deutschen Hugo Weigold, einen lebenden Großen Panda in Freiheit zu beobachten.

Großbären *(Ursidae)* Der Braunbär ist nicht nur der bekannteste Großbär, er hat auch das größte Verbreitungsgebiet. Es erstreckt sich über den größten Teil Europas, Mittel- und Nordasien bis nach Nordamerika – also etwa über die Hälfte der Erde. Natürlich ist damit sein ursprüngliches Verbreitungsgebiet gemeint, denn aus vielen Gegenden ist er heute längst verschwunden. Schon Anfang des letzten Jahrhunderts war er im mitteleuropäischen Flachland praktisch ausgerottet. Im Jahr 1881 starb der letzte Bär in Österreich, 1904 der letzte in der Schweiz, und 1921 verschwand er auch aus den französischen Alpen. Einige wenige Exemplare haben sich bis heute in den Pyrenäen halten können, und ein gutes Dutzend hat in unzugänglichen Gebieten der norditalienischen Alpen noch einige letzte Schlupfwinkel. Etwas häufiger findet man sie noch in Osteuropa und Skandinavien.

Durch das gewaltige Verbreitungsgebiet entstanden viele verschiedene Unterarten, die sich in der Lebensweise und vor allem in der Größe erheblich unterscheiden. Die kleinste ist der Alpenbär mit höchstens 1,70 Meter Länge und 70 Kilogramm Gewicht – die Weibchen sind noch

Oben: Wenn in Alaska und Kanada im Sommer die Lachse zum Laichen flußaufwärts wandern, leben die Braunbären wie im Schlaraffenland.

Rechts: Braunbären sind Einzelgänger und weichen einander meistens aus. In der Paarungszeit kommt es aber nicht selten zu heftigen Kämpfen zwischen männlichen Rivalen.

deutlich kleiner. Er führt ein recht karges Leben und ernährt sich hauptsächlich von Pflanzen. Nur selten einmal reißt er ein Wildtier, ein Hausschaf oder eine Ziege. Sehr viel größer wird der amerikanische Grizzly, nämlich bis zu 2,50 Meter lang und über 300 Kilogramm schwer. Noch mächtiger sind die Kodiakbären und die Alaska-Braunbären. Sie werden bis zu drei Meter lang und über 800 Kilogramm schwer und sind damit die größten Landraubtiere der Erde.

Daß die Bären in dieser Gegend der Welt so riesig werden, hängt wahrscheinlich mit dem üppigen Nahrungsangebot zusammen. Sie leben nämlich vor allem an den Flüssen, in denen vom Frühsommer bis zum Herbst ständig gewaltige Schwärme verschiedener Lachsarten hinaufwandern, um zu ihren Laichplätzen zu gelangen. Hier kann man beobachten, was für außerordentlich geschickte Fischer die Bären sind. Fast mühelos erbeuten sie die fetten, sehr nahrhaften Lachse und schlagen sich damit den Bauch voll.

Der nächste Verwandte des Braunbären ist der amerikanische Schwarzbär, der in manchen Nationalparks gelernt hat, Touristen anzubetteln. Er wird etwa 1,70 Meter lang und bis zu 150 Kilogramm schwer. In Süd- und Ostasien lebt der ähnliche, etwa gleich große Kragenbär, der auf der Brust einen hellen, V-förmigen «Fellkragen» trägt.

Ein naher Verwandter ist auch der Eisbär, der im Nordpolargebiet zu Hause ist. Er ist ein ausgesprochener Fleischfresser und erstaunlich gewandter Jäger, der hauptsächlich von Robben lebt. Auch er ist ein Riese, der 2,50 Meter lang und über 400 Kilogramm schwer werden kann. In Indien und auf Sri Lanka lebt der selten gewordene Lippenbär, der eine lange Unterlippe und eine sehr lange Zunge hat. Damit sammelt er Ameisen und andere Insekten – seine Hauptnahrung, die er mit Früchten ergänzt. Der kleinste Großbär ist der kurzhaarige Malaienbär in Südostasien, der nur etwa 1,20 Meter groß und 50 Kilogramm schwer wird. Weil es in seiner Heimat das ganze Jahr über gleichmäßig warm ist, kennt der Malaienbär keine Winterruhe.

Oben: Rings um den Nordpol, mitten im Pack- und Treibeis, sind die Eisbären zu Hause. Sie gehören zu den größten Raubtieren der Welt.

Rechts: Der bis zu 120 Kilogramm schwere asiatische Kragenbär lebt hauptsächlich von pflanzlicher Nahrung, frißt aber auch Insekten, Mäuse und andere kleinere Tiere.

Unten: Die tropischen Zonen um den Äquator sind die Heimat des nur 1,20 Meter langen Malaienbärs, der sich oft auf Bäumen aufhält und vorzüglich klettert.

Hundeverwandte *(Canidae)*
Unter den Landraubtieren sind die Hundeverwandten, die man auch kurz als Hunde zusammenfaßt, die «Marathonläufer». Meistens haben sie große Jagdreviere, die sie auf der Suche nach Nahrung durchstreifen. Dabei sind sie oft stundenlang ununterbrochen in zügigem Trab unterwegs und können dennoch, wenn es schließlich zum Angriff kommt, eine Geschwindigkeit von 50 bis 65 Stundenkilometern entwickeln. Viele Hundeverwandte, vor allem die größeren Arten, leben in Rudeln und haben eine starke Bindung zueinander. Dank dieser ausgeprägten vererbten Geselligkeit schließen sich auch die Haushunde dem Menschen eng an. Sie betrachten ihn als ranghöheren Rudelgenossen, sozusagen als «Chef».
Einigkeit macht stark! Raubtiere, die im Rudel jagen, können ihre Opfer einkreisen und außerdem Beutetiere überwältigen, die sehr viel größer sind als sie selbst. So können die afrikanischen Wildhunde problemlos große Antilopen, Zebras und sogar Büffel überwältigen, und Wölfe wagen sich an Elche heran, die größer als Pferde und außerordentlich wehrhaft sind.
Hunde sehen zwar nicht besonders scharf, haben aber sehr lichtempfindliche und damit gute Augen. Sie können daher nachts ebenso gut jagen wie am Tag. Obwohl sie über ein ausgezeichnetes Gehör verfügen, steht der Geruchssinn an erster Stelle. Was eine Hundenase leisten kann, können wir uns kaum vorstellen! Sie ist millionenmal feiner als die menschliche Nase. Ein Hund kann einen Menschen auf zwei Kilometer Entfernung am Geruch erkennen. Er kann einer 48 Stunden alten Fährte folgen und an der zu- oder abnehmenden Stärke des Geruchs genau erkennen, in welche Richtung der Gesuchte gegangen ist.
Die Hundeverwandten haben keine einziehbaren Krallen wie die Katzen, sondern festsitzende, die den Boden berühren und sich daher laufend abwetzen. Sie sind als Waffen ungeeignet, geben aber beim Laufen einen festen Halt. Sie krallen sich in den Boden wie die Nägel an den Schuhen eines Schnelläufers. Die einzigen wirksamen Waffen der Hundeverwandten sind die Zähne. Ähnlich wie bei den Katzen sind die Eckzähne zu langen, spitzen Fangzähnen ausgebildet, und die seitlichen Reißzähne haben ebenfalls scharfe Kanten zum Zerschneiden von Fleisch. Die Backenzähne haben jedoch Kauflächen zum Zermalmen von Pflanzenteilen, denn fast alle fressen neben Fleisch auch pflanzliche Kost.

Rechte Seite: Eine «verkleinerte Ausgabe» des Wolfes ist der sehr anpassungsfähige Kojote oder Präriewolf Nordamerikas (links). Auch dem Deutschen Schäferhund (rechts) sieht man deutlich an, daß er vom Wolf abstammt.

Links: Wölfe haben ein riesiges Verbreitungsgebiet vom hohen Norden bis in die Tropen. Es gibt daher viele verschiedene Unterarten, die sich in der Größe und Färbung oft stark unterscheiden.

Wolf *(Canis lupus)* Der bekannteste wilde Hund ist der Wolf. Ursprünglich war er in vielen Rassen über fast ganz Europa, weite Teile

Asiens und ganz Nordamerika bis hinunter nach Mexiko verbreitet. In vielen Gebieten ist er jedoch ausgerottet worden. Noch im letzten Jahrhundert wurden in Norddeutschland jährlich über tausend Wölfe getötet! Inzwischen sind sie in Europa nahezu ausgerottet und nur noch in Osteuropa häufig. Gelegentlich wandern im Winter von dort noch einzelne Wölfe nach Westen. Kleinere Wolfsbestände gibt es noch in Skandinavien, Spanien und Italien.

Die größten Wölfe leben im Norden. Sie haben eine Körperlänge von bis zu 1,40 Meter und ein Gewicht von mehr als 75 Kilogramm. Die kleinsten sind nicht einmal halb so schwer. Der sehr selten gewordene Rotwolf aus dem Süden der USA wiegt oft sogar nur etwa 15 Kilogramm. Groß sind auch die Unterschiede in der Fellfärbung. Neben graubraunen und rötlichbraunen Wölfen gibt es vor allem in den nordamerikani-

schen Wäldern viele schwarze Timberwölfe. Die Polarwölfe im hohen Norden dagegen sind meistens weiß.

Innerhalb eines Wolfsrudels herrscht eine strenge Rangordnung. Das Rudel kann aus einer oder aus mehreren Familien bestehen, und der Leitwolf kann sowohl ein Rüde (Männchen) als auch eine Wölfin sein. Meistens ist zwischen Februar und April Wolfshochzeit. Dabei verpaaren sich in der Regel nur die ranghöheren, starken Tiere des Rudels. Nach zwei Monaten bringt das Weibchen in einer selbstgegrabenen Erdhöhle oder einem anderen Versteck zwischen drei und zehn Junge zur Welt. Sie sind zuerst blind und hilflos wie Haushundwelpen. Etwa zwei Monate lang trinken sie Muttermilch, erhalten von der Wölfin aber schon bald erbrochenes Fleisch und später auch herbeigetragene Beutestücke. Bei der Versorgung der Jungen helfen nicht nur die Väter, sondern auch andere, noch unverpaarte Rudelmitglieder. Mit einem Jahr sind die jungen Wölfe etwa so groß wie die Eltern, und im dritten Lebensjahr werden sie geschlechtsreif. Einmal verpaarte Wölfe bleiben meist jahrelang zusammen. In der Natur werden Wölfe kaum älter als zehn Jahre, in Gefangenschaft leben sie etwa 15 Jahre.

Der nordamerikanische Präriewolf oder Kojote ist mit dem Wolf nahe verwandt, aber bedeu-

tend leichter, nämlich nur etwa 15 bis 20 Kilogramm schwer. Er ist von Alaska bis hinunter nach Mittelamerika verbreitet. Er lebt einzeln oder in kleinen Gruppen und ernährt sich vorwiegend von verschiedenen kleinen Tieren. Auf seinem Speiseplan stehen Nagetiere ebenso wie Frösche, Fische, Schlangen, große Insekten und Aas, aber auch Früchte und andere Pflanzenteile. Seine nächsten Verwandten sind gleichzeitig seine größten Feinde. Das ist auch der Haupt-

grund, warum sich die Kojoten seit dem starken Rückgang der Wölfe ständig vermehren und ihr Verbreitungsgebiet vergrößern können. Sie sind außerdem sehr anpassungsfähig und kommen in manchen Gegenden bis in die Vororte der Städte, um nach Abfällen zu suchen. Zu Unrecht wird behauptet, daß Kojoten Haustiere reißen – sie werden daher leider nach wie vor verfolgt! Trotzdem werden sie dank ihrer «Schlauheit» immer häufiger.
Von Sibirien über China bis nach Indien und Sumatra ist der Asiatische Wildhund oder Rothund verbreitet. Er hat ein fuchsrotes Fell, einen langen, buschigen Schwanz und kürzere Beine als Wölfe oder Kojoten. Er hat daher eher Ähnlichkeit mit einem Fuchs. Während Füchse aber Einzelgänger sind, leben die Rothunde wie Wölfe in Rudeln. In großen Meuten von manchmal mehr als 30 Mitgliedern erbeuten sie Tiere bis zur Größe von Hirschen. Rothunde sind besonders anpassungsfähig. Sie fühlen sich in der sibirischen Taiga oder im Hochgebirge genauso zu Hause wie in tropischen Sumpfgebieten oder im Regenwald.

Links: Zu den größten Hunderassen gehört die Deutsche Dogge, die manchmal auch Dänische Dogge genannt wird.

Rechts: Der Afghanische Windhund oder Afghane wurde einst als Hetzhund für die Gazellenjagd gezüchtet. Heute wird er leider oft als Salonhund gehalten.

Rechts: Der Collie oder Schottische Schäferhund wurde durch den amerikanischen Filmhund «Lassie» weltbekannt.

Haushund *(Canis lupus familiaris)* Der Wolf war das erste «Haustier» des Menschen. Niemand weiß genau, wann und wo der Wolf zum Menschen kam. Die Wissenschaftler waren sich lange Zeit nicht einmal darüber einig, von welchem Tier unsere Haushunde überhaupt abstammen. Heute weiß man aufgrund vieler Merkmale – zum Beispiel Besonderheiten im Bau des Schädels, Anordnung der Zähne, Eigenarten des Blutes, der Fortpflanzung und des Verhaltens in der Gemeinschaft –, daß der Wolf der Stammvater aller Haushunde ist. Sicher weiß man auch, daß der Wolf in verschiedenen Gebieten zu unterschiedlichen Zeiten «domestiziert», also zum Haustier gemacht wurde. Die ersten Hinweise auf Haushunde stammen aus den östlichen Mittelmeerländern und aus Vorderindien und sind etwa 15000 Jahre alt. Zum Vergleich: Das Pferd zum Beispiel wurde erst vor etwa 5000 Jahren domestiziert.
Vermutlich entdeckten die Wölfe die Abfälle der Steinzeitmenschen als Nahrungsquelle. So kamen sie in die Nähe der Siedlungen und folgten den Jägern auf ihren Beutezügen. Schließlich lernte der Mensch, diese außergewöhnlich anpassungsfähigen und intelligenten Tiere zu zähmen und ihre natürlichen Instinkte und scharfen Sinne, ihre Kraft, Schnelligkeit und Ausdauer für sich zu nutzen. Der Wolf wurde zum Bewacher und Beschützer der Siedlungen und zum Gefährten auf der Jagd. Mit der Zeit kamen noch eine ganze Menge weiterer «Hundeberufe» hinzu: Sie wurden Hetz-, Stöber- und

Die Haushunde

Hunde werden in aller Welt in Hunderten von Rassen gezüchtet. Es ist oft kaum zu glauben, daß sie alle – vom winzigen Chihuahua bis zum Bernhardiner – vom Wolf abstammen und daß man sie noch dazu beliebig untereinander kreuzen kann. Die kleine Auswahl auf dieser Seite gibt einen Eindruck davon, wie unterschiedlich Hunde aussehen können.

Links, von oben nach unten: Irish Terrier, Boxer, Komondor (Ungarischer Hirtenhund), Cocker-Spaniel, Chinesischer Nackthund.

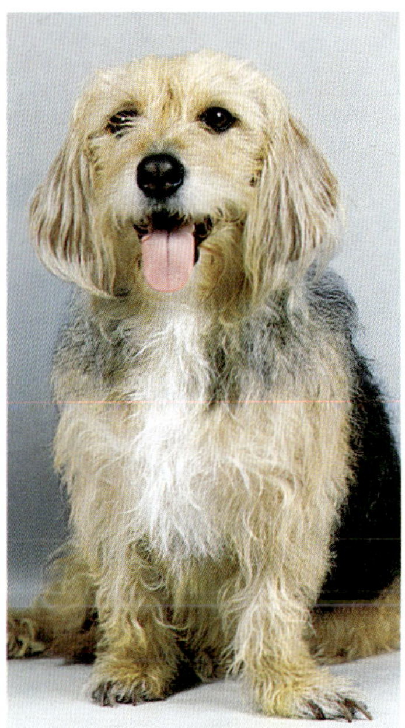

Oben: Ein Mischling oder Bastard, der bestimmt genau so klug und liebenswürdig ist wie jeder Rassenhund.

Rechts, von oben nach unten: Irischer Wolfshund, Chihuahua, Langhaardackel, Königspudel, Labrador.

Hofhunde, Hirten-, Schlitten- und Schiffshunde, Schutz-, Lawinen- und Katastrophenhunde, Blindenhunde, und schließlich gab es auch Hunde, die nicht mehr und nicht weniger zu tun hatten, als dem Menschen Gesellschaft zu leisten. Je nach Anforderung und «Geschmack» wurden verschiedene Hundetypen gezüchtet, und so entstanden im Laufe der Jahrtausende über 300 Haushunderassen. So vielgestaltig sie heute auch sind – ob nun meerschweinchengroße Chihuahuas oder 80 Kilogramm schwere Bernhardiner: Sie alle stammen vom Wolf ab.

Nord- und Ostafrika sind die drei Arten der Schakale verbreitet. Sie sehen aus wie eine Mischung aus Wolf und Fuchs, sind aber mit dem Wolf näher verwandt. Schakale leben einzeln oder in kleinen Rudeln. Sie ernähren sich von verschiedensten kleinen Tieren bis zur Größe junger Gazellen und greifen ohne weiteres auch gefährliche Giftschlangen an. Sie fressen außerdem Aas und streiten sich, wenn es sein muß, mit den Geiern um die Beutereste größerer Raubtiere. Nachts kommen sie sogar bis in die Ortschaften, um Abfälle zu suchen.

Links: Der Dingo wird auch Australischer Wildhund genannt. In Wirklichkeit ist er ein vor langer Zeit verwilderter Haushund.

Rechts: Ein afrikanischer Schabrackenschakal. Schakale sind in 4 Arten über Afrika und Südwestasien verbreitet und sehen aus wie eine Kreuzung zwischen Wolf und Fuchs.

Dingo *(Canis lupus familiaris dingo)* Früher nannte man ihn den Australischen Wildhund; der lange wissenschaftliche Name aber zeigt, daß der Dingo eine Haushunderasse ist. Heute weiß man, daß Dingos zu jener ursprünglichen Gruppe von Haushunden gehören, die von Nordafrika über Südasien bis nach Neuguinea verbreitet sind.
Der Dingo ist allerdings schon so lange verwildert, daß er sich auch wie ein Wildtier verhält. Mit größter Wahrscheinlichkeit brachten die dunkelhäutigen Ureinwohner, die Aborigines, Hunde nach Australien, die dann zum Teil verwilderten. Diese verwildernden Tiere breiteten sich über den ganzen Kontinent aus. Heute sind sie bei den meisten weißen Siedlern verhaßt, obwohl sie nur ausnahmsweise einmal ein Schaf reißen. Sie werden verfolgt und sind außer in Nordaustralien fast überall selten geworden.

Schakale *(Canis aureus, etc.)* Von Südosteuropa über Mittel- und Südasien bis nach

Füchse *(Vulpes)* Die Füchse unterscheiden sich von allen anderen Hundeverwandten durch ihre Pupille: sie ist länglich wie bei Katzen und nicht rund. Außerdem sind Hunde meistens gesellig, Füchse aber stets Einzelgänger. Die bekannteste Art ist der Rotfuchs, der über ganz Europa bis nach Nordafrika und weit über Asien und Nordamerika verbreitet ist. Er ist nicht überall «fuchsrot»; Rotfüchse gibt es in vielen Farbtönen.
Füchse ernähren sich hauptsächlich von Mäusen, daneben auch von verschiedenen anderen Tieren bis zur Größe von Hasen. Wo sie Gelegenheit haben, werden sie auch zu Hühnerdieben. Füchse sind überaus intelligent und anpassungsfähig. In vielen Gegenden hat man sie immer wieder auszurotten versucht, doch konnte man ihre Zahl meist nur vorübergehend vermindern.

Wüstenfuchs *(Fennecus zerda)* Eine Art «Mini-Fuchs» ist der zierliche Wüstenfuchs oder Fennek, der in den Wüsten Nordafrikas und Arabiens lebt. Sein auffallendstes Merkmal sind die riesigen Ohren. Nachts verläßt er seinen unterirdischen Bau und geht auf die Suche nach Insekten, Schnecken und Eidechsen, wobei Heuschrecken seine Hauptnahrung bilden.

Polarfuchs *(Alopex lagopus)* In den Tundrengebieten rund um den Nordpol lebt der Eis- oder Polarfuchs, dessen Fell für ein ganz besonderes Farbenspiel berühmt ist: Als sogenannter «Weißfuchs» ist er im Winter schneeweiß und im Sommer braun gefärbt. Mitunter kommen aber auch ganz dunkle Junge zur Welt, die als «Blaufüchse» im Winter blaugrau und im Sommer dunkelgrau gefärbt sind. Der Polarfuchs ist ungewöhnlich überlebensfähig. Ohne Winterschlaf übersteht er selbst den Polarwinter mit seinen eisigen Winterstürmen. Seine Hauptnahrung sind Lemminge; im Grunde aber frißt er alles, was irgendwie verdaulich ist.

Mähnenwolf *(Chrysocyon brachyurus)* Der Mähnenwolf ist ein merkwürdiger, langbeiniger Wildhund der Graslandschaften im mittleren Südamerika. Obwohl er eine stattliche Körperlänge von etwa 1,30 Meter und eine Höhe von 70 Zentimetern erreicht, ist er ein scheuer, harmloser Kleintierjäger.

Hyänenhund *(Lycaon pictus)* Schwarz, weiß und gelb gefleckt sind die etwa schäferhundgroßen afrikanischen Hyänenhunde. Sie leben in Rudeln und gehen meist tagsüber gemeinsam auf Jagd. Sie greifen dabei ohne weiteres auch große Antilopen an.

Marderhund *(Nyctereutes procyonoides)* Ein weiteres seltsames Raubtier ist der Marderhund, der nur etwa 20 Zentimeter hoch ist und eher einem Waschbären als einem Hund gleicht. Der nächtliche Einzelgänger erbeutet verschiedenste Kleintiere, fischt gern und frißt Früchte und andere Pflanzenteile. Wegen seines dichten, weichen Fells wird auch er für die Pelzindustrie gezüchtet. Seine ursprüngliche Heimat ist Ostasien. Aus Zuchtfarmen geflohene Marderhunde haben sich in den letzten Jahrzehnten über Osteuropa bis nach Mitteleuropa ausgebreitet.

Oben: In den riesigen Steppen Zentralasiens lebt der Karsak oder Steppenfuchs.

Rechts: Über Europa, Mittel- und Nordasien sowie Nordamerika ist der Rotfuchs verbreitet.

Unten: Ein Polarfuchs im dunklen Sommerkleid. Das Winterfell ist viel dichter und weiß oder hellgrau bis bläulich gefärbt.

Marder *(Mustelidae)* Etwa 65 Arten bilden die sehr urtümliche Familie der Marder, die mit Ausnahme von Australien praktisch über die ganze Erde verbreitet ist. Fast alle sind lebhafte, aufgeweckte, schlanke und sehr bewegliche Raubtiere – vom nur mausgroßen Zwergwiesel bis zum Riesenotter mit 1,30 Meter Körperlänge.

Wieselartige *(Mustelinae)* Besonders gewandte und unerschrockene Marder sind die Wiesel – nicht umsonst sagt man «flink wie ein Wiesel»! Von den insgesamt 13 Wieselarten kommen drei in Mitteleuropa vor. Am bekanntesten ist das Große Wiesel oder Hermelin, das etwa so groß ist wie ein Eichhörnchen und im Sommer ein graubraunes, im Winter aber ein weißes Fell mit schwarzer Schwanzspitze hat. Das Winterfell des Hermelins gehört zu den begehrtesten Pelzen. Früher waren zum Beispiel die purpurroten Mäntel der Könige an den Rändern und am Kragen mit Zierstücken aus Hermelinpelz besetzt.

Nur etwa so groß wie Mäuse werden die Maus- und Zwergwiesel. Das Mauswiesel hat sogar einen noch kleineren Verwandten: das Kleinstwiesel in Sibirien und Nordamerika, welches das kleinste Raubtier der Welt ist.
Der bekannteste Marder ist der Haus- oder Steinmarder, der über Europa und fast ganz Asien verbreitet ist. Er wird etwa katzengroß, ist aber schlanker und hat kürzere Beine. Er lebt gern in Dörfern und Städten und macht sich dort in Scheunen, Ställen und auf alten Dachböden als fleißiger Mäusejäger nützlich. Er hilft auch mit, wenn es gilt, die oft zu große Anzahl der Stadttauben etwas zu verkleinern. Allerdings dringt er auch in schlecht verschlossene Hühner- und Kaninchenställe ein und tötet bei dieser Gelegenheit oft mehr Tiere, als er fressen kann.
Sehr viel seltener ist der Edel- oder Baummarder Europas und Westasiens, der in Wäldern auf Bäumen lebt und so flink ist, daß er vorwiegend von Eichhörnchen und Vögeln leben kann.
Etwas kleiner ist der Iltis, der dafür bekannt ist, in Gefahrensituationen einen besonders übel stinkenden Drüsensaft auszuscheiden. Vom Iltis gibt es eine weiße oder gelbliche Haustier-Zuchtform, das Frettchen. Es wird oft zum Fangen von Wildkaninchen abgerichtet. Seine roten Augen und das helle Fell zeigen, daß das Frettchen keine Hautfarbstoffe besitzt, also ein Albino ist.
Ein naher Verwandter des Iltisses ist der Nerz, eines der bekanntesten Pelztiere. Er war früher über ganz Europa und bis nach Sibirien verbreitet, ist aber in Mitteleuropa und anderen Gegenden von Fallenstellern ausgerottet worden. In Nordamerika lebt der sehr ähnliche Mink. Beide Arten werden auf Pelztierfarmen gezüchtet, und das unter oft traurigen, tierquälerischen Bedingungen.
Etwa 85 Zentimeter Körperlänge hat der Vielfraß oder Bärenmarder, der in den nordischen Ländern rund um den Nordpol vorkommt. Er frißt zwar nicht mehr als jeder andere Marder, ist aber ein außergewöhnlich wilder und verwegener Räuber. Seine Hauptnahrung bilden die

Oben links: Das nur etwa eichhörnchengroße Wiesel ist ein außerordentlich behendes Raubtier. Im Sommer ist es bräunlich gefärbt und im Winter weiß – dann heißt es Hermelin.

Rechts: Dank seiner Anpassungsfähigkeit konnte sich der Haus- oder Steinmarder auch in von Menschen besiedelten Gebieten gut halten. Er kann sogar mitten in großen Städten leben.

hamstergroßen Lemminge, doch greift er ohne Hemmungen auch Rentiere, Moschusochsen oder die mehr als pferdegroßen Elche an.

Dachse *(Melinae)* Im Vergleich zu den anderen Mardern sind die Dachse plump und gedrungen gebaut, haben kurze Schwänze und große Pfoten mit starken Grabkrallen. Damit graben sie Wildbienen- und Mäusenester, Insektenlarven und Würmer aus dem Boden und buddeln ihre tiefen Wohnhöhlen. Der gewöhnliche Dachs lebt in Waldgebieten Europas und Asiens, ist aber in vielen Gegenden recht selten geworden. Er hat etwa 75 Zentimeter Körperlänge und wird bis zu 20 Kilogramm schwer. Neben Fleisch frißt er auch sehr gern Früchte und Honig.
Ein großer Honigliebhaber ist auch der afrikanische Honigdachs. Er hat besonders starke Grabpfoten und reißt mit Vorliebe die Bodennester von Bienen auf, um Honig und Larven zu verspeisen. Dabei macht er oft mit einem Vogel, dem Honiganzeiger, gemeinsame Sache: Der Vogel führt den Dachs rufend zum Bienennest, das er alleine nicht öffnen kann, und darf dafür an der Schlemmermahlzeit teilhaben.
Kleiner und viel breiter sind die Silberdachse in Amerika, die fast so platt sind wie Schildkröten.

Stinktiere *(Mephitinae)* Etwas kleiner als Katzen und außerordentlich hübsch sind die Stinktiere oder Skunks in Nord- und Südamerika. Sie haben ein schwarzes oder rotbraunes Fell mit weißen Streifen oder Flecken und einen buschigen Schwanz. Diese Kleintierjäger tragen ihren Namen aus einem guten Grund: Bei Gefahr zeigen sie ihrem Gegner ihr Hinterteil, legen den Schwanz auf den Rücken und bespritzen ihn gezielt mit einem entsetzlich riechenden Stinkdrüsensaft.

Otter *(Lutrinae)* Dem Leben im Wasser hervorragend angepaßt und dazu ausgezeichnete, sehr verspielte Schwimmer und Taucher sind die Otter. Der als Fischräuber verschriene europäische Fischotter ist in Mitteleuropa weitgehend ausgerottet worden. Sämtliche Versuche, ihn zum Beispiel in der Schweiz wieder heimisch zu machen, sind daran gescheitert, daß heute alle Gewässer und Fische für den empfindlichen Otter zu sehr mit Chemikalien vergiftet sind.
In südamerikanischen Gewässern lebt der Riesenotter, mit 1,30 Meter Körperlänge und einem 70 Zentimeter langen Schwanz die größte Marderart.
Nur wenig kleiner ist der See- oder Meerotter, der im nördlichen Pazifik in Küstennähe lebt und wegen seines Pelzes fast ausgerottet wurde. Dieser Otter hat bei der Nahrungssuche eine sehr bemerkenswerte Technik entwickelt. Er taucht nach Muscheln und bringt meistens gleich noch einen Stein mit an die Wasseroberfläche. Hier dreht er sich auf den Rücken, legt sich den Stein auf die Brust und schlägt mit den Pfoten die Muschel solange gegen den Stein, bis sie aufbricht. Der Meerotter gehört daher zu den wenigen Tierarten, die zur Nahrungsbeschaffung Werkzeuge verwenden.

Oben links: Der scheue «Meister Grimbart» wird bis zu 20 Kilogramm schwer und 90 Zentimeter lang. Dachse sind zwar Raubtiere, fressen neben Fleisch aber auch verschiedenste pflanzliche Stoffe.

Rechts: Der Fischotter wurde als «Nahrungskonkurrent» von den Fischern weitgehend ausgerottet.

Wale *(Cetacea)*
Früher wurden sie auch Walfische genannt, aber heute weiß wohl jeder, daß die Wale keine Fische, sondern Säugetiere sind, die ausschließlich im Wasser leben und daher eine dem Schwimmen angepaßte, fischähnliche Gestalt haben. Anders als die Fische atmen Wale nicht mit Kiemen, sondern mit Lungen und müssen deshalb immer wieder auftauchen, um Luft zu holen. Sie können allerdings sehr lange tauchen, Pottwale bis zu eineinhalb Stunden.
Wale sind meistens gesellig und leben größtenteils in den kalten Meeren. Einige findet man auch in den Tropen und mit wenigen Arten, den Flußdelphinen, sogar in Flüssen.
Wale haben als Kälteschutz unter der Haut eine gewaltige Fettschicht – ein einziger Blauwal kann etwa 20000 Kilogramm Fett liefern! Hauptsächlich wegen dieses Fettes, aber auch wegen des Fleisches und anderer Körperteile, wurden und werden Wale rücksichtslos getötet. Heute lassen modernste technische Geräte den Tieren kaum eine Chance: Um die Wale zu finden, verwendet man Radar- und Ultraschall-Suchgeräte. Zum Töten werden Granatharpunen oder Elektroharpunen benutzt oder von Hubschraubern aus Panzergranaten auf die Tiere geworfen. 1982 wurde beschlossen, einen internationalen Walfangstop zu verhängen. Er ist seit 1986 gültig. Aber einige Nationen, vor allem Japan und Island, kümmern sich wenig um dieses Verbot und schlachten weiterhin Wale ab.
Die Wale werden in zwei Hauptgruppen aufgeteilt: in Bartenwale und Zahnwale.

Bartenwale *(Mystacoceti)* Zu den 12 Arten der Bartenwale gehört der Blauwal, das größte Tier der Erde. Er ist sogar noch größer als die mächtigsten ausgestorbenen Saurier! Mit bis zu 34 Metern Länge und etwa 140000 Kilogramm Gewicht ist er etwa genauso schwer wie 25 große Elefanten oder 1700 Menschen! Auch andere Bartenwale sind Riesen. Der Finnwal wird etwa 26 und der Südkaper 18 Meter lang. Erstaunlich ist, daß sich diese größten aller Lebewesen von

winzig kleinen Tieren ernähren. Ihre Hauptnahrung sind die nur etwa sechs Zentimeter langen Krillkrebse, die vor allem in kalten Meeren oft in ungeheuren Massen nahe der Wasseroberfläche schwimmen.
Bartenwale heißen diese Tiere, weil in ihrem Oberkiefer bis zu 400 schmale, lange Hornstreifen hängen, die sogenannten Barten. Sie wirken wie ein Sieb: Die Wale füllen das weit geöffnete Maul mit Wasser, schließen es dann zum Teil und drücken die riesige Zunge gegen den Gaumen. So pressen sie das Wasser wieder heraus, während die Nahrungsteilchen an den Barten hängenbleiben und verschluckt werden.

Zahnwale *(Odontoceti)* Anders als die zahnlosen Bartenwale haben die Zahnwale meistens sehr viele, manchmal über 250 spitze Zähne, mit denen sie Fische, Tintenfische und andere Beutetiere fangen können. Die meisten sind zwischen zwei und vier Meter lang und somit kleiner als die Bartenwale. Der kleinste Zahnwal wird kaum über einen Meter groß, der größte, der Pottwal, kann über 18 Meter lang werden.
Zu den Zahnwalen gehören auch die Delphine, die dafür berühmt sind, daß sie sich sehr gut zähmen und zu großartigen Kunststücken dressieren lassen. Heute weiß man, daß sie zu den intelligentesten Lebewesen der Erde zählen. Ebenfalls ein Zahnwal ist der bis über neun Meter lange, schwarzweiße Schwertwal, den man ungerechterweise auch Mörderwal nennt. Er erbeutet zwar andere Tiere, ist aber deswegen noch lange kein «Mörder».

Linke Seite: Die etwa 2 Meter langen Delphine sind bekannt für ihre Spielfreude und ihre erstaunlichen Luftsprünge. Sie gehören zu den intelligentesten Tieren.

Rechts: Die 6 Meter breite Schwanzflosse des Südlichen Glattwals. Wale sind lungenatmende Säugetiere und müssen zum Atmen immer wieder auftauchen.

In verschiedenen Flüssen Südamerikas, Indiens und Chinas leben die Flußdelphine, die ebenfalls zu den Zahnwalen gehören. Es gibt vier Arten dieser urtümlichen, 1,50 bis 2,50 Meter langen Wale. Sie sehen sehr schlecht, und der indische Gangesdelphin ist sogar ganz blind. Da sie aber ohnehin in trübem, undurchsichtigem Wasser leben, müssen sie sich beim Fischfang sowieso eher auf ihren Tastsinn verlassen als auf ihre Sehkraft.

1
2
3
4
5
6
ROLF CIGLER 86

Die Wale werden in zwei Unterordnungen aufgeteilt, in Bartenwale und Zahnwale. Zu den Zahnwalen gehören auch die Delphine.

Bartenwale:

1 Südkaper, bis 18 m lang und 50 000 kg schwer.
2 Finnwal, bis 26 m lang.
3 Bryde-Wal, bis 18 m lang.
4 Seiwal, bis 16 m lang.
5 Zwergwal, bis 10 m lang.
6 Blauwal, größtes Tier aller Zeiten, über 30 m lang und mehr als 100 000 kg schwer.

Zahnwale:

7 Großer Tümmler, bis 4 m lang.
8 Nördlicher Entenwal, bis 10 m lang.
9 Delphin, bis 2 m lang.
10 Schweinswal, bis 2 m lang.
11 Blau-Weißer Delphin, bis etwa 1,2 m lang.
12 Weißwal oder Beluga, bis 6 m lang.
13 Narwal, bis 5 m lang. Das «Horn» des Männchens wird fast 3 m lang und entsteht aus dem linken Eckzahn.
14 Grindwal, bis 7 m lang.
15 Schwert- oder Killerwal, Orca, bis 9 m lang.
16 Pottwal, bis 23 m lang.

Unpaarhufer *(Perissodactyla)*
Die Unpaarhufer nennt man auch heute noch manchmal Einhufer, aber das ist nicht ganz richtig. Zu dieser Tierordnung gehören nämlich nicht nur die Pferde, Esel und Zebras, die ja tatsächlich nur einen Huf an jedem Fuß haben, sondern auch die Tapire und Nashörner. Die Tapire haben jedoch vorne fünf und hinten drei Zehen an jedem Fuß, und an den Füßen der Nashörner sitzen vorn und hinten jeweils drei Zehen. Bei allen Unpaarhufern ist die Anzahl der Zehen also ungerade oder unpaarig, wie bei uns Menschen, während sie bei den Paarhufern, die an jedem Fuß zwei oder vier Zehen besitzen, immer gerade oder paarig ist.

Pferde *(Equidae)* Pferde sind gesellige Tiere, deren natürliche Lebensgebiete die weiten, offenen Steppenlandschaften sind. Sie können zwar schmerzhaft zubeißen und vor allem mit ihren Hinterhufen auch kräftig zuschlagen, aber gegen Feinde wie etwa Wölfe sind dies nur wenig wirksame Waffen. Ihre Stärke liegt in der Flucht! Darum ist der ganze Körperbau der Pferde auf Schnelligkeit und Ausdauer eingerichtet. Außerdem haben sie ein feines Gehör, einen guten Geruchssinn und Augen, die gleichzeitig scharf und lichtempfindlich sind, also auch nachts viel besser sehen als unsere Augen. Pferdeaugen sind vorgewölbt und sitzen seitlich am Kopf. Daher haben die Tiere einen fast vollkommenen Rundblick und müssen nicht ständig den Kopf wenden. Beim geringsten Anzeichen einer Gefahr reagiert ein Pferd sofort mit Flucht. Dieses blitzschnelle Reagieren ist lebenswichtig, denn Zehntelsekunden können über Leben und Tod entscheiden.

Während bei vielen anderen Tierarten die Jungen in den ersten Lebenswochen noch sehr unbeholfen sind, kommen Pferde bereits als Schnelläufer zur Welt. Die Pferdestute trägt ihr Fohlen über elf Monate lang im Körper, so daß es, wenn es geboren wird, schon sehr weit entwickelt ist. Nach wenigen Minuten kann es bereits auf seinen staksigen Beinen stehen und zum erstenmal nach dem Euter der Mutter suchen. Schon am nächsten Tag folgt es der Herde.

Unten: Diese Versteinerung eines Urpferdchens, das vor rund 50 Millionen Jahren lebte, wurde in der Nähe von Darmstadt gefunden.

Oben: Das einzige echte Wildpferd, das bis heute überlebt hat, ist das Przewalskipferd. Es wird in Zoos gezüchtet – in Freiheit ist es ausgerottet.

Wichtig für das Überleben der Pferde ist auch ihre Geselligkeit. Das Leben in der Herde bedeutet eine größere Sicherheit, denn wo viele Augen, Ohren und Nasen aufpassen, werden Feinde schneller entdeckt.
Über die Entwicklungsgeschichte der Pferde wissen wir erstaunlicherweise mehr als über unsere eigene! Gerade von Pferden hat man viele versteinerte Überreste gefunden und kann daher ihre Entwicklung sehr gut nachvollziehen.
Die ältesten Formen von Pferden, die wir kennen, haben vor etwa 50 Millionen Jahren gelebt und waren nur etwa so groß wie Hasen. Sie hatten noch keine Pferdehufe, sondern mehrere weit spreizbare Zehen. Offenbar lebten sie in Sumpfgebieten, und die gespreizten Zehen schützten die Tiere vor dem Einsinken im

Die Hauspferde

Aus verschiedenen Wildpferdetypen hat der Mensch in rund 5000 Jahren über 300 Pferderassen gezüchtet. Es gibt Pferde für jeden Zweck und für jeden Geschmack. Hier siehst du eine kleine Auswahl davon.

1

1 Arabisches Vollblutpferd. Diese edelste Pferderasse hat die Pferdezucht in aller Welt stark beeinflußt.

2 Lipizzaner waren einst begehrte Prunkpferde der Barockzeit. Heute hauptsächlich bekannt als Zirkuspferde.

2

3

4

5

6

7

3 Appaloosa. Nordamerikanische Indianer haben diese Rasse aus spanischen Pferden herausgezüchtet.

4 Haflinger. Ein kleines Arbeitspferd aus Tirol, vor allem als Wagenpferd geeignet.

5 Andalusier. Edle Reitpferderasse aus Südspanien.

6 Englisches Vollblut. Bedeutendste Rennpferderasse und wichtig in der Warmblutpferdezucht.

7 Noriker. Deutsch-österreichisches Kaltblutpferd, ein immer seltener gebrauchtes Arbeitspferd.

sich robuste Pferdetypen wie die kleinen, kurzbeinigen Ponys und die massigen, kraftvollen sogenannten Kaltblüter. In den Steppen Zentralasiens lebte ein leichter gebauter Steppentyp, der noch heute im Przewalskipferd erhalten ist. In den Wüsten Vorderasiens war ein besonders feingliedriger, schneller und temperamentvoller Pferdetyp zu Hause. Alle diese Urwildpferdetypen wurden früher oder später zu Hauspferden gemacht, und nicht etwa nur das Przewalskipferd, wie oft behauptet wird.
Man weiß heute, daß der Wolf, die Ziege, das Schaf, das Rind, das südamerikanische Lama und wahrscheinlich auch der afrikanische Wild-

Oben: Das Fjordpony ist ein kleines Kaltblutpferd aus Norwegen.

Links: Islandponys sind in den letzten Jahrzehnten sehr begehrte Freizeitpferde für Jugendliche und Erwachsene geworden.

Rechts: Das bekannteste Pony ist der liebenswerte kleine, oft weniger als 1 Meter hohe Shetländer.

Sumpfboden. In jener Zeit herrschte in Europa, im nördlichen Asien und in Nordamerika ein feuchtwarmes Tropenklima. Später folgten trockene Wetterperioden, und die riesigen Sumpfgebiete trockneten aus. Weite Graslandschaften entstanden. Durch diese Veränderungen starben viele Tiere, auch viele Pferdeformen, aus. Andere aber konnten sich den neuen Bedingungen anpassen: So entwickelten sich die Pferde im Laufe der Jahrmillionen zu großen, schnellen Steppentieren.
Entstanden sind die Pferde in Nordamerika, doch gegen Ende der letzten Eiszeit, vor etwa 10000 Jahren, hatten sich die Urwildpferde praktisch über ganz Amerika, Europa, Asien und das nördliche Afrika ausgebreitet. Je nach Region waren die Lebensbedingungen unterschiedlich, und es entstanden verschiedene, diesen Bedingungen angepaßte Pferdetypen, sogenannte Unterarten. Im Norden entwickelten

esel lange vor dem Pferd gezüchtet und zum Haustier gemacht (domestiziert) wurden. Aber wir wissen bis heute nicht sicher, wann und wo Pferde zum ersten Mal domestiziert wurden. Vermutlich haben Nomaden in den riesigen Steppen nördlich des Kaukasus-Gebirges die ersten Pferde gezähmt. Es waren keine Przewalskipferde, sondern Steppentarpane, eine Wildpferderasse, die vor etwas mehr als hundert Jahren endgültig ausgerottet wurde.
Von den verschiedenen Formen der Wildpferde konnte nur das Przewalskipferd bis heute überleben, und auch das nur mit viel Glück! In ihrer Heimat, den Steppen in Zentralasien, hat man jedenfalls seit über 20 Jahren keine Przewalskis mehr gesehen. Wir müssen daher annehmen, daß sie dort ausgestorben sind. Glücklicherweise haben ein paar Dutzend dieser Tiere in Zoologischen Gärten überlebt. Um sie vor dem Aussterben zu retten, begann man, sie gezielt zu

züchten. Dadurch gibt es heute wieder etwa 700 Przewalskipferde.
Von den Hauspferden gibt es heute über 300 Rassen, die man in vier Hauptgruppen aufteilen kann: in Ponys, Kaltblutpferde, Warmblutpferde und Vollblutpferde.
Die Ponys stammen von kleinen, kräftigen, recht lebhaften Pferdchen ab, die unter harten Lebensbedingungen in den feuchtkalten Tundragebieten des Nordens lebten. Verschiedene Ponyrassen, zum Beispiel die Shetland-, Island- und vor allem die englischen Exmoorponys, zeigen noch viele ursprüngliche Ponymerkmale. Viele andere Rassen aber wurden «veredelt», das heißt, man hat sie mit großen Vollblutpferden gepaart, und sie haben deshalb mehr oder weniger deutliche (Groß-)Pferdemerkmale angenommen.
Ebenfalls im Norden lebten die Vorfahren der Kaltblutpferde. Sie waren große, schwere und kraftvolle Tiere mit einem ruhigeren, «kühlen» Temperament. Diese Eigenschaften findet man auch heute noch in den Arbeitspferden.
Leichter und temperamentvoller und damit auch beweglicher sind die Warmblutpferde. Sie sind als Arbeitspferde weniger geeignet, dafür aber gute Reit- und Kutschpferde. Ihre Vorfahren waren verschiedene, vor allem in Steppen lebende Wildpferdeformen. Weitaus die meisten Pferde, denen du heute begegnest, gehören zu den Warmblütern. So sind zum Beispiel alle Spring- und Dressurpferde und die in Reitschulen verwendeten Tiere Warmblüter.
Der Ursprung der Arabischen und Englischen Vollblutpferde geht auf die sehr feinen, zähen, schnellen und besonders lebhaften Wüstenpferde in Vorderasien zurück. Diese beiden Pferderassen sind in Schnelligkeit und Ausdauer unübertroffen. Besonders wichtig aber sind sie in der Pferdezucht, weil man durch Kreuzungen mit Vollblutpferden andere Pferderassen verbessern kann.

Asiatischer Wildesel *(Equus hemionus)* Der Asiatische Wildesel hat Merkmale von Pferden und Eseln. Man nennt ihn daher auch Halbesel oder Pferdeesel. Er läßt sich nicht wirklich zähmen oder zu einer Arbeit abrichten und ist daher auch nie zum Haustier geworden. Früher war er in den Steppen, Wüsten und Gebirgen des ganzen südlichen und zentralen Asiens verbreitet, heute ist er nur noch an wenigen Orten zu finden und gehört zu den besonders stark gefährdeten Tierarten.

Afrikanischer Wildesel *(Equus asinus)* Noch schlimmer als um den Asiatischen Wildesel steht es um den Afrikanischen Wildesel, der früher über das ganze nördliche Afrika verbreitet war. Nur noch wenige Exemplare leben in den unzugänglichsten Felswüsten von Somalia.
Der Afrikanische Wildesel wurde vor etwa 6000 Jahren in Libyen zum Haustier gemacht. Sämt-

Ganz oben: Verwilderte Hausesel im Death Valley in Kalifornien. Die Hausesel stammen von Afrikanischen Wildeseln ab.

Oben: Der Somali-Wildesel ist eine Unterart der sehr selten gewordenen Afrikanischen Wildesel.

liche Hausesel der Welt stammen von ihm ab. Wenn man Esel und Pferde miteinander kreuzt, entstehen die Maultiere und Maulesel.

Zebras *(Equus zebra,* etc.) Von den Zebras, den gestreiften Wildpferden Afrikas, unterscheidet man drei Arten.
Über den ganzen Osten und Süden Afrikas erstreckt sich das Verbreitungsgebiet des Steppenzebras. Es kommt in fünf Unterarten vor, die sich vor allem durch die Zeichnung des Fells unterscheiden. Eine sechste Unterart, das südafrikanische Quagga, wurde vor gut hundert Jahren ausgerottet. Besonders zahlreich kommen die Steppenzebras heute noch in Ostafrika vor. Allein in der Serengeti-Steppe in Tansania leben noch etwa 180000 dieser Tiere. Sie sind mit Abstand die zahlreichsten der heute noch lebenden Wildpferde. Steppenzebras sind etwa 1,30 Meter hoch.

Links: Das Steppenzebra ist mit Abstand die häufigste Art der Unpaarhufer.

Rechts: Das südafrikanische Bergzebra wurde beinahe völlig ausgerottet.

Links: Das recht seltene, besonders fein gestreifte Grevyzebra aus Nordostafrika ist die größte Zebra-Art. Das Grevyzebra wurde früher in Äthiopien gezähmt und vor Wagen gespannt.

Rechte Seite, unten: Die Bestände des afrikanischen Spitzmaulnashorns haben in den letzten Jahren durch Wilderer stark abgenommen.

Etwas kleiner ist das südafrikanische Bergzebra, von dem man zwei Unterarten kennt. Das Kap-Bergzebra war bereits bis auf 27 übriggebliebene Exemplare ausgerottet, als man es vor 40 Jahren endlich unter strengen Schutz stellte. Heute gibt es wieder etwa 130 Exemplare. Auch das Hartmann-Bergzebra ist mit wenigen tausend überlebenden Tieren sehr selten geworden.
Nicht viel besser geht es dem Grevyzebra, von dem im nordöstlichen Afrika noch etwa 7000 Tiere leben. Es hat eine viel feinere Streifenzeichnung als die anderen Zebras und größere Ohren. Es wird etwa 1,60 Meter hoch und 450 Kilogramm schwer.

Tapire *(Tapiridae)* Zu den Unpaarhufern gehören auch die Tapire, die in drei Arten in Süd- und Mittelamerika und mit einer Art in Südostasien leben. Sie sind rund einen Meter hoch, haben eine rüsselartig verlängerte Schnauze und dadurch eine gewisse Ähnlichkeit mit Schweinen. Die amerikanischen Arten sind dunkelbraun bis grau, der asiatische Schabrackentapir ist auffallend schwarzweiß gefärbt. Tapire sind scheue Urwaldbewohner, die sich stets in der Nähe von Gewässern aufhalten und oft baden.

Nashörner *(Rhinocerotidae)* Ebenfalls Pferdeverwandte sind die Nashörner. Sie tragen auf dem Nasenrücken ein oder zwei Hörner, die ständig abgewetzt werden und wieder nachwachsen. Seit Jahrtausenden werden diese Hörner von den Asiaten zu Pulver zermahlen und in Apotheken für sehr viel Geld als Medikament verkauft – obwohl bewiesen ist, daß es überhaupt keine Wirkung hat. Trotzdem sind aus diesem Grund die asiatischen Nashörner fast ausgerottet worden, und aus demselben Grund werden heute auch die afrikanischen Arten von Wilderern getötet.
Das größte Nashorn – und damit das größte

Oben: Der Flachlandtapir ist weit über Südamerika verbreitet. Drei weitere Tapirarten leben in Süd- und Mittelamerika und eine in Südostasien.

Rechts: Das seltene Indische Panzernashorn konnte erstmals im Zoologischen Garten von Basel gezüchtet werden, wo inzwischen zahlreiche Panzernashornjunge zur Welt kamen.

Landsäugetier nach dem Elefanten – ist das bis zu zwei Meter hohe und vier Meter lange Breitmaulnashorn. Das Sumatranashorn als kleinste Art wird etwa 1,20 Meter hoch und zwei Meter lang.

Paarhufer *(Artiodactyla)*
Die Paarhufer haben an jedem Fuß zwei oder vier Zehen, die paarweise angeordnet sind. Sie bilden eine recht umfangreiche Säugetierordnung. Von Natur aus fehlen die Paarhufer in Australien und Neuseeland, sonst kommen sie auf allen Kontinenten vor. Zu ihnen gehören die Schweineverwandten, die Kamelverwandten und die Wiederkäuer.
Schweine lieben vor allem Wälder und buschreiche Gegenden, kommen aber auch in Steppen, Halbwüsten und im Gebirge vor. Sie sind also sehr anpassungsfähig. Auch ihr Speiseplan ist außerordentlich vielseitig: Sie sind wirkliche Allesfresser! Sie verspeisen Wurzeln, Beeren, Pilze und andere Pflanzen, Würmer, Insektenlarven, Frösche, Schnecken, Mäuse, Fische, Jungvögel, Eier, Aas, und das ist noch nicht alles! Bei der Nahrungssuche wühlen die Schweine mit dem Rüssel und den krummen Hauern den Boden auf. Sie haben einen hochentwickelten Geruchssinn und ein sehr feines Gehör, sehen aber schlechter als wir Menschen.

Links: Das Wildschwein ist sehr scheu und läßt sich nur selten beobachten.

Oben: Vom Wildschwein stammen die zahlreichen Hausschweinerassen ab.

Schweine *(Suidae)* Die Schweine sind in neun Arten über Europa, Asien und Afrika verbreitet. In Amerika leben außerdem drei Arten von Pekaris oder Nabelschweinen, die den Schweinen zwar äußerlich sehr ähnlich sind, aber wegen verschiedener Merkmale im Körperbau eine eigene Familie bilden.
Das größte Wildschwein ist das afrikanische Riesenwaldschwein, das über einen Meter hoch und rund 300 Kilogramm schwer wird. Der Zwerg der Familie ist das seltene Zwergwildschwein, das nur 20 bis 30 Zentimeter hoch und nicht mehr als 12 Kilogramm schwer wird.
Schweine sind gesellig und leben meistens in sogenannten Rotten. Sie grunzen, quieken, schnauben und brummen in verschiedensten Tönen und können sich so ausgezeichnet verständigen.
Um sich abzukühlen und Hautparasiten loszuwerden, «suhlen» Schweine gern, das heißt, sie baden im Schlamm. Nach dem Trocknen scheuern sie an Bäumen oder Felsen die Schlammkruste ab. Im Volksmund gebräuchliche Beschimpfungen wie «Dreckschwein», «Ferkel» oder «Dumme Sau» zeigen, wie wenig wir über diese Tiere wissen. Schweine sind reinliche und außerdem überaus intelligente Tiere.

Während andere Huftiere meistens nur ein Junges und selten einmal Zwillinge haben, bringen Schweine meistens zwischen vier und acht, manchmal auch über zwölf sogenannte Frischlinge zur Welt. Schweinemütter nennt man übrigens «Bachen», ausgewachsene Männchen sind «Eber» oder «Keiler». Weit über Europa, Asien und Nordafrika ist die bekannteste Art verbreitet, das Wildschwein. Je nach Gegend sind die Wildschweine recht verschieden, vor allem in der Größe und in der Dichte des Pelzes. Im Norden lebende Wildschweine können leicht über hundert, alte Keiler sogar bis 300 Kilogramm schwer werden, südliche Formen dagegen sind kleiner und schlanker. Vom Wildschwein stammt das Hausschwein ab, das in vielen Rassen in aller Welt gezüchtet wird und einer der wichtigsten Fleischlieferanten ist.

Oben: Eine abenteuerliche Gestalt ist das Warzenschwein.

Links: Beim südostasiatischen Babirusa oder Hirscheber wachsen die Eckzähne der Männchen durch die Nasenhaut und werden zu riesigen gebogenen Hauern.

Rechts: Die afrikanischen Flußpferde haben mit Pferden gar nichts zu tun, sondern gehören in die Verwandtschaft der Schweine.

Unten: Das Chacopekari ist eine der drei schweineähnlichen Pekariarten in Süd- und Mittelamerika und den südwestlichen USA.

Pekaris *(Tayassuidae)* Schweineähnlich, aber dennoch keine richtigen Schweine sind die Pekaris, die in drei Arten vom Südosten der USA bis ins südliche Südamerika verbreitet sind. Sie haben etwa die gleiche Lebensweise wie die Schweine, sind aber nur 50 bis 60 Zentimeter hoch und kaum über 40 Kilogramm schwer. Auch sie sind gesellig. Vor allem die Weißbartpekaris bilden gern Rotten von mehreren hundert Tieren.

Flußpferde *(Hippopotamidae)* Flußpferde haben nichts mit Pferden zu tun, sondern gehören zur Verwandtschaft der Schweine. Sie sind dem Leben im Wasser sehr gut angepaßt und fühlen sich dort auch am sichersten. Wenn sie Gefahr fürchten, tauchen sie unter und strecken nur die Nasenöffnungen, die vorgewölbten Augen und die Ohren aus dem Wasser. Junge Flußpferde werden im Wasser geboren.
Meistens kommen die schwergewichtigen Tiere erst am Abend ans Ufer, weiden dort mit ihrem breiten Maul und wandern dabei bis fünf Kilometer weit. Flußpferde haben große gebogene Eckzähne, die besonders im Unterkiefer riesig sind.
Im Zoo wirken Flußpferde sehr gemütlich und behäbig. In der Wildnis jedoch können sie sehr unangenehm werden. Jeder Flußpferdbulle besetzt einen bestimmten Uferabschnitt, aus dem er nicht nur Rivalen vertreibt, sondern gelegentlich auch Boote. Dabei kann so ein Boot auch leicht einmal umkippen, und die Insassen tun gut daran, sich schnell in Sicherheit zu bringen. Denn auch Schwimmer werden manchmal angegriffen. Lebensgefährliche Unfälle durch Flußpferde sind durchaus nicht selten.
Im unteren Nilgebiet und in fast ganz Südafrika sind die Flußpferde ausgerottet worden, aber in Ost-, Südost- und Zentralafrika leben sie noch in großer Zahl.
Sehr viel seltener als das gewöhnliche Flußpferd und in Freiheit kaum zu beobachten ist das Zwergflußpferd. Es lebt heimlich und scheu in Urwäldern Westafrikas und wird nur rund 1,50 Meter lang und 250 Kilogramm schwer, während sein großer Vetter bei etwa 4,50 Meter Länge bis zu 3200 Kilogramm Gewicht auf die Waage bringt.

Kamele *(Camelidae)* Vermutlich sind die Kamele vor Jahrmillionen in Nordamerika entstanden. Von dort haben sie sich weit über die Erde verbreitet und viele verschiedene Formen entwickelt, die aber inzwischen fast alle ausgestorben sind. Heute leben nur noch vier Arten: das Kamel und das Dromedar in der Alten Welt und zwei Wildlama-Arten in Südamerika – denn auch Lamas sind Kamele!

Links: Das Kamel oder Trampeltier ist vor allem in Innerasien verbreitet und wird als kraftvoller, zäher Lastenträger gezüchtet.

Rechts: Das schlankere und beweglichere Dromedar ist in den Wüsten Nordafrikas, Arabiens und Vorderasiens ein begehrtes Reit- und Tragtier.

Das zweihöckrige Kamel oder Trampeltier lebt als Haustier vor allem in Mittelasien. In einigen unzugänglichen Wüstengebieten soll es auch noch wild vorkommen. Es erträgt ohne weiteres große Hitze und Kälte und entwickelt im Winter, oder wenn es im Gebirge lebt, ein dichtes, langhaariges Fell. Auch an seine Nahrung stellt das Kamel keine großen Ansprüche, notfalls kann es auch dorniges Gestrüpp verdauen. In speziellen Körpergeweben kann es Wasser speichern und so viele Tage ohne zu trinken auskommen.
Das Kamel erreicht etwa 2,50 Meter Schulterhöhe. Es wird vor allem als Lasttier gezüchtet und ist in manchen Gegenden heute noch unentbehrlich. Man kann ihm ohne Probleme 200 Kilogramm schwere Lasten aufpacken, und es schafft damit bis zu 50 Kilometer am Tag.
Eine noch wichtigere Rolle als Haustier spielt das Dromedar, das etwa gleich groß, aber leichter gebaut ist und nur einen Höcker hat. Es ist

vor allem über Nordafrika und Vorderasien verbreitet und wird auch in anderen Wüstengegenden, zum Beispiel in Australien, gehalten. In Australien leben auch verwilderte Dromedare. Echte Wilddromedare jedoch gibt es keine mehr. Das Dromedar wird als Last- und Reittier verwendet. Mit einem Reiter kann es am Tag über hundert Kilometer zurücklegen. Wie das Kamel liefert es Fleisch, Fett, Milch und Wolle, sein getrockneter Mist dient als Brennmaterial.

Lamas *(Lama)* In die Familie der Kamele gehören auch die Lamas, von denen es zwei

Links: Das Vikunja ist eine wilde Art der Lamas, das dem Leben im Andenhochland gut angepaßt ist.

Rechts: Die zweite Lama-Wildart ist das Guanako, das im südlichen Südamerika in den Bergen und im tiefen Grasland lebt.

Rechts unten: Lamas werden in den Anden schon seit 6000 Jahren als Haustiere gezüchtet.

Wildarten und zwei Hausformen gibt. Das Guanako hat etwa 1,20 Meter Schulterhöhe. Es ist im Süden Südamerikas verbreitet und lebt in kleinen Herden, die jeweils von einem starken Hengst angeführt werden. In weiten Gegenden ist das Guanako bereits ausgerottet worden.

Ein ausgesprochenes Gebirgstier, das in den Anden meistens in einer Höhe von 3000 bis 5000 Metern lebt, ist das etwas kleinere Vikunja. Es hat ein dichtes, weiches Fell und liefert eine sehr kostbare Wolle. Früher ließen die Herrscher der Inkas die Vikunjaherden von kilometerlangen Menschenketten zusammentreiben. Dann wurden die Tiere geschoren und wieder freigelassen. Die aus der Wolle gefertigten Kleider durften nur von den Mitgliedern der Herrscherfamilien getragen werden. Wer ein Vikunja tötete, wurde selbst mit dem Tode bestraft. Als jedoch die Spanier die Andenländer erobert hatten, wurden die Vikunjas rücksichtslos abgeschlachtet, bis sie fast ausgerottet waren. Nur strenge Schutzbestimmungen retteten die letzten Tiere. In mehreren Schutzgebieten konnten sie sich in den vergangenen Jahren wieder vermehren.

Untersuchungen an gefundenen Knochenresten haben ergeben, daß Lamas schon vor etwa 6000 Jahren als Haustiere gehalten wurden. Die beiden heutigen Hausformen sind das eigentliche Lama und das Alpaka. Das Lama liefert ausgezeichnetes Fleisch, Milch und warme Felle und dient als Tragtier. Allerdings werden nur die Hengste beladen. Bis zu 35 Kilogramm tragen sie mit großer Ausdauer auch in unwegsamem Gelände. Das Alpaka ist etwas kleiner und hat

ein sehr üppiges, weiches Fell. Es wird vor allem als Wollieferant gehalten. Alpakawolle ist feiner und kostbarer als Schafwolle. Früher glaubte man, das Alpaka stamme vom Vikunja ab, doch nach neueren Untersuchungen des Knochenbaus nimmt man an, daß beide Hausformen aus dem Guanako gezüchtet wurden.

Wiederkäuer *(Ruminantia)*
Die Wiederkäuer bilden nicht nur eine sehr große Gruppe von Säugetieren, sie sind auch sehr vielgestaltig. Hirsche, Giraffen, Rinder und Antilopen sowie Ziegen und Schafe gehören dazu. Wiederkäuer haben einen kompliziert gebauten Magen, der aus vier Teilen besteht: Pansen, Netz-, Blätter- und Labmagen. Die Nahrung der Wiederkäuer – Gräser, Blätter, Kräuter und so weiter – ist nämlich schwer verdaulich. Deshalb helfen spezielle Bakterien in den Mägen bei der Verdauung mit. Wichtig ist aber auch, daß die Nahrung gut durchgekaut wird, und das braucht seine Zeit! Weil diese Tiere häufig auf offenen Grasflächen weiden und dort durch Raubtiere besonders gefährdet sind, ist das Wiederkäuen eine sehr sinnvolle Einrichtung. Die Tiere können zunächst in kurzer Zeit viel Nahrung fast unzerkaut verschlucken. Danach legen sie sich an einem sicheren Ort nieder, würgen die Nahrung portionenweise wieder hoch, zerkauen sie in aller Ruhe und schlucken sie dann wieder hinunter.

Rechts: Der Maultierhirsch, der vom westlichen Kanada bis nach Mexiko verbreitet ist, hat seinen Namen wegen der großen Ohren erhalten.

Links unten: Der große Damhirsch trägt ein schaufelförmiges Geweih. Er gehört in Europa zum bekanntesten Parkwild.

Hirsche *(Cervidae)* Die Hirsche sind schlankgliedrige Wiederkäuer, die außer in Australien und im südlichen Afrika auf allen Kontinenten vorkommen. Bei fast allen Hirscharten tragen die männlichen Tiere Geweihe, die jedes Jahr abgeworfen und durch neue ersetzt werden. Das Geweih wird mit zunehmendem Alter immer größer und dient als Waffe bei den Paarungskämpfen. Nur starke Hirsche sind in der Lage, ein Revier und eine Anzahl Hirschkühe zu erobern und gegen Konkurrenten zu verteidigen. Viele männliche Hirsche stoßen während der Paarungs- oder Brunftzeit laute, röhrende Rufe aus, um Rivalen und Weibchen zu imponieren.
Ein merkwürdiger Hirsch ist das Moschustier, das etwa so groß ist wie ein Reh und die Gebirgswälder Mittelasiens bewohnt. Das Männchen trägt kein Geweih, dafür ragen seine oberen Eckzähne als etwa zehn Zentimeter lange Hauer aus dem Maul. Eine Drüse am Bauch enthält eine salbenartige, stark riechende Masse, das Moschus. Es wird als Grundstoff zur Herstellung von Parfüm verwendet.

Der Rothirsch ist in vielen Unterarten über Europa, Asien und Nordamerika verbreitet und als begehrtes Jagdwild auch in Argentinien und Neuseeland angesiedelt worden.

Echthirsche *(Cervinae)* Zu den sogenannten Echthirschen gehört der Damhirsch, der ursprünglich weit über Europa verbreitet war, aber nach der letzten Eiszeit nur noch in Kleinasien vorkam. Im Laufe der letzten 2000 Jahre hat man ihn aber in vielen Gebieten Europas und in anderen Erdteilen angesiedelt. Er ist das bekannteste Gehegewild und wird etwa 90 Zentimeter hoch. Bis über 1,50 Meter hoch wird der ebenfalls sehr bekannte Rot- oder Edelhirsch, der in vielen Unterarten fast über ganz Europa, Nordamerika und Asien verbreitet ist. In Argentinien und Neuseeland wurde er als Jagdwild angesiedelt. In Mitteleuropa ist in den Monaten September und Oktober Brunftzeit, und im Mai und Juni kommen die Kälber zur Welt. Hirschmänner werfen ihr Geweih im Februar ab und haben bereits Anfang August ein neues. Die Lebensdauer der Hirsche beträgt etwa 17 Jahre.

Oben: Das Geweih des Elchbullen, das wie hier im Sommer noch im Wachstum ist, kann im Herbst 2 Meter Spannweite erreichen.

Links: Das Karibu ist eine große Unterart des Rentiers und lebt in Alaska und Kanada.

Rechts: Die bekannteste Hirschart Europas ist das Reh, das als begehrtes Jagdwild in vielen Ländern sorgfältig gehegt wird.

Trughirsche *(Odocoilinae)* Die bekannten Rehe und die meisten amerikanischen Hirscharten sind sogenannte Trughirsche und unterscheiden sich durch bestimmte Körpermerkmale, zum Beispiel durch den Bau ihrer Fußknochen, von den übrigen Hirschen.

Elche *(Alcinae)* In Nordeuropa, im nördlichen Asien und in Nordamerika ist der Elch zu Hause, der weitaus größte aller Hirsche. Elchbullen sind größer als Pferde, werden über zwei Meter hoch und entwickeln ein gewaltiges schaufelförmiges Geweih, das bis zu zwei Meter Spannweite haben kann. Elche leben in Wäldern und Moorgebieten, halten sich gern in der Nähe von Gewässern auf und baden oft.

Ren *(Rangiferinae)* Das Ren oder Rentier bewohnt die Tundragebiete rund um den Nordpol. Im Herbst und im Frühling unternimmt es in riesigen Herden weite Wanderungen: vor dem Winter nach Süden und danach zurück in den Norden. Im Gegensatz zu allen anderen Hirschen tragen bei den Rentieren beide Geschlechter Geweihe. Für die wandernden nordischen Hirtenvölker wie Lappen und Samojeden ist das Ren das wichtigste Haustier.

Giraffen *(Giraffidae)* Die bekannteste Art aus der Giraffenfamilie ist die Giraffe, die in Savannengebieten Afrikas südlich der Sahara lebt. Sie kommt in mehreren Unterarten und mit unterschiedlichen Farbzeichnungen vor. Je nach Unterart haben Giraffen auf der Stirn zwei bis fünf mit Haut überzogene Knochenzapfen. Giraffen erreichen eine Schulterhöhe von bis zu drei Metern, rechnet man Hals und Kopf hinzu, so sind sie mit etwa sechs Metern die höchsten Landtiere der Welt. Schon bei ihrer Geburt sind sie etwa 1,50 Meter hoch. Die Hauptnahrung der Giraffen besteht aus Blättern, die sie von den Baumkronen pflücken. Eine sehr seltene Giraffenart lebt in den Urwäldern des Kongos und führt dort ein so verstecktes Leben, daß sie erst 1901 entdeckt wurde: das Okapi. Es hat nur etwa 1,50 Meter Schulterhöhe und einen viel kürzeren Hals. Das Okapi ist dunkelbraun gefärbt, hat einen grauen Kopf und schwarzweiß gestreifte Beine und Hinterbacken. Obwohl der Gabelbock äußerlich keinerlei Ähnlichkeit mit einer Giraffe hat, sondern eher wie eine Antilope mit gegabeltem Gehörn aussieht, zählt man ihn heute zu den Giraffen. Diese rehgroßen Tiere leben in den Prärien Nordamerikas und können auf der Flucht eine Geschwindigkeit von rund 100 Stundenkilometern erreichen. Sie sind damit nach dem Gepard die schnellsten Landtiere, was ihnen aber gegen die Gewehre der weißen Siedler nichts nutzt! Früher zogen sie zu Tausenden über das Grasland, doch bereits vor 100 Jahren waren sie beinahe ausgerottet.

Rechts: Eine 6 Meter hohe Giraffe vor dem 6000 Meter hohen Kilimandscharo!

Links: Das Okapi ist eine sehr seltene Waldgiraffe aus den Regenwäldern Zentralafrikas.

Links unten: Weder Hirsch noch Antilope – der seltsame Gabelbock der Prärien Nordamerikas.

Unten: Giraffen müssen zum Trinken die Vorderbeine weit spreizen, denn ihre Beine sind noch länger als der Hals.

Hornträger *(Bovidae)*
Die Rinder, die sogenannten Antilopen, die Ziegen, die Schafe und die Moschusochsen gehören zu einer großen und sehr artenreichen Familie der Paarhufer, die man Hornträger nennt. In der Regel tragen beide Geschlechter Hörner, die – anders als bei den Hirschen – nie abgeworfen werden. Diese Stirnwaffen bestehen aus Hornmaterial und sitzen auf Knochenzapfen. Sie können sehr groß und ganz verschiedenartig geformt sein.

Rinder *(Bovinae)* Die afrikanischen und die asiatischen Büffel, die eigentlichen Rinder und die Bisons bilden die Unterfamilie der Rinder. Vor etwa einer Million Jahren bevölkerten die Rinder die Erde in vielen verschiedenen Arten. Heute unterscheidet man noch neun Arten, von denen die meisten in Asien leben. In Europa und Amerika wurden die Wildrinder fast vollständig ausgerottet. Das für uns Menschen

Oben: Vor allem als Milch- und Fleischlieferanten werden Rinder seit langem gezüchtet.

Links: Der Ur oder Auerochse ist längst ausgerottet. Auf unserem Bild siehst du eine recht auerochsenähnliche Nachzüchtung.

Rechts: Ein Ungarisches Graurind.

Rechts unten: Unentbehrlich in den Gebirgen Zentralasiens ist der Yak.

wichtigste Rind ist der Ur oder Auerochse. Von dieser Wildrindart stammen fast alle Hausrinderrassen ab, die heute überall auf der Erde leben. Eine der wenigen Ausnahmen, die auf andere Vorfahren zurückgeht, ist der Wasserbüffel. Der Auerochse stammte offenbar aus Indien, konnte sich aber von dort über fast ganz Asien, Europa und Nordafrika ausbreiten. Allerdings ist er schon vor tausend Jahren aus vielen Gegenden verschwunden. Der letzte bekannte Auerochse der Welt starb im Jahr 1627 in Polen. In den vergangenen Jahrzehnten hat man – ähnlich wie bei den Tarpanpferden – versucht, aus wildrinderähnlichen Hausrindern den Auerochsen «rückzuzüchten». Diese Tiere gleichen zwar dem Ur, aber echte Urs sind sie natürlich nicht. Andere, dem Auerochsen nahe verwandte Wildrinder wie der bis 1000 Kilogramm schwere Gaur und der kleinere Banteng haben im südlichen Asien bis heute überlebt.

Ebenfalls im südlichen Asien ist der Wasserbüffel zu Hause, der schwer und massig gebaut ist und auch 1000 Kilogramm Gewicht erreicht. In der Wildnis wird er immer seltener. Auch er wurde schon früh gezähmt und gezüchtet. Er wird in Reisanbaugebieten fast auf der ganzen Welt als langsames, aber starkes und unermüdliches Trag- und Zugtier gehalten. In manchen Gegenden, zum Beispiel in Nordaustralien, leben heute verwilderte Hauswasserbüffel.
Die afrikanischen Kaffernbüffel werden bis zu 1,80 Meter hoch und haben mächtige Hörner von etwa einem Meter Spannweite. Sie wurden ebenfalls in vielen Gegenden ausgerottet. Nur in Reservaten im östlichen Afrika kann man sie noch in großen Herden beobachten. Der europäische Wisent und sein naher Verwandter, der amerikanische Bison, konnten gerade noch vor der endgültigen Ausrottung bewahrt werden. Beide sind mächtige, rund zwei Meter hohe und 1000 Kilogramm schwere Wildrinder mit massigen Köpfen und dichtem, dunkelbraunem Fell. Der Wisent war früher über fast ganz Europa, Nordafrika und Zentralasien verbreitet. Der letzte freilebende Wisent wurde am 9. Februar 1921 in Polen totgeschossen. Nur in Zoos und Parkgehegen lebten zu dieser Zeit noch 56 dieser Tiere. Sie wurden seither in verschiedenen Ländern gezielt gezüchtet und haben sich inzwischen wieder auf über 1000 Exemplare vermehrt.
Um das Jahr 1700 wurde der Bestand der Bisons auf 60 Millionen geschätzt. Diese Tiere waren die Lebensgrundlage für viele Indianerstämme, denn sie lieferten Fleisch und warme Felle. Die Indianer töteten niemals mehr Tiere, als sie zum Leben brauchten, und haben die Bestände nie gefährdet. Um die Indianer auszuhungern, die sich gegen das Eindringen der weißen Siedler wehrten, beschlossen die europäischen Einwanderer, die Bisons auszurotten. Im Jahr 1871 begann diese planmäßige Ausrottung und damit eines der furchtbarsten Tiergemetzel überhaupt. Wenig später waren die Riesenherden verschwunden. Im Jahre 1889 lebten noch ganze 835 Bisons. Erst in letzter Minute wurden diese prächtigen Tiere der Prärien unter Schutz gestellt. Heute gibt es in Reservaten und Nationalparks von Kanada und den USA wieder rund 30000 Bisons – für mehr wird allerdings neben den Hausrinderherden nie mehr Platz sein.

Oben: Die Bisons oder Indianerbüffel wurden in den amerikanischen Prärien zu Millionen abgeschlachtet, weil man so die Indianer aushungern wollte.

Links: In weiten Gebieten Asiens ist der Wasserbüffel heute noch ein wichtiges Arbeitstier, vor allem in den Reisfeldern.

Rechts: Kuhreiher suchen nach Insekten, die sich hier auf einen afrikanischen Kaffernbüffel stürzen.

Antilopen
Eine große Zahl von Wiederkäuern, von kaum hasen- bis gut rindergroßen Tieren, bezeichnen wir als Antilopen. Damit sind aber ganz verschiedene Gruppen von Tieren gemeint, die nicht näher miteinander verwandt sind und im zoologischen System zur großen Familie der Hornträger gehören.

Waldböcke *(Tragelaphinae)* Früher nannte man die Waldböcke auch Drehhornrinder, weil sie eine rinderähnliche Gestalt haben und ihre Hörner wie Korkenzieher gedreht sind. Sie leben vor allem in Wald-, Busch- oder Sumpfgebieten in Afrika und Vorderindien. Zu ihnen gehören der schöne Große Kudu, der etwa einen Meter hohe Kleine Kudu und die afrikanischen Buschböcke.
Auch die Elenantilopen, die bis zu 1,80 Meter hoch werden und schon vor etwa 4000 Jahren von den Ägyptern gezähmt und gemolken wurden, gehören dazu. Sie werden in Südafrika und der früheren Sowjetunion auch heute noch auf Farmen gehalten.

Ducker *(Cephalophinae)* Verschiedene hasen- bis rehgroße Wiederkäuer Afrikas nennt man wegen ihrer Körperhaltung sehr treffend Ducker, denn sie haben einen gekrümmten Rücken und tragen den Kopf mit den kurzen, geraden Hörnchen gesenkt. Sie leben meistens einzeln in Busch- und Waldgebieten und gehen vor allem nachts auf Nahrungssuche. Man bekommt sie daher nur selten zu sehen.

Pferdeböcke *(Hippotraginae)* Die Pferdeböcke sind hirsch- bis pferdegroße Antilopen in Afrika, deren Körperbau stark an Pferde erinnert. Männchen und Weibchen tragen große, bogenförmig nach hinten ragende Hörner, die bei erwachsenen Tieren zwischen 70 und 175 Zentimeter lang sind. Zu den Pferdeböcken gehören die fast schwarze Rappenantilope, die eine weiße Gesichtszeichnung und einen weißen Bauch hat, und die Pferdeantilope. Der südafrikanische Blaubock, der ebenfalls zu den Pferdeböcken gehörte, wurde schon vor fast 200 Jahren ausgerottet. Weitere Pferdeböcke sind die Oryxantilopen, die etwa hirschgroß sind, ein sandfarbenes Fell und sehr lange, gerade und spießförmige Hörner haben.

Kuhantilopen *(Alcelaphinae)* Verschiedene Arten von Kuhantilopen kann man heute noch in großen Herden in den weiten Graslandschaften des östlichen und südöstlichen Afrikas

Links: Die afrikanischen Elenantilopen sind so groß wie Rinder.

Rechts: In weiten und offenen Landschaften Indiens ist die schöne Hirschziegenantilope zu Hause.

Unten: Der afrikanische Buschbock lebt tagsüber meistens im Gebüsch verborgen und wagt sich erst in der Dämmerung ins offene Grasland.

Die Antilopen

Vor allem in Afrikas Savannen und Halbwüsten haben sich die Antilopen in erstaunlich vielen Arten entwickelt.

1 Ostafrikanischer Spießbock.

2 Die fast ausgerottete Weiße Oryx aus Arabien.

3 Das Weißbartgnu.

4 Das seltsame Kongoni.

5 Beim Topi und bei vielen anderen Antilopen tragen Männchen und Weibchen Hörner.

1

2

3

4

5

6

7

6 Bei den Wasserböcken besitzen nur die Böcke Hörner.

7 Auch bei den Impalas sind nur die Männchen mit Hörnern ausgestattet.

8 Zu den häufigsten Antilopenarten gehört die kleine Thomsongazelle.

9 Die Grantgazelle.

8

9

bewundern. Zu ihnen gehören das Kongoni, das Topi und ganz besonders die Gnus, die durch ihre Massenwanderungen in der Serengeti-Steppe berühmt geworden sind. Typisch für die Kuhantilopen sind die merkwürdig gekrümmten Hörner.

Riedböcke *(Reduncinae)* Die Riedböcke aus Afrika sind reh- bis hirschgroße Antilopen, die gern an Gewässern und in Sumpfgebieten leben. Nur die Männchen tragen Hörner. Beim eigentlichen Riedbock sind die Hörner ziemlich kurz und nach vorn gebogen, bei den Wasserböcken sind sie lang und wachsen im Bogen nach oben.

Springantilopen *(Antilopinae)* Zu den Springantilopen gehören die echten Gazellen sowie einige weitere schlank und zierlich gebaute Antilopen. Fast alle können sehr schnell laufen und ausgezeichnet springen. Bei den meisten Arten tragen die Böcke recht große, die Geißen bedeutend kleinere Hörner. Bei den Impala-Antilopen und den Gerenuks oder Giraffengazellen haben die Weibchen gar keine Hörner. Verschiedene Gazellenarten in Nordafrika und Vorderasien sind stark von der Ausrottung bedroht, und in weiten Gebieten hat man auch den Springbock, der früher in riesigen Herden Südafrika bewohnte, fast ausgerottet.

Saiga *(Saiga tatarica)* Mit ihrer rüsselartig aufgetriebenen, runzligen Nase ist die Saiga eine der seltsamsten Antilopen. Die Saigas sind etwa so groß wie Schafe und bewohnen in Herden die riesigen Steppen Asiens. Sie haben im Winter ein langes und dichtes, im Sommer ein kurzes Fell, ertragen große Hitze und Kälte und können sich von kargsten Kräutern ernähren. Um das Jahr 1920 waren sie fast ausgerottet, wurden

Oben rechts: Die seltsamen Saigas leben in den riesigen eurasischen Steppen dank strenger Schutzmaßnahmen wieder in großen Herden.

Rechts: Klein, aber schnell! Die nur etwa hasengroßen, zierlichen afrikanischen Dik-Diks leben in der Regel paarweise und bilden keine Rudel.

Links: Das Gerenuk lebt in den afrikanischen Buschsteppen und ist darauf spezialisiert, Blätter und Triebe von Büschen und Bäumen zu pflücken. Daß es sich dabei manchmal auf die Hinterbeine stellen muß, sieht man auf diesem Bild.

seither aber streng geschützt, so daß es heute wieder über eine Million dieser Tiere gibt.
Sobald es im Herbst zu schneien beginnt, schließen sich die Saigas zu großen Wanderherden zusammen und ziehen einige hundert Kilometer südwärts in mildere Gegenden. Im Frühling wandern sie wieder nach Norden, wo es mehr Gras zu fressen gibt.

Ziegenartige *(Caprinae)* Die Ziegenartigen, zu denen man heute auch die Schafe zählt, sind mittelgroße Hornträger, die gern in Berggebie-

Rechts: Moschusochsen leben rund um den Nordpol, und selbst die grimmigste Kälte macht ihnen nichts aus.

Unten links: In den Bergen, vor allem im Bereich der Waldgrenze, ist die mit den Ziegen verwandte Gemse zu Hause.

Ganz unten links: Ein ausgesprochenes Hochgebirgstier im Norden Amerikas ist die Schneeziege.

ten leben und das harte Gebirgsklima gut ertragen. Fast alle können hervorragend klettern.
In diese Unterfamilie gehört auch die Gemse, die von den Pyrenäen über die Alpen und Karpaten bis zum Kaukasus verbreitet ist. Sie lebt am liebsten in den oberen Waldregionen und geht zur Nahrungssuche auf die Bergwiesen.
Eng verwandt mit der Gemse ist die schneeweiße Schneeziege. In den Gebirgen des westlichen Nordamerikas lebt sie fast immer weit über der Baumgrenze und gehört zu den besten Kletterkünstlern.
Die Wildformen der eigentlichen Ziegen findet man in den Gebirgen Europas, Asiens und Nordafrikas. Die recht selten gewordene Bezoarziege in Vorderasien wurde schon vor über 8000 Jahren gezähmt und gezüchtet, und von

Rechts: In den Alpenländern ist er das Symbol für Kraft und Stolz: der Alpensteinbock.

Links: Ziegen gehören zu den ältesten Haustieren.

Mitte links: Mufflons sind Wildschafe, die aus Korsika und Sardinien stammen und in vielen Ländern als Jagdwild eingebürgert wurden.

Mitte rechts: In den Bergen Alaskas lebt das Weiße Dickhornschaf.

Ganz unten: Das Merinoschaf ist die wichtigste Wollschafrasse.

ihr stammen die zahlreichen Rassen der Hausziegen ab. Sie liefern den Menschen Fleisch und ein sehr feines Leder, werden aber vor allem wegen ihrer Milch gezüchtet. Vor allem in Asien und Afrika gehören Ziegen auch heute noch zu den wichtigsten Haustieren.
In den asiatischen Hochgebirgen leben die

Schraubenziegen, eine Wildziegenart, bei der die Geißen kurze und die Böcke lange, korkenzieherartig gewundene Hörner besitzen. Weitere echte Ziegen sind die Steinböcke. Bei ihnen haben die Männchen besonders mächtige, bogenförmig nach hinten geschwungene Hörner.
Noch früher als die Ziegen hat man die Schafe zu Haustieren gemacht, nämlich schon vor rund 11000 Jahren in Vorderasien. Einige der ältesten Funde von Hausschafen in Europa fand man in der Schweiz. Auch die Schafe wurden wegen der Milch und des Fleisches, mit der Zeit aber auch vermehrt wegen ihrer Wolle gezüchtet. Die gezielte Zucht von Wollschafen begann in Spanien im 14. Jahrhundert.
Wildschafe gibt es in zwei Arten. Das eigentliche Wildschaf ist vor allem in Vorder- und Zentralasien und noch auf einigen Mittelmeerinseln verbreitet. Die europäische Form davon, der Mufflon, wurde auch in mehreren süd- und mitteleuropäischen Ländern angesiedelt, wo heute insgesamt etwa 20000 dieser Tiere leben.
Ein weiteres schafähnliches Tier ist das Mähnenschaf der nordafrikanischen Gebirge, das aber mit den Ziegen näher verwandt ist und deshalb auch Mähnenziege genannt wird. Auch das Blauschaf aus den Bergen Asiens gehört in diese Verwandtschaft.
Ein merkwürdiger Verwandter der Ziegenartigen ist der Moschusochse, der Ähnlichkeit mit einem urtümlichen Rind hat, aber nur wenig über einen Meter hoch wird. Moschusochsen haben ein dichtes, langes, fast schwarzes Fell und leben in den Tundragebieten der Arktis.

Seekühe *(Sirenia)*
Seekühe sind merkwürdige Tiere, die zwar mit Robben eine gewisse Ähnlichkeit haben, aber mit den Elefanten am nächsten verwandt sind. Ihre Vorderbeine sind wie bei den Robben zu Flossen umgebildet, die Hinterbeine jedoch sind völlig verkümmert und äußerlich nicht mehr sichtbar. Dafür ist der Schwanz zu einer flachen, waagerechten Flosse ausgebildet. Die Seekühe leben ausschließlich im Wasser und ernähren sich von Wasserpflanzen. Am liebsten halten sie sich an seichten Stellen des Meeres und in Flußmündungen auf. Die etwa 300 Kilogramm schweren Kolosse leben in vier Arten weit verstreut in den Tropen und Subtropen.

Rüsseltiere *(Proboscidea)*
Früher waren die Elefanten in zahlreichen Arten weit über die Erde verbreitet, heute sind sie bis ins Maul spritzen oder sich damit «duschen». Wichtig sind auch die großen Ohren, mit denen Elefanten nicht nur gut hören, sondern sich auch Kühlung zufächeln, um die Körpertemperatur zu regulieren. Die Stoßzähne im Oberkiefer sind umgewandelte Schneidezähne. Sie sind bei den Kühen wesentlich kleiner als bei den Bullen und bei den Afrikanischen Elefanten größer als bei den Asiatischen. Bei afrikanischen Bullen können sie bis zu 3,50 Meter lang werden. Sie dienen vor allem als Werkzeug zum Lösen von Baumrinden und Aufwühlen des Bodens, aber auch als Waffen. Vor allem wegen der Stoßzähne, die aus dem sogenannten Elfenbein bestehen, wurden und werden Elefanten brutal verfolgt und sind in weiten Teilen ihrer ursprünglichen Verbreitungsgebiete ausgerottet worden. Größere Bestände von wildlebenden Elefanten gibt es nur noch im östlichen und zentralen Afrika.

Links: So kann man sich täuschen: Seekühe erinnern zwar an Robben, aber ihre nächsten Verwandten sind die Elefanten.

Rechts: Noch ein seltsamer Verwandter der Elefanten ist der murmeltierähnliche Klippschliefer.

auf zwei Arten ausgestorben. Die wohl bekannteste ausgestorbene Elefantenart war das Mammut.
Typisch für die Elefanten ist der lange Rüssel, der aus der Nase und der Oberlippe entstanden ist und viele Aufgaben hat. Hoch erhoben, dient er als empfindliches Geruchsorgan. Außerdem werden mit dem Rüssel Blätter, Zweige und Grasbüschel abgerissen und ins Maul gesteckt. Er ist so kräftig, daß er Bäume umknicken kann, aber auch so geschickt, daß es ihm gelingt, eine Münze vom glatten Boden aufzuheben. Beim Trinken kann der Elefant etwa acht Liter Wasser in den Rüssel saugen und danach

Der Asiatische oder Indische Elefant wird ungefähr drei Meter hoch und 5000 Kilogramm schwer. Er wird schon seit langer Zeit gezähmt und dient noch heute als Tragtier und vor allem als Arbeitstier in der Forstwirtschaft. Elefanten sind sehr lernfähig und haben ein erstaunliches Erinnerungsvermögen. Dafür verlangen sie aber auch eine gute, freundliche Pflege.
Der Afrikanische Elefant ist das mächtigste lebende Landtier der Erde. Die Bullen werden bis zu vier Meter hoch und 7500 Kilogramm schwer.
Elefanten leben meistens in kleineren Herden. Die Elefantenkühe bekommen nach einer Trag-

Rechts: Asiatische Elefanten werden heute noch vor allem zur Waldarbeit abgerichtet.

Unten: Der Afrikanische Elefant ist das mächtigste lebende Landtier der Erde.

zeit von 21 Monaten stets nur ein Junges, das über zwei Jahre lang gesäugt wird und auch danach noch jahrelang bei seiner Mutter bleibt. In der Regel werden Elefanten 50 bis 60 Jahre alt.

Schliefer *(Hyracoidea)*

Die Schliefer, die in Vorderasien und vor allem über Afrika verbreitet sind, haben den Zoologen lange Zeit viel Kopfzerbrechen verursacht. Die Klippschliefer gleichen den Murmeltieren und leben in felsigen Landschaften in größeren Kolonien. Man hielt sie daher früher für Nagetiere und bezeichnete sie später wegen ihrer merkwürdigen Zehennägel als «Vorhuftiere». Heute werden sie als eigene Säugetierordnung aufgefaßt, deren nächste Verwandte die Elefanten und die Seekühe sind.
Außer den Klippschliefern gibt es noch ähnlich aussehende Busch- und Baumschliefer. Alle sind gute Kletterer.

Ausgestorbene Tiere

Vor rund 350 Millionen Jahren gab es Fische, deren Körperbau sich so entwickelt hatte, daß sie das Wasser verlassen konnten. Sie gehörten zu den sogenannten Quastenflossern. An ihrem Bauch saßen vier besonders starke Flossen, mit deren Hilfe sie sich an Land fortbewegen konnten und aus denen später richtige Beine entstanden. Außerdem hatten sie Lungen, mit denen sie auch außerhalb des Wassers atmen konnten. Aus diesen Tieren entstanden die ersten Lurche, also die ersten Wirbeltiere, die vom Leben im Wasser zum Leben auf dem Land übergingen. Sie benötigten aber weiterhin eine feuchte Umgebung und gingen vermutlich alle zur Eiablage ins Wasser zurück. Wie die jungen Urlurche entwickeln sich auch heute noch die meisten Lurche im Wasser.

Etwa 50 Millionen Jahre lang waren salamanderähnliche Lurche weitaus die größten Landtiere, auch wenn sie kaum einmal über zwei Meter lang wurden. Im Laufe der Zeit entstanden aus diesen Lurchen Kriechtiere oder Reptilien.

Rechts: Der Rhamphorhynchus war eine fliegende Echse und lebte vor rund 140 Millionen Jahren. Er hatte eine Flügelspannweite von etwa 1 Meter. Mit dem langen Schwanz hielt diese Echse vermutlich das Gleichgewicht zum schweren Kopf.

Links: Die Macroplata war ein Meeresreptil, das vor etwa 150 Millionen Jahren lebte und aussah wie eine Kreuzung aus Schlange und Schildkröte.

Rechts: Der Brachiosaurus wog bis zu 80 Tonnen und war damit das schwerste Landtier aller Zeiten. Allerdings hielt sich dieser Saurier wohl meistens im flachen Wasser auf, was bei diesem Gewicht natürlich wesentlich bequemer war.

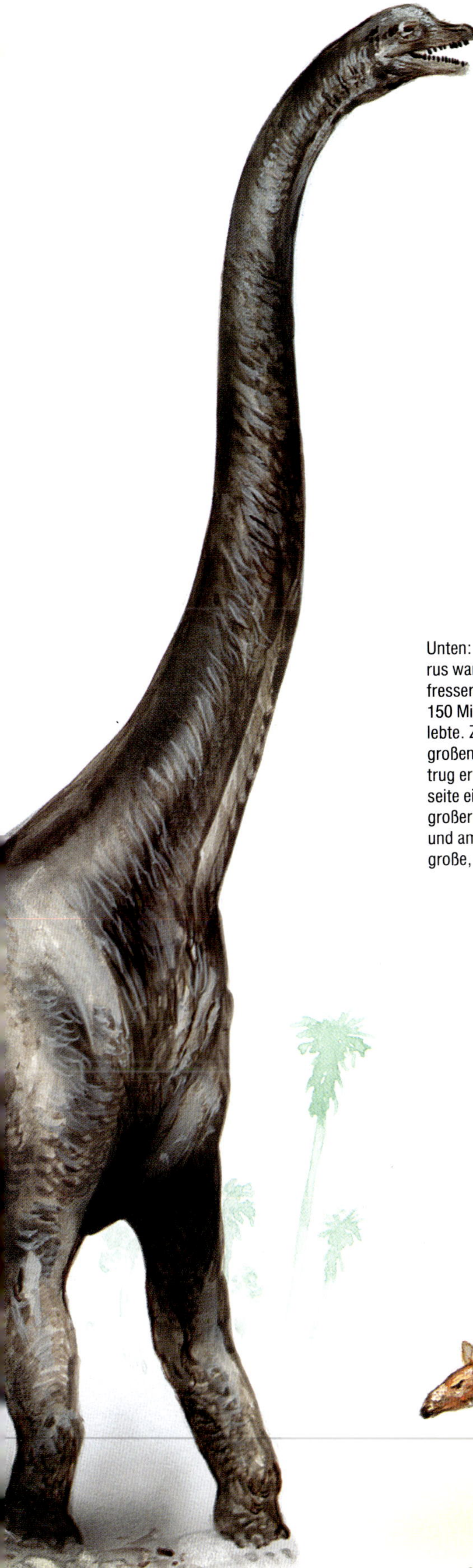

Oben: Vor etwa 280 Millionen Jahren lebte der Eryops in sumpfigen Landschaften. Dieser etwa 1,50 Meter große Ur-Lurch ging zur Eiablage wahrscheinlich ins Wasser zurück.

Sie konnten auch in trockenen Gebieten überleben, denn sie bekamen eine trockene, mit Hornschilden bedeckte Haut, durch die keine Körperflüssigkeit verdunsten konnte. Außerdem legten sie Eier mit einer festen, papierartigen oder kalkigen Schale, die sie nicht mehr ins Wasser ablegen mußten, sondern an Land in den Boden eingraben konnten.

Durch diese Eigenschaften wurden die Reptilien viel unabhängiger vom Wasser. Sie konnten sich so wesentlich weiter verbreiten, und im Laufe der nächsten Jahrmillionen beherrschten sie die Erde.

Unten: Der Stegosaurus war ein Pflanzenfresser, der vor rund 150 Millionen Jahren lebte. Zum Schutz vor großen Raubsauriern trug er auf der Oberseite eine Doppelreihe großer Knochenplatten und am Schwanzende große, spitze Dornen.

Rechts: Der Pteranodon war das wohl größte flugfähige Tier aller Zeiten. Er hatte eine Flügelspannweite von etwa 8 Metern.

Rechts: Der Glyptodon, der vor einigen Millionen Jahren in Amerika lebte, war ein riesiger Verwandter der heutigen Gürteltiere. Sein Körperpanzer war aber nicht beweglich, sondern bestand aus einem festen, knöchernen Rückenschild.

Das Mesozoikum, jenes Erdzeitalter, das etwa 225 bis 67 Millionen Jahre zurückliegt, war die Zeit der riesigen Reptilien. Vor allem die Saurier beherrschten die Erde in vielen verschiedenen Arten. Warum fast alle diese Tiere nach vielen Jahrmillionen innerhalb kurzer Zeit ausstarben, ist ein Rätsel, über das sich die Wissenschaftler noch lange den Kopf zerbrechen werden.
Bereits mitten im Zeitalter der Saurier tauchten die ersten Säugetiere auf: kleine, unscheinbare Insektenfresser und Beuteltiere. Aber erst als die ge-

Unten: Der mächtigste landlebende Fleischfresser war der rund 12 Meter lange und 6 Meter hohe Tyrannosaurus. Seine Vorderbeine waren winzig und praktisch unbrauchbar, sein Gebiß hingegen war furchterregend.

Unten: Der zwischen 5 und 10 Meter lange Ankylosaurus schützte sich gegen große, fleischfressende Saurier durch einen Knochenplattenpanzer mit großen Dornen, der seinen ganzen Körper bedeckte. Außerdem hatte er einen keulenförmigen Schwanz, den er als Abwehrwaffe benutzte.

Links: Das Mammut war ein Elefant mit langen, dichten Haaren und gewaltigen gebogenen Stoßzähnen. Trotz seiner Größe wurde es von den eiszeitlichen Menschen gejagt. Im ewigen Eis von Sibirien fand man vollständig erhaltene, tiefgefrorene Mammuts, deren Fleisch nach Tausenden von Jahren noch eßbar war.

Ganz unten: Der Säbelzahntiger hatte im Oberkiefer etwa 15 Zentimeter lange Fangzähne. Man vermutet, daß er sie brauchte, um Mammute und andere Elefanten zu töten.

waltigen Echsen allmählich verschwanden, begannen sie sich zu einer großen Vielfalt von Formen zu entwickeln. Dank ihrer Warmblütigkeit konnten sie sich Klimaveränderungen viel besser anpassen als die wechselwarmen Riesen-Reptilien und daher jeden Lebensraum der Erde besiedeln. Trotz ihrer großen Anpassungsfähigkeit starben auch manche Säugetiere wieder aus, wobei einige offenbar schon von Jägern der Frühzeit ausgerottet wurden.

Oben: Das südamerikanische Riesenfaultier war etwa 5 Meter lang und mehrere Tonnen schwer. Im Gegensatz zu den heutigen, kletternden Faultieren lebte dieses Tier am Boden.

Vom Menschen ausgerottet!

Schon der Mensch der Frühzeit hat zur Ausrottung von Tieren beigetragen. So sind wohl schon eiszeitliche Jäger dafür mitverantwortlich, daß das Mammut und das Wollnashorn verschwanden. Doch der große Vernichtungsfeldzug gegen die Tiere begann erst in den letzten Jahrhunderten.
Mutwillig wurden ganze Herden großer Weidetiere abgeschlachtet, oft aus reiner Freude am Töten und ohne jeden Nutzen für den Menschen.
Bär, Wolf, Luchs und andere Raubtiere wurden als vermeintliche Feinde oder Nahrungskonkurrenten getötet, obwohl sie im Gleichgewicht der Natur eine wichtige Rolle spielen und dem Menschen mehr nützen als schaden. Sie sind heute aus weiten Gegenden der Erde verschwunden. Tausende von Tierarten aber haben wir für alle Zeiten ausgerottet – die Bilder auf diesen Seiten zeigen nur gerade ein paar Beispiele. Über 5000 weitere Tierarten gelten heute als gefährdet, nämlich 2250 Wirbellose, 762 Fische, 63 Lurche, 191 Reptilien, 1047 Vögel und 698 Säugetiere.
Gefährlich für die Tierwelt, letztlich aber auch für uns selbst, ist die Zerstörung der Natur. Durch die Landwirtschaft wurden riesige Gebiete völlig verändert und die Lebensräume zahlloser Wildtiere für immer zerstört. In viele Länder, in die Europäer einwanderten, brachten sie bewußt oder unabsichtlich Tiere mit. Vor allem Ratten, Hunde, Katzen, Kaninchen und Ziegen wurden für viele Tierarten in fernen Ländern zu lebensgefährlichen Feinden oder Nahrungskonkurrenten. Ziegen zum Beispiel haben die ursprüngliche Natur der Mittelmeerländer und mancher Meeresinseln völlig verändert und für

Oben: Noch um das Jahr 1800 lebten Millionen von Wandertauben in weiten Teilen der USA. 100 Jahre später waren sie in Freiheit restlos ausgerottet. Im September 1914 starb auch das letzte in Gefangenschaft lebende Tier.

Rechts: Die Tarpane waren Wildpferde, die in zwei Formen in Europa lebten. Der kleinere, zierlichere Waldtarpan aus Mittel- und Osteuropa wurde schon im 18. Jahrhundert ausgerottet. Der kräftigere Steppentarpan konnte sich noch bis gegen Ende des letzten Jahrhunderts in den Steppen Südrußlands halten. Dann verschwand auch er für alle Zeiten.

viele Tiere unbewohnbar gemacht. Wanderratten haben mindestens neun Arten von flugunfähigen Vögeln ausgelöscht.
Die schlimmsten Auswirkungen auf Tiere, Menschen und die Natur haben jedoch die giftigen Abfallstoffe unserer Industrie. Vom Menschen erzeugte Schädlingsbekämpfungsmittel, Autoabgase und viele weitere gefährliche Stoffe verseuchen die Gewässer, den Boden und die Luft und drohen, unsere Erde schließlich in einen unbewohnbaren, toten Planeten zu verwandeln, wenn wir nicht sehr rasch unsere ganze Vernunft zur Rettung der Umwelt einsetzen.

Rechts: In den südöstlichen USA lebten noch um 1850 große Mengen von Karolinasittichen. Obwohl sie schon 1880 als bedroht galten, wurden sie weiterhin abgeschossen. Zu Beginn unseres Jahrhunderts waren auch die letzten Karolinasittiche ausgerottet.

Links: Die Dronten waren merkwürdige, flugunfähige, schwanengroße Vögel. Auf ihren Heimatinseln östlich von Madagaskar hatten sie keine Feinde – bis der Mensch sie im 16. Jahrhundert entdeckte. 200 Jahre später waren alle Dronten umgebracht.

Unten links: Das Quagga bevölkerte noch vor 200 Jahren in riesigen Herden die südafrikanischen Steppen. Zusammen mit verschiedenen Antilopenarten wurde es gnadenlos abgeschlachtet. Im Jahre 1878 erschoß man das letzte freilebende Quagga, fünf Jahre später starb auch das letzte gefangene Exemplar im Zoo von Amsterdam.

Rechts: Der etwa 70 Zentimeter hohe Riesenalk war ein pinguinähnlicher, flugunfähiger Meeresvogel des Nordens. An ihren Brutplätzen wurden die wehrlosen Tiere von Seeleuten und Fischern bei jeder Gelegenheit umgebracht und ihre Eier eingesammelt. Die letzten beiden Riesenalken wurden 1844 von Fischern auf einer Insel bei Island gesehen – und totgeschlagen!

Im Zeichen des Pandas:

Die Arbeit des World Wide Fund For Nature (WWF)

Vor hundert Jahren ausgestorben ... Zum ersten Mal seit hundert Jahren fliegen jetzt wieder Bartgeier in den Schweizer Alpen. Sie schlüpften in einem Zoo und wurden im Sommer 1991 im Schweizer Nationalpark ausgesetzt. Auch in anderen Gegenden der Alpen, in Österreich und Frankreich, sind Bartgeier ausgesiedelt worden. Jahrelange Zuchtanstrengungen in verschiedenen Zoos, viele Arbeitsstunden und viel Geld sind aufgewendet worden, um diese größten einheimischen Greifvögel wieder bei uns anzusiedeln. Sie auszurotten war einfacher!
«Lämmergeier» hießen sie früher. Sie wurden verfolgt, weil man glaubte, daß sie kleine Lämmer und sogar neugeborene Kinder rauben und wegtragen würden. Dabei war das reiner Aberglaube: Bartgeier fressen nämlich nur Aas, also tote Tiere, und sind sogar mit Knochen zufrieden! Diese tragen sie hoch in die Luft und lassen sie dann aus über 50 Metern auf eine Felsplatte fallen, wo sie in kleine Stücke zerschmettern, die der Vogel dann verschluckt.
In der Schweiz wurden nicht nur die Bartgeier, sondern auch die Luchse und Biber durch Bejagung ausgerottet, später aber mit der Unterstützung des WWF wieder angesiedelt.

Heute vom Aussterben bedroht ... Die Jagd ist auch der Grund dafür, daß heute die meisten Wale vom Aussterben bedroht sind. Wenn aber die Wale einmal verschwunden sind, kann man sie nicht wieder aussetzen. Denn sie leben nicht in begrenzten Gebieten, sondern bewohnen alle Ozeane der Welt und können in Gefangenschaft nicht erhalten werden. Die Wale können nur überleben, wenn die Jagd auf sie völlig eingestellt wird. Der WWF versucht deshalb, bei Versammlungen wie denen des «Internationalen Walfang-Komitees» durchzusetzen, daß der Walfang verboten wird. Zur Zeit gibt es zwar eine solche Abmachung, aber sie muß auf unbegrenzte Zeit ausgedehnt werden.
Auch andere Tierarten sind durch Jagd und Handel stark bedroht. Denken wir an die Elefanten, die wegen ihrer Stoßzähne verfolgt werden. Oder an die Nashörner, die nur wegen der Hörner umgebracht werden. Auch hier ist der WWF bemüht, die Regierungen zu drängen, strengere Gesetze durchzusetzen, die den Handel mit Nashorn oder Elfenbein verbieten. Aber auch in der freien Natur müssen diese bedrohten Tierarten besser geschützt werden. Hier hilft der WWF, Wildhüter mit Fahrzeugen, Funkgeräten, Zelten und Kleidung besser auszurüsten. Er bezahlt auch Elektrozäune, um die Nashörner daran zu hindern, ihre Schutzgebiete zu verlassen.
Natürlich leiden die Nashörner vor allem in Asien auch darunter, daß ihr Lebensraum, der Tropenwald, abgeholzt und abgebrannt wird. Sie verlieren mit dem Wald Futter und Dekkung. So wie ihnen geht es auch vielen anderen Tropenwaldbewohnern wie zum Beispiel den Orang Utans. Wenn der Lebensraum dieser baumlebenden Menschenaffen zerstört wird, dann sitzen sie buchstäblich am Boden, eine leichte Beute für Raubtiere und Tierfänger.

Für die Zukunft erhalten ... Die Tropenwälder, die nur 7% der Erdoberfläche bedecken, beherbergen mindestens die Hälfte aller Tier- und Pflanzenarten der Erde! Für alle Tropenwaldbewohner, also auch für die Indianerstämme Südamerikas, die Buschmänner in Neuguinea oder die Pygmäen in Westafrika, bedeutet die Zerstörung ihrer Wälder das Ende. Für sie alle setzt sich der WWF tatkräftig ein. In 45 Tropenländern unterstützt er zur Zeit über 150 Projekte zum Schutz der Wälder mit ihrem einzigartigen Tier- und Pflanzenreichtum.
Der Große Panda ist seit dreißig Jahren das Symbol des WWF. Er ist ein Beispiel dafür, wie ein Mitbewohner unseres Planeten durch Bejagung und die Zerstörung seines Lebensraums an den Rand der Ausrottung gebracht werden konnte. Heute ist er eines der seltensten Säugetiere: Es leben nur noch etwa 1000 Tiere!
Der Panda, ein auffälliges, liebenswertes und harmloses Tier, soll als Beispiel für alle anderen Lebewesen unserer Erde stehen, die unserer Liebe und Rücksichtnahme und unseres speziellen Schutzes bedürfen.

MONICA BORNER

Rekord, Rekord!

Für den gefeierten Sprinter-Weltrekord von 9,93 Sekunden auf 100 Meter hätte der Gepard nur ein müdes Lächeln übrig. Er schafft die Strecke dreimal schneller: in 3,3 Sekunden! Doch das schnellste Landsäugetier der Erde ist nur gerade ein Beispiel unter vielen. Wenn unsere Spitzensportler gegen Tiere antreten müßten, würden die Rekorde gleich reihenweise purzeln.

Anders als Löwen und Leoparden, die sich an ihre Beutetiere heranschleichen, sie belauern und im geeigneten Moment im blitzschnellen Überraschungsangriff überfallen, geht der Gepard offen und ohne Deckung auf seine Jagdbeute los und mißt sich in rasendem Sprint mit der Gazelle, die er als Opfer ausgewählt hat. Praktisch aus dem Stand kann er seine Höchstgeschwindigkeit erreichen, die zwischen 100 und 120 Stundenkilometern liegt. Doch auch die Gazelle rast mit immerhin 75 km/h davon und schlägt Haken, die den Verfolger irritieren und ihm die Kräfte rauben. Und mit etwas Glück entkommt sie ihm, denn die Ausdauer des Gepards ist begrenzt. Hat er nach 400 oder 500 Metern seine Beute noch nicht erreicht, gibt er völlig ausgepumpt auf und kann erst nach einer langen Erholungspause den nächsten Angriff starten. Etwa drei von vier seiner Attacken verlaufen erfolglos, weil ihm zu früh die Puste ausgeht.

Obwohl er der schnellste aller Schnelläufer ist, muß der Gepard sein Äußerstes geben, um sich seine Nahrung zu beschaffen. Während ein menschlicher Spitzensportler seine Topform nur nach sorgfältigem Aufbautraining erreicht und seine Leistungen in der Regel schon nach wenigen Jahren wieder nachlassen, muß der Gepard, ebenso wie andere Tiere, praktisch sein ganzes Erwachsenenleben lang ständig in Bestform sein. Ein geringfügiges Nachlassen der Kondition kann im Tierreich für Jäger und Gejagte das Ende bedeuten. Auf Tiere, die Schwächen zeigen, hat es der Gepard besonders abgesehen.

Mit Zweieinhalbmeter-Schritten rennt der Strauß eine Viertelstunde lang im 50-Kilometer-Tempo. Für kurze Strecken kann er die Geschwindigkeit sogar auf 70 km/h erhöhen.

Linke Seite: Ungeschlagener Sprinterkönig: der Gepard. Nur Windhunde erreichen noch Spitzengeschwindigkeiten von über 100 km/h.

Oben: Der Gabelbock ist das schnellste Landsäugetier Amerikas. Er kann über etwa anderthalb Kilometer ein Tempo von mehr als 90 km/h halten.

Unten: Der Giraffengalopp sieht zwar aus wie eine Zeitlupenaufnahme, aber der Schein trügt: 50 km/h schaffen die Langhälse mit Leichtigkeit.

Er erkennt sie beim Beobachten der Herde mit sicherem Instinkt, faßt sie ins Auge und verfolgt sie unbeirrt, auch wenn immer wieder andere Gazellen in seine Nähe kommen und vor seiner Nase hin und her springen. Damit erleichtert sich der Gepard die Jagd und sorgt gleichzeitig dafür, daß kranke und schwache Gazellen sich nicht weitervermehren und ihre Bestände gesund bleiben.

Viel häufiger als die Sprinter sind die Mittel- und Langstreckenläufer unter den Tieren. Und auch unter ihnen gibt es unzählige, die mühelos sämtliche olympischen Rekorde brechen würden. Der Wolf und die Fleckenhyäne bringen es zwar «nur» auf eine Höchstgeschwindigkeit von etwa 65 Stundenkilometern und sind damit «nur» doppelt so schnell wie ein menschlicher Spitzensprinter; dafür können sie aber ein Tempo von etwa 40 km/h stundenlang durchhalten. Am Ende des Marathonlaufes sind sie immer noch fit genug, ein Beutetier zu reißen, das mitunter größer ist als sie selbst. Genauso hervorragende Langstreckenläufer sind natürlich auch die Beutetiere von Wolf und Hyäne. Wildpferde und Wildesel, viele Antilopen, Hirsche und andere Weidetiere sind auf Mittel- und Langstrecken beinahe dreimal so schnell wie die Könige unserer Sportstadien.

Olympische Weitspringer können sich mit gleich großen Tieren messen. An den legendären 8,90-Meter-Sprung von Bob Beamon kommt wahrscheinlich kein Riesenkänguruh heran – seine Sprünge auf der Flucht sind etwa sieben Meter lang. Aber schon im Dreisprung kommt das Känguruh mehrere Meter weiter als ein menschlicher Dreispringer, und dabei könnte es noch einige Dutzend Sprünge von gleicher Länge hinzufügen.

Neben den schnellsten Schwimmern des Tierreiches würden Michael Groß und seine Nach-

folger ein ziemlich jämmerliches Bild abgeben. Delphine bringen es auf rund 50 km/h. Sie sind damit etwa fünfmal schneller als unsere Topschwimmer und können dieses Tempo über mehrere Kilometer halten.

Noch weit erstaunlicher werden die Ergebnisse, wenn man die Leistungen im Verhältnis zur Körpergröße betrachtet. Verglichen mit einem

Die winzigen Kolibris bringen es auf 80 km/h oder 250 Körperlängen pro Sekunde und sind damit im Verhältnis zehnmal schneller als der Gepard. Ihre Flügel bewegen sich dabei mehr als 90mal pro Sekunde.

Langstrecken-Weltrekord: Die Küstenseeschwalbe legt zweimal im Jahr die längste Wanderstrecke aller Tiere zurück: Sie fliegt zwischen 15 000 und 20 000 Kilometer.

Linke Seite, außen: Hyänen sind doppelt so schnell wie menschliche Spitzensprinter und dreimal so leistungsfähig wie Marathonläufer.

Links: Ein normaler Einzelsprung des Riesenkänguruhs ist zwar nur um sieben Meter lang, aber schon im Dreisprung ist es jedem Olympiasieger überlegen.

Unten: Im Verhältnis zur Körpergröße sind die Schwebfliegen wahrscheinlich die absolut schnellsten Lebewesen. Ihre Höchstgeschwindigkeit von 25 km/h entspricht pro Sekunde 600mal ihrer eigenen Körperlänge – der Gepard bringt es auf 25 Körperlängen pro Sekunde.

Links: Fünfmal schneller als unsere schnellsten Schwimmer: Delphine durchpflügen das Wasser mit 60 km/h.

30 Zentimeter weit hüpfenden Floh müßte der Mensch etwa 200 Meter weit springen. Eine Schwebfliege bringt es auf etwa 25 km/h; umgerechnet auf ihre Körpergröße bedeutet das rund 600 Körperlängen pro Sekunde. Da müßte selbst der Gepard mit 25 Körperlängen pro Sekunde das Handtuch werfen!

Der schnellste Vogel der Welt ist der Wanderfalke. Er bringt es im Angriffssturzflug bis auf rund 310 Stundenkilometer. Doch auch der Mauersegler schafft auf kurzen Strecken über 180 Stundenkilometer oder 245 Körperlängen pro Sekunde – ein Düsenjäger erreicht bei dreifacher Schallgeschwindigkeit nur rund 100 «Körperlängen»!

Verglichen mit der Blattschneiderameise nehmen sich die stärksten Männer der Welt geradezu lächerlich aus. Sie stemmen bestenfalls etwa das Dreifache ihre Körpergewichts, die Ameise schafft das 300fache – und dies noch ganz locker und garantiert ohne Doping!

Die Spitzengewichtheber: Blattschneiderameisen heben problemlos das 300fache ihres Körpergewichtes – die stärksten Muskelmänner schaffen mit größter Mühe vielleicht das Dreifache.

Tiere und Wörter von A – Z

E

F

G

H

R

S

Y

Z

Bildnachweis

Fotos und Illustrationen von HANS D. DOSSENBACH mit Ausnahme der folgenden:

E. Ammon: 244 r. – Coleman: 80 u. (Power), 122 M. (van de Kam), 199 o. (Davey), 210 (Reinhard), 214 M. (Erize), 268 (Ziesler) – Delikat-Katzennahrung: 219 (Russischblaukatze, Rex Devon, Perser, Colourpoint, Abessinierkatze, Perser Red-shaded Cameo) – A. Fischer-Nagel: 26, 70, 205 o.l., 206 o.r. – A. Gandolfi: 190 – E. Hansen: 208 u., 257 o. – IFA: 229 (Prenzel) – Jacana: 33 o. (Gautier), 43 u. (Dulhoste), 77 (Champroux), 78 o. (Dupont), 79 (Laboute: Roche, de Wilde: Manta), 80 o. (Frédéric), 85 o. (Dupont), 85 M. (Labat-Lanceau), 87 u. (Chaumeton), 105 l., 122 o.l. (Varin-Visage), 123 (Suinot), 141 o. (Varin-Visage), 142 o.l. (Hellio-van Ingen), 148 o.r. (Petit), 164 l. (Renson), 170 o.l. (Ducrot), 170 u.l. (Maes), 172 o.l. (Varin), 177 o.l. (Maes), 178 (Rainon: Buchfink, Petit: Grünling, Labat: Gimpel), 180 o. (Nardin), 191 r. (Denis-Huot), 197 u. (Varin), 202 l. (Rebouleau), 209 u. (Varin-Visage), 215 r. (Frédéric), 216 M., 217 o.l. (Varin), 219 (Méro: Kartäuserkatze, Burmakatze), 225 M. (Labat), 227 r. (Frédéric), 228 (Ferrero: Afghane, Visage: Collie), 229 (Trouillet: Dackel, Claye: Labrador, Méro: Promenadenmischung), 243 o. (Varin-Visage), 245 m.l. (Varin), 246 r. (Gallais), 250 o.l. (Méro), 251 o. (Champroux), 255 o. (Konig), 258 l. (Gohier), – S. Junyi: 266 – E. Knapp: 58 (Tagpfauenauge, Admiral, Distelfalter, Kleiner Fuchs, Zitronenfalter), 62 oben, 81, 82 o., M.r., u., 83 u., 85 u., 87 o., 2. v.o. – F. Knorr: 87 3. v.o. – F. Labhardt: 1, 15, 233 o., 256 r. – N. McLeod: 189 oben – A. Meder: 4, 23 – M. Meier: 92 o., 108, 109 – G. Moon: 103 o. – MVG Archiv: 29, 44 u., 92 u., 212 u. – NHPA: 44 o.r. (Petit) – B. Quilici: 28 – Reinhard: 218, 219 (Hauskatze, Siamkatzen), 228 l., 244 l. – Y. Richner: 234 – M. Rogl: 5, 163 o.l., 170 r. – Ch. R. Schmidt: 198 l., 199 r., 245 u. – Silvestris: 182 (Dani/Jeske) – H.P.B. Stutz: 192 o.r., 193 – Sutter: 27, 179, 207 u. (Maier), 225 o. (Stoll), 232, 249 u.r. (Maier) – P. Tao: 220 u. – B. Wartmann: 124 o.l. – M. Wegler/Anthony: 4, 6/7 – H. R. Wildermuth: 98 – WWF/Cigler: 236/237 – J. Xuqi: 5, 223

Airbrush-Illustrationen:

Mladen Djurović: 4, 5, 30/31, 147 l., 264/265
Jan Sovák: 5, 260/261, 262/263

Zeichnungen:

EMB Archiv: 53, 69 o.r., 84 M., u.
KBV Archiv: 192
Hannes Opitz: 34 u., 112 u., 142 u., 168 M.r., 175 o., 181 u., 185 u.r., 204 u.

Die Lebensräume

Auf dieser Karte siehst du die Großlebensräume der Erde. Sie sind mit verschiedenen Farben versehen. Eine Beschreibung dieser Lebensräume, gekennzeichnet mit denselben Farben, findest du auf den Seiten 8 bis 29.